"十四五"普通高等教育本科部委级规划教材

# 食品微生物学实验

**S**hipin Weishengwuxue Shiyan

毕文慧 程媛媛 井瑞洁◎主编

U0216657

中国纺织出版社有限公司

# 内 容 提 要

本书共分为 4 篇，分别是微生物基础实验技术、食品微生物检验技术、微生物与发酵实验技术和分子微生物学技术，共包括 59 个微生物实验。第 1 篇主要介绍微生物基础实验技术和常见微生物形态、菌落特征的观察，第 2 篇主要介绍食品中常见微生物的检验技术，第 3 篇主要介绍发酵实验中菌株的育种、复壮和筛选，第 4 篇主要介绍微生物在更高水平的分子检验技术。在实验内容的设计上，本书首先介绍了基础微生物实验，其次介绍了食品专业微生物综合实验，内容前后贯通、难度逐渐升级，适合作为微生物或食品专业学生的参考用书。

## 图书在版编目（CIP）数据

食品微生物学实验 / 毕文慧，程媛媛，井瑞洁主编
. -- 北京 ：中国纺织出版社有限公司，2024.4
"十四五"普通高等教育本科部委级规划教材
ISBN 978-7-5229-1438-1

Ⅰ.①食⋯　Ⅱ.①毕⋯②程⋯③井⋯　Ⅲ.①食品微生物—微生物学—实验—高等学校—教材　Ⅳ.
①TS201.3-33

中国国家版本馆 CIP 数据核字（2024）第 042677 号

责任编辑：罗晓莉　毕仕林　责任校对：王花妮
责任印制：王艳丽

中国纺织出版社有限公司出版发行
地址：北京市朝阳区百子湾东里 A407 号楼　邮政编码：100124
销售电话：010—67004422　传真：010—87155801
http://www.c-textilep.com
中国纺织出版社天猫旗舰店
官方微博 http://weibo.com/2119887771
三河市宏盛印务有限公司印刷　各地新华书店经销
2024 年 4 月第 1 版第 1 次印刷
开本：787×1092　1/16　印张：18.75
字数：416 千字　定价：68.00 元

# 普通高等教育食品专业系列教材
## 编委会成员

# 编委会成员

# 前　言

微生物技术在食品加工、品质控制、安全检测等领域发挥着重要作用。为充分体现微生物技术在食品领域的应用，本书将普通微生物学的基础实验技术与食品微生物学的应用实验技术有机结合，使实验内容前后贯通，训练难度逐步升级，从而实现从培养基础微生物实验技能到培养食品专业微生物综合技能的目的。此外，教材广泛参考国内外文献，涵盖了最先进的微生物技术，保证了教学内容的高阶性、创新性与挑战度。编写过程中，编者十分重视课程思政内容的融入。习近平总书记在二十大报告中指出育人的根本在于立德。编者以此为引领将食品安全意识、职业道德和社会责任感培养融入教学内容。

本书主要涵盖 4 个方面的内容：第 1 篇微生物基础实验技术、第 2 篇食品微生物检验技术、第 3 篇微生物与发酵实验技术、第 4 篇分子微生物学实验技术。全书由毕文慧老师、程媛媛老师、井瑞洁老师等编写完成，编写分工：第 1 篇由程媛媛、刘敏、孙文君等编写，第 2 篇由毕文慧、回学宽等编写，第 3 篇由井瑞洁等编写，第 4 篇由程媛媛等编写。全书由于克学、毕文慧等统一审定和校阅。本书由全体编者根据微生物技术最新进展，结合多年教学经验编写、修订而成，由于编写人员的专业和写作水平有限，书中难免出现疏漏和不足之处，敬请读者和同行专家批评指正，以便今后进行修订、补充和完善。

编　者

2023 年 11 月

# 目　录

第1篇　微生物基础实验技术 ……………………………………………………… 1

实验项目1-1　普通光学显微镜的使用及微生物形态观察 ……………………… 3

实验项目1-2　荧光显微镜样品的制备及观察 …………………………………… 9

实验项目1-3　电子显微镜样品的制备及观察 …………………………………… 13

实验项目1-4　细菌的简单染色法 ………………………………………………… 17

实验项目1-5　细菌的革兰氏染色法 ……………………………………………… 20

实验项目1-6　细菌的荚膜染色法 ………………………………………………… 23

实验项目1-7　细菌的芽孢染色法 ………………………………………………… 26

实验项目1-8　细菌的鞭毛染色法 ………………………………………………… 28

实验项目1-9　酵母菌的美蓝染色法 ……………………………………………… 30

实验项目1-10　培养基的配制及灭菌 …………………………………………… 32

实验项目1-11　微生物无菌操作及接种技术 …………………………………… 36

实验项目1-12　放线菌形态及菌落特征的观察 ………………………………… 41

实验项目1-13　酵母菌形态及菌落特征的观察 ………………………………… 44

实验项目1-14　霉菌形态及菌落特征的观察 …………………………………… 47

实验项目1-15　噬菌斑的观察及噬菌体效价的测定 …………………………… 50

实验项目1-16　微生物细胞大小的测定 ………………………………………… 54

实验项目1-17　微生物细胞的显微直接计数法 ………………………………… 57

实验项目1-18　微生物菌种的保藏 ……………………………………………… 61

实验项目1-19　细菌生长曲线的测定 …………………………………………… 65

实验项目1-20　微生物的分离与纯化 …………………………………………… 68

第2篇　食品微生物检验技术 …………………………………………………… 73

实验项目2-1　常见生理生化试验 ………………………………………………… 75

实验项目2-2　血清学试验 ………………………………………………………… 94

实验项目2-3　样品的采集与处理 ………………………………………………… 101

实验项目2-4　食品中菌落总数的检验 …………………………………………… 105

实验项目2-5　食品中大肠菌群的检验 …………………………………………… 109

实验项目 2-6 食品中霉菌、酵母菌的检验 ················································· 113

实验项目 2-7 食品中乳酸菌的检验 ····························································· 117

实验项目 2-8 食品中沙门氏菌的检验 ························································· 122

实验项目 2-9 食品中志贺氏菌的检验 ························································· 127

实验项目 2-10 食品中金黄色葡萄球菌的检验 ············································ 132

实验项目 2-11 食品中副溶血性弧菌的检验 ··············································· 137

实验项目 2-12 食品中肉毒梭菌及肉毒毒素的检验 ····································· 141

实验项目 2-13 食品中单核细胞增生李斯特氏菌的检验 ······························ 146

实验项目 2-14 食品中致泻大肠埃希氏菌的检验 ········································· 151

实验项目 2-15 食品商业无菌检验 ···························································· 156

实验项目 2-16 快速测试片法检测食品中的大肠杆菌 O157：H7/NM ············ 160

实验项目 2-17 PCR-DHPLC 技术检验食品中的致病菌 ································ 162

实验项目 2-18 实时荧光定量 PCR 技术检验食品中的致病菌 ······················ 166

实验项目 2-19 环介导等温扩增（LAMP）技术检验食品中的致病菌 ············ 169


第 3 篇 微生物与发酵实验技术 ············································································· 173

实验项目 3-1 生产菌种的诱变育种 ··························································· 175

实验项目 3-2 生产菌种的复壮技术 ··························································· 180

实验项目 3-3 生产菌种环境耐受力的测定 ················································· 183

实验项目 3-4 发酵乳制品生产菌种活力的测定 ·········································· 190

实验项目 3-5 酿酒酵母的固定化及连续发酵 ············································· 193

实验项目 3-6 酱油种曲中米曲霉孢子数及发芽率的测定 ····························· 198

实验项目 3-7 产蛋白酶菌株的筛选 ··························································· 202

实验项目 3-8 产柠檬酸菌株的筛选 ··························································· 206

实验项目 3-9 产淀粉酶菌株的筛选 ··························································· 209

实验项目 3-10 乳酸菌微胶囊化技术 ························································· 212


第 4 篇 分子微生物学实验技术 ············································································· 217

实验项目 4-1 细菌总 DNA 提取技术 ························································· 219

实验项目 4-2 琼脂糖凝胶电泳及 DNA 的回收 ··········································· 223

实验项目 4-3 大肠杆菌感受态细胞的制备 ················································· 227

实验项目 4-4 大肠杆菌转化技术 ····························································· 230

实验项目 4-5 大肠杆菌质粒 DNA 提取技术 ··············································· 233

实验项目 4-6 目的基因在大肠杆菌中的克隆与表达 ···································· 237

实验项目 4-7　枯草芽孢杆菌抗药性标记的筛选 ·················· 241

实验项目 4-8　大肠杆菌营养缺陷型的筛选 ·················· 245

实验项目 4-9　酵母菌营养缺陷型的筛选 ·················· 250

实验项目 4-10　细菌原生质体的融合 ·················· 255

**参考文献** ·················· 261

**附录** ·················· 265

附录 1　常用培养基配方 ·················· 267

附录 2　常用试剂配方 ·················· 280

附录 3　最可能数（MPN）检索表 ·················· 285

# 第1篇　微生物基础实验技术

# 实验项目 1-1　普通光学显微镜的使用及微生物形态观察

## 一、实验目的

（1）熟悉普通光学显微镜的结构及各部分的功能，掌握普通光学显微镜的使用和维护方法。

（2）能够利用普通光学显微镜观察微生物个体的基本形态，并进行微生物图片的绘制。

（3）帮助学生树立爱护仪器、规范操作的实验意识，培养良好的实验习惯和观察能力。

## 二、实验原理

### 1. 普通光学显微镜的构造

普通光学显微镜利用目镜和物镜两组透镜系统放大成像，故又称复式显微镜，由机械装置和光学系统两大部分组成。机械装置包括镜筒、物镜转换器、载物台、推进器、镜座、镜臂和粗细调焦螺旋；光学系统包括目镜、物镜、聚光器、虹彩光阑、反光镜和光源（图1-1-1）。

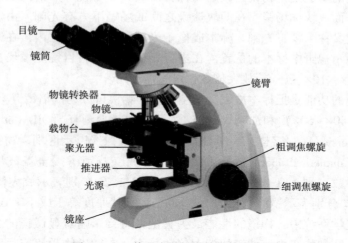

图 1-1-1　普通光学显微镜结构示意图

（1）机械装置。

①镜筒。镜筒上连接目镜、下连接物镜转换器，光线从筒中通过。安装目镜的镜筒分为可调式的单筒和固定式的双筒两种。从镜筒上缘到物镜转换器螺旋口之间的距离称为筒长。国际上将显微镜的标准筒长定为160 mm，此数字标在物镜的外壳上。

②物镜转换器。转换器是位于镜筒下端的圆盘，其上可安装3~5个不同倍数的物镜。转动转换器可以按需调换各种物镜。转动物镜时，必须用手旋转圆盘，切勿用手推动物镜，以免松脱物镜而招致损坏。

③载物台。载物台又称镜台，是放置标本的地方，呈方形或圆形，中央有一孔，是光线通路。载物台上装有弹簧标本夹和推进器。

④推进器。推进器由一横一纵两个推进齿轴和齿条构成，转动其上螺旋，可使标本片向前、后、左、右移动。研究型显微镜的纵横架杆上刻有刻度标尺，构成精密的平面坐标系。如需要重复观察已检查标本的某一物像，可在第一次检查时记下纵横标尺的数值，下次按数值移动推进器即可找到原来标本的位置。

⑤镜座。镜座是显微镜的底座，用以支撑整个显微镜，呈长方形。其上装有电源开关、照明光源、保险丝、光源滑动变阻器等。

⑥镜臂。镜臂连接镜筒和镜座。有的镜臂是固定的，有的可向后方倾斜，其作用是支撑镜筒、载物台、聚光器和调焦装置等。

⑦粗调焦螺旋。粗调焦螺旋用于粗放调节物镜和标本之间的距离，使物像更清晰。将粗调焦螺旋转动一圈可使镜筒升降约 10 mm。老式单目镜显微镜的粗调螺旋向前扭动，镜头下降接近标本。在用新式双目镜显微镜检时，双手向后扭动使载物台上升，让标本接近物镜，反之则下降，标本远离物镜。

⑧细调焦螺旋。用粗调焦螺旋只能粗放地调节焦距，难以观察到清晰的物像，需用细调焦螺旋做进一步的调节。其每转一周，镜筒移动约 0.1 mm。新式研究型显微镜的粗、细调焦螺旋为轴式。原则上，微调螺旋每次旋转不超过一周。

（2）光学系统。

①目镜。目镜的功能是把物镜放大的物像再次放大。目镜一般由两块透镜组成，上面一块称接目透镜，下面一块称场镜。在两块透镜之间或场镜下方有光阑。由于光阑的大小决定着视野的大小，故又称为视野光阑。标本成像于光阑限定的范围之内，在光阑上粘一小段细发可用作指针，指示视野中标本的位置。在进行显微测量时，目镜测微尺被安装在视野光阑上。目镜上刻有 5×、10×、15×等放大倍数，可按需选用。

②物镜。物镜的功能是把标本放大，产生物像。物镜可分为低倍镜（4×或 10×）、中倍镜（20×）、高倍镜（40×~60×）和油镜（100×）。一般油镜上刻有"OIL（oil immersion）或 HI（homogeneous immersion）"字样，有时刻有一圈红线或黑线以示区别。物镜上通常标有放大倍数、数值孔径（numerical aperture，NA）、工作距离（物镜下端至盖玻片间的距离，mm）及盖玻片厚度等参数（图 1-1-2）。以油镜为例，100/1.25 分别表示放大倍数为 100 倍，NA 为 1.25；160/0.17 分别表示镜筒长度为 160 mm，盖玻片厚度等于或小于 0.17 mm。

在显微镜的光学系统中，物镜的性能最为关键，直接影响着显微镜的分辨率。而在普通光学显微镜配置的几种物镜中，油镜的放大倍数最大，对微生物学研究最为重要。与其他物镜相比，油镜的使用比较特殊，需在载玻片和镜头之间加滴镜油。

③聚光器。聚光器又称聚光镜，其功能是把平行的光线聚焦于标本上，增强照明度。聚光器安装在镜台下，可上下移动。使用低倍物镜（简称低倍镜）时应降低聚光器，使用油镜时则应升高聚光器。聚光器上附有虹彩光阑（俗称光圈），通过调整光阑孔径的大小，可以调节进入物镜光线的强弱（物镜焦距、工作距离与光圈孔径之间的关系见图 1-1-3）。在观察透明标本时，光圈宜调得相对小些，这样虽会降低分辨力，但可增强反差，便于看清标本。

④反光镜。反光镜是普通光学显微镜的取光设备，主要功能是采集光线，并将光线射向聚光器。反光镜安装在聚光器下方的镜座上，可以在水平与垂直两个方向上任意旋转。反光镜的一面是凹面镜，另一面是平面镜。一般情况下选用平面镜，光量不足时可换用凹面镜。如果是人工光源，可连接电源并打开电源开关，通过电源调节旋钮控制光线强弱。

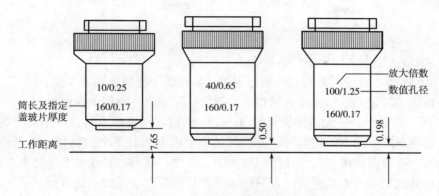

图 1-1-2　XSP-I6 型显微镜物镜的主要参数

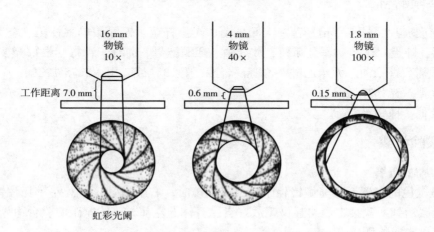

图 1-1-3　物镜焦距、工作距离与光圈孔径之间的关系

2. 普通光学显微镜的性能

（1）放大率。放大率是指放大物像与原物体的大小之比。因此，显微镜的放大率（$V$）是物镜放大倍数（$V_1$）和目镜放大倍数（$V_2$）的乘积，即：

$$V = V_1 \times V_2$$

常见物镜（油镜）的最高放大倍数为 100 倍，目镜的最高放大倍数为 15 倍，因此，一般显微镜的最高放大率是 1500 倍。

（2）分辨率。显微镜的分辨率（$D$）或分辨力是指显微镜能辨别两点之间的最小距离的能力。从物理学角度看，光学显微镜的分辨率受光的干涉现象及所用物镜性能的限制，可表示为：

$$D = \frac{0.61\lambda}{NA}$$

式中：$D$——分辨率；

　　　$\lambda$——光波波长；

　　$NA$——物镜的数值孔径值。

（3）数值孔径。数值孔径（$NA$）又称镜口率，是指介质折射率与 1/2 镜口角的正弦的乘积，公式表示为：

$$NA = n\sin\frac{\alpha}{2}$$

式中：$n$——物镜与标本之间介质的折射率；

    $\alpha$——镜口角（通过标本的光线延伸到物镜前透镜边缘所形成的夹角）。

物镜的性能与物镜的数值孔径密切相关，数值孔径越大，物镜的性能越好。

（4）焦深。焦点所处的像面称为焦平面。在显微镜下观察标本时，焦平面上的物像比较清晰，除了能看见焦平面上的物像外，还能看见焦平面上面和下面的物像，这两个面之间的距离称为焦深。物镜的焦深与数值孔径和放大率成反比，数值孔径和放大率越大，焦深越小。因此，在使用油镜时需要细心调节，否则物像极易从视野中滑过而不能找到。

### 三、实验器材

（1）标准玻片。枯草芽孢杆菌、大肠杆菌、炭疽杆菌、铜绿假单胞杆菌、金黄色葡萄球菌、链球菌、肺炎双球菌、霍乱弧菌、放线菌、酿酒酵母、曲霉、青霉、根霉等玻片标本。

（2）试剂。香柏油、无水乙醇—乙醚混合液（1:3）或二甲苯、75%乙醇。

（3）仪器。光学显微镜。

（4）其他。擦镜纸等。

### 四、实验步骤

**1. 观察前的准备**

（1）显微镜的安置。从显微镜柜中取出显微镜时，右手握紧镜臂，左手托住镜座，平稳地将显微镜搬运到实验桌上。将显微镜放在自己身体的左前方，镜座距实验台边缘 5～10 cm。右侧可放记录本或绘图纸。

**注意**：取、放显微镜时应一手握住镜臂，一手托住底座，使显微镜保持直立、平稳。切忌用单手拎提；不论使用单筒显微镜或双筒显微镜均应双眼同时睁开观察，以减少眼睛疲劳，也便于边观察、边绘图或记录。

（2）光源调节。对于安装在镜座内的光源灯，可通过调节电流旋钮获得适当的照明亮度，而对于使用反光镜采集自然光或灯光作为照明光源的，应根据光源的强度及所用物镜的放大倍数选用凹面或凸面反光镜，并调节其角度，使视野内的光线均匀，亮度适宜。检查染色标本时，光线应强；检查未染色标本时，光线不宜太强。可通过扩大或缩小光圈、升降聚光器、旋转反光镜调节光线。

（3）根据使用者的个人情况，调节双筒显微镜的目镜。可以适当调节双筒显微镜的目镜间距，而左目镜上一般还配有屈光度调节环，可以适应眼距不同或两眼视力有差异的不同观察者。

**2. 显微观察**

将标准片置于载物台上进行观察。

**注意**：目镜不变，使用不同放大倍数的物镜，所达到的分辨率和放大率不同。一般情况下，特别是初学者，进行显微观察时应遵从由低倍镜到高倍镜再到油镜的观察程序，因为低倍数物镜的视野相对大，易发现目标及确定检查的位置。

（1）低倍镜观察。

①对光。打开实验台上的工作灯（如果是自带光源的显微镜，应打开显微镜上的电源开

关），转动粗调焦螺旋，使镜筒略升高（或使载物台下降），调节物镜转换器，使低倍镜对准通光孔，当镜头完全到位时，可听到轻微的扣碰声。打开光圈并使聚光器上升到适当位置（以聚光镜上端透镜平面稍低于载物台平面的高度为宜）。然后用左眼向着目镜内观察（注意两眼应同时睁开），同时调节反光镜的方向（对于自带光源的显微镜，则调节亮度旋钮），使视野内的光线均匀、亮度适中。

②放置玻片标本。将玻片标本放置到载物台上，有盖玻片或有标本的一面朝上，用标本移动器上的弹簧夹固定好，然后转动标本移动器的螺旋，使需要观察的标本部位对准通光孔的中央。

③调节焦距。用眼睛从侧面注视低倍镜，同时用粗调焦螺旋使镜头下降（或载物台上升），直至低倍镜头距玻片标本的距离小于 0.6 cm。然后用左眼在目镜上观察，同时用左手慢慢转动粗调焦螺旋使镜筒上升（或使载物台下降），直至视野中出现物像为止，再转动细调焦螺旋，使视野中的物像最清晰。

**注意：** 操作时必须从侧面注视镜头与玻片的距离，以避免镜头碰破玻片。如果需要观察的物像不在视野中央，甚至不在视野内，可用标本移动器前后、左右移动标本的位置，使物像进入视野并移至中央。在调焦时，如果镜头与玻片标本的距离已超过了 1 cm 还未见到物像时，应严格按上述步骤重新操作。

（2）高倍镜观察。

①在使用高倍镜观察标本前，应先用低倍镜寻找到需观察的物像，并将其移至视野中央，同时调准焦距，使被观察的物像最清晰。

②转动物镜转换器，使高倍镜对准通光孔，此时视野中一般可见到不太清晰的物像，只需调节细调焦螺旋，一般都可使物像清晰。

（3）油镜观察。在高倍镜下找到要观察的样品区域后，用粗调焦螺旋将镜筒升高（或使载物台下降），然后将油镜转到工作位置。在待观察的样品区域加滴香柏油，从侧面注视，用粗调焦螺旋将镜筒小心地降下，使油镜浸在香柏油中并几乎与标本相接。将聚光器升至最高位置并开足光圈，若所用聚光器的数值孔径超过 1.0，还应在聚光镜与载玻片之间加滴香柏油，保证其达到最大的效能。调节照明使视野的亮度合适，用粗调焦螺旋将镜筒徐徐上升，直至视野中出现物像，再用细调焦螺旋使其清晰准焦。

**注意：** 若按上述操作仍然找不到目的物时，可能是由于油镜头下降没有到位，或因油镜上升太快，以至眼睛捕捉不到一闪而过的物像。遇此情况应重新操作。另外，应特别注意不要在下降镜头时用力过猛，或聚焦时误将粗调节器向反方向转动，以防损坏镜头及载玻片。

3. 显微镜用毕后的处理

（1）上升镜筒（或使载物台下降），取下标准片。

（2）用擦镜纸拭去镜头上的镜油，然后用擦镜纸蘸少许无水乙醇—乙醚混合液或二甲苯擦去镜头上残留的油迹，最后用干净的擦镜纸擦去残留的有机溶剂（注意向一个方向擦拭）。切忌用手或其他纸擦拭镜头，以免使镜头沾上污渍或产生划痕，影响观察。

（3）用擦镜纸清洁其他物镜及目镜，用稠布清洁显微镜的金属部件。

（4）将各部分还原，反光镜垂直于镜座，物镜转成"八"字形再向下旋。同时把聚光镜降下，以免物镜与聚光镜发生碰撞。最后，用柔软的纱布清洁载物台等机械部分，用防尘罩罩好显微镜，然后将显微镜放回柜内或镜箱中。

## 五、实验数据处理与分析

分别绘出在高倍镜或油镜下观察到的 2~3 种不同微生物的形态，要求用铅笔作图并注明视野、观察结果、方法倍数等。

## 六、思考题

（1）镜检标本时，为什么先用低倍镜观察，而不是直接用高倍镜或油镜观察？

（2）用油镜观察时应注意哪些问题？在载玻片和镜头之间加滴什么油？起什么作用？

（3）如何判断视野中所见到的污点是否在目镜上？

## 七、知识应用与拓展

显微镜是生物学史上最重要的工具之一。早期的显微镜由单块凸透镜组成，称为单式显微镜。目前发现最早的单式显微镜是有着约 3000 年历史的 Nimrud 透镜，由天然水晶粗磨而成，能放大 3 倍左右。天然水晶昂贵且稀缺，但在相当长的一段时间内，人们找不到更好且易得的透镜材料。直至 15 世纪中叶，随着无色透明且纯净的人造水晶玻璃的出现以及玻璃制造行业的兴起，放大倍率为 6~10 倍的单式显微镜变得十分常见。荷兰显微镜学家列文虎克一生中磨制了 500 多个单式显微镜，将单式显微镜的制作工艺推至颠峰，并通过显微镜首次发现了细菌和原生生物，开创了微生物研究的先河。在单式显微镜放大倍数获得重大突破前，也有一批人试图通过多块镜片的组合来提高放大倍率，这促进了复式显微镜的诞生。最早的复式显微镜是詹森显微镜，放大倍率仅为 3~9 倍，后来伽利略利用螺旋式结构对其进行改进，将放大倍率提升至 30 倍。英国自然哲学家和物理学家罗伯特·胡克将复式显微镜应用于观察研究，并在其发表的《显微图谱》一书中用图片记录显微镜下的微观世界，包括他用显微镜观察软木塞时看到的微小空腔——细胞（cell），为细胞学说的建立奠定了基础。随着科学技术的发展，显微镜不断更新迭代，出现了电子显微镜等分辨率极高的显微镜，但其结构复杂，使用不便，且在活体样本观察中存在局限，而光学显微镜造价更低、使用广泛，在生命科学研究中仍然扮演着不可替代的重要角色。

# 实验项目 1-2　荧光显微镜样品的制备及观察

## 一、实验目的

（1）了解荧光显微镜的构造和原理，熟悉荧光显微镜的使用和维护方法。

（2）掌握荧光染色样品制片方法，能够利用荧光显微镜观察细菌核酸结构。

（3）培养学生严谨的科学态度，树立实验安全意识。

## 二、实验原理

荧光是指用一定波长的光（如紫外光）照射某种生物组织、结构、成分时，经过照射的部位在可发射出一种可见的光。生物体产生荧光的方式可分为直接荧光和间接荧光。某些生物经紫外线照射后，能直接发射出荧光的称为直接荧光（或自发荧光），如植物组织中的叶绿素经紫外线照射后，即可发出红色荧光。大多数生物经紫外线照射后并不能直接产生荧光，但当它们被荧光染料染色后也可以产生荧光，这种称为次生荧光（或间接荧光），如经 4，6-二脒基-2-苯基吲哚（4'，6-diamidino-2-phenylindole，DAPI）染色后，细胞内的 DNA 会产生蓝色荧光。荧光显微术使细菌的细胞核、细胞膜、细胞器、蛋白质和核酸等特异性染色，经过荧光显微镜激发观察，目标将会呈现明亮的荧光反应，而背景和其他无关目标将呈现为暗色或纯黑，即便用低倍物镜也能快速发现这些荧光目标，从而大大提升目标可视性。

荧光显微镜多采用 200 W 的超高压汞灯作为光源，利用其发出的紫外光或蓝紫光照射被检样品，激发被检样品中的荧光物质发出荧光后，通过目镜和物镜系统的放大，观察其形态及所在位置。荧光显微镜由荧光光源、荧光镜组件、滤板系统和光学系统组成，其基本结构详见图 1-2-1。

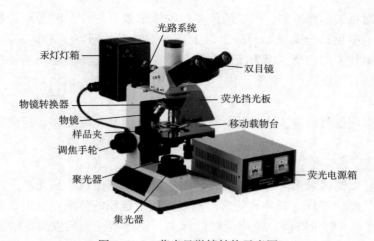

图 1-2-1　荧光显微镜结构示意图

### 1. 荧光光源

荧光显微镜多采用 200 W 的超高压汞灯作为光源。它由石英玻璃制成，中间呈球形，内充一定数量的汞，工作时由两个电极间放电，引起水银蒸发，球内气压迅速升高。水银完全蒸发时，气压可达 50~70 个大气压力，该过程一般需要 5~15 min。超高压汞灯发光是电极间放电使水银分子不断解离和还原过程中发射光量子的结果。它能发射很强的紫外光和蓝紫光，足以激发各类荧光物质，故而在荧光显微镜的制作中应用普遍。

2. 滤色系统

滤色系统由激发滤板和压制滤板组成，是荧光显微镜的重要组成部分。激发滤板位于光源和标本之间，仅允许特定波长范围的激发光通过，主要分为紫外光激发滤板、紫外蓝光激发滤板和紫蓝光激发滤板三类。压制滤板位于标本与目镜之间，作用是阻止激发光通过，只让激发出的荧光通过，以便于观察。与激发滤板相对应，压制滤板也包含三类：紫外光压制滤板、紫蓝光压制滤板和紫外紫光压制滤板。激发滤板和压制滤板必须配合使用。

3. 反射荧光装置

反射荧光装置的作用是使激发光经过物镜后下落射到标本表面。反光镜的反光层一般镀铝，因为铝对紫外光和可见光的蓝紫区吸收少，反射达 90% 以上，而银的反射只有 70%。一般使用平面反光镜。

4. 聚光镜

荧光显微镜专用的聚光器由石英玻璃或其他透紫外光的玻璃制成，分为明视野聚光器、暗视野聚光器和相差荧光聚光器。

在荧光显微镜中应用最多的是明视野聚光器，其聚光力强，使用方便，尤其适于低倍和中倍放大的标本观察。暗视野聚光器能够增强荧光图像的亮度和反衬度，提高了图像的质量，观察舒适，可能发现亮视野下难以分辨的细微荧光颗粒，在荧光显微镜中的应用日益广泛。相差荧光聚光器与相差物镜配合使用，可同时进行相差和荧光联合观察，既能看到荧光图像，又能看到相差图像，有助于荧光的定位准确，但一般的荧光观察很少用到相差荧光聚光器。

5. 物镜

荧光显微镜对物镜不作限制，但是消色差的物镜的效果更佳，因为此类物镜自体荧光极微且透光的波长范围更适合荧光。另外，对于荧光不够强的标本，尤其是需要高倍观察时，应尽量选用镜口率较大的物镜，因为图像在显微镜视野中的荧光亮度与物镜镜口率的平方成正比，与其放大倍数成反比。

6. 目镜

荧光显微镜多用低倍目镜。过去以单筒目镜居多，因其亮度更高，但研究型荧光显微镜多用双筒目镜。

7. 落射光装置

新型的荧光显微镜多采用落射光装置，称为落射荧光显微镜。从光源发出的光射到干涉分光滤镜后，波长短的部分（紫外和紫蓝）由于滤镜上镀膜的性质而反射，当滤镜对向光源呈 45° 倾斜时，则垂直射向物镜，经物镜射向标本，使标本受到激发，这时物镜直接起聚光器的作用。同时，滤长长的部分对滤镜是可透的，不向物镜方向反射，滤镜起了激发滤板作用，由于标本的荧光处在可见光长波区，可透过滤镜而到达目镜观察，荧光图像的亮度随着放大倍数增大而提高，在高放大时比透射光源强。它除具有透射式光源的功能外，更适用于不透明及半透明标本，如厚片、滤膜、菌落、组织培养标本等的直接观察。

### 三、实验器材

（1）菌种。大肠杆菌。

（2）培养基。Luria-Bertani（LB）液体培养基（配方见附录1）。

（3）试剂。多聚甲醛、0.1mol/L 磷酸盐（phosphate buffer saline，PBS）缓冲液（pH 7.0）、DAPI 染色液等（配方见附录2）。

（4）仪器。荧光显微镜、紫外可见分光光度计、摇床等。

（5）其他。试管、擦镜纸、载玻片、盖玻片、吸水纸、滴管等。

### 四、实验步骤

1. 荧光染色样品制备

（1）菌种活化。挑取大肠杆菌单菌落接种于 10 mL LB 液体培养基中，于（36±1）℃下振荡培养过夜，将过夜培养菌液按 1% 体积比转接于 10 mL 新鲜 LB 液体培养基中，于（36±1）℃下振荡培养 2~3 h，至菌液 $OD_{600}$ 在 0.4~0.6。

（2）大肠杆菌的菌体通透性处理。取 1 mL 菌液经 4 ℃、8000 r/min 离心 3 min，收集菌体沉淀。再加入 1 mL PBS 溶液洗涤沉淀 2 次。再次离心收集沉淀，加入 0.8 mL 聚乙二醇辛基苯基醚（Triton-X100）（至终浓度为 0.02%），于冰上静置 10 min，再在 4 ℃、8000 r/min 下离心 3 min，弃去含有 Triton-X100 的上清液，收集沉淀。

（3）大肠杆菌菌体的固定。向菌体沉淀中加入 0.2 mL 多聚甲醛（至终浓度为 4%），室温下固定 20 min。再在 4 ℃、8000 r/min 下离心 3 min，弃去含有多聚甲醛的上清液，收集沉淀。再加入 1 mL PBS 溶液漂洗三次，以便洗去沉淀中残留的多聚甲醛。最后在 4 ℃、8000 r/min 下离心 3 min，收集沉淀。

（4）大肠杆菌的 DAPI 染色。向菌体沉淀中加入 0.8 mL DAPI 染色液（终浓度为 0.01 μg/mL），避光放置 10 min。在 4 ℃、8000 r/min 下离心 3 min，收集沉淀。加入 1 mL PBS 溶液洗去多余的 DAPI 染料，离心后收集沉淀。加入 0.2 mL PBS 溶液重悬菌体。将 3 μL 样品滴加在载玻片中央，涂抹均匀后，盖上盖玻片。

注意：荧光染料都存在淬灭的问题，建议染色后尽快检测。DAPI 对人体有刺激性，注意适当防护。

2. 荧光显微观察

（1）打开灯源，超高压汞灯要预热 15 min 才能达到最亮点。

（2）透射式荧光显微镜需在光源与暗视野聚光器之间装上所要求的激发滤片，在物镜的后面装上相应的压制滤片。落射式荧光显微镜需在光路的插槽中插入所要求的激发滤片、双色束分离器、压制滤片的插块。

（3）用低倍镜观察，根据不同型号荧光显微镜的调节装置，调整光源中心，使其位于整个照明光斑的中央。

（4）放置标本片，调焦后即可观察。

注意：未装滤光片时不要用眼直接观察，以免引起眼的损伤。用油镜观察标本时，必须用无荧光的特殊镜油。高压汞灯关闭后不能立即重新打开，需待汞灯完全冷却后才能再次启动，否则会影响汞灯寿命。

## 五、实验数据分析与处理

打印荧光显微镜样品图像并进行分析。

## 六、思考题

（1）荧光显微镜的光源有什么特点？

（2）描述样品在荧光显微镜下与光学显微镜下观察效果的差异。

## 七、知识应用与拓展

20 世纪 30 年代，人们已发明出分辨率比光学显微镜更强大的电子显微镜，但其无法观察到活细胞的生理变化，科学家只好把目光再度转向可观察动态生命的光学显微镜。为克服光学显微镜在光学方面的限制，科学家们利用荧光显微技术提高显微镜的分辨率，并发现了绿色荧光蛋白。此外，普通荧光显微镜放大至一定倍数后，会因失焦信息干扰导致分辨率衰减，为消除这种现象，美国和捷克斯洛伐克的科学家应用 1957 年由美国科学家即人工智能之父明斯基（Minsky）注册的专利技术原理，制造出共聚焦显微镜，后又诞生了激光共聚焦显微镜和双光子荧光显微镜。目前常见的荧光显微镜还有超分辨率显微镜和多光子激光扫描显微镜。

随着科学技术的发展，荧光显微镜的光源和摄像装置也在发生改变。除传统的高压汞灯外，荧光显微镜的常见光源还有氙灯、金属卤素灯和 LED。其中，LED 光源的开关在毫秒间，可以有效减少样品在光照下的暴露时间，延长寿命，且 LED 光的衰减既快又精确，长期活细胞试验下可大大减少光毒性。和白光相比，LED 仅仅在一个较窄的光谱激发，多个 LED 波段使得 LED 光源能为多色荧光提供应用。在摄像装置方面，荧光显微 CCD 作为与荧光显微镜密切相关的数码摄像产品，可将荧光显微镜拍摄的显微摄影产品通过 USB 接口传输到电脑中，便于图像的采集研究，且通过荧光显微镜 CCD 可以拍摄到比单纯使用荧光显微镜更好的图片。荧光显微镜 CCD 还可以连接荧光显微镜组成显微成像系统。LED 光源和荧光显微 CCD 的应用，使现有的荧光显微镜更加现代化。

# 实验项目 1-3　电子显微镜样品的制备及观察

## 一、实验目的

（1）了解电子显微镜的构造和原理；熟悉电子显微镜的使用和维护方法。

（2）能够制备电子显微镜样品并应用电子显微镜观察细菌显微结构。

（3）培养学生严谨的科学态度和良好的实验习惯。

## 二、实验原理

电子显微镜是一种以电子束为光源，以电磁铁代替光学透镜来聚焦的显微观察设备。显微镜的分辨率取决于所用光的波长，电子束的波长比可见光、紫外光短得多，因而所达到的分辨率可大大提高。根据电子束作用于样品的方式和成像原理的不同，电子显微镜被分成多种类型，目前最常用的有透射电子显微镜（transmission electron microscope，TEM）和扫描电子显微镜（scanning electron microscope，SEM）。

1. 透射电子显微镜

（1）构造。透射电子显微镜由电子光学系统、电源系统、真空系统、循环冷却系统和控制系统组成（图 1-3-1）。

①电子光学系统。包括照明系统、成像系统和记录系统，是透射电子显微镜的主要组成部分。物镜、中间镜、投影镜组成的三级放大是成像系统的常规模式，有高放大倍率、中放大倍率和低放大倍率 3 种工作状态。

②电源系统。包括高压电源、透镜电源、真空系统电源和其他电器部件。目前大型的透射电镜一般采用 80~300 kV 电子束加速电压，其分辨率与电子束加速电压相关，分辨率可达 0.1~0.2 nm，高端机型可实现原子级分辨。

③真空系统。由机械泵和扩散泵组成。为保证机械稳定性，各部分以直立积木式结构搭建。电镜镜筒内的电子束通道对真空度要求很高，高性能的电镜对真空度的要求在 10 Pa 以上。

（2）工作原理。透射电子显微镜的工作原理与普通光学显微镜类似。透射电子显微镜的电子束通过样品后由物镜成像于中间镜上，再通过中间镜和投影镜逐级放大，成像于荧光屏上或照相底片上，可以分辨细微的物质结构，能在看到表面图像

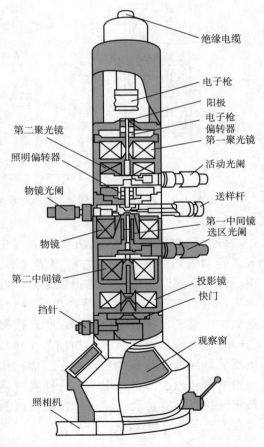

图 1-3-1　透射电子显微镜构造示意图

（图中标注：绝缘电缆、电子枪、阳极、电子枪偏转器、第一聚光镜、活动光阑、送样杆、第一中间镜选区光阑、投影镜、快门、观察窗、照相机、挡针、第二中间镜、物镜、物镜光阑、照明偏转器、第二聚光镜）

的同时看到内层物质。由于电子易散射或被物体吸收，所以穿透力低，因此透射电镜的样品必须很薄（图1-3-2）。

2. 扫描电子显微镜

（1）构造。扫描电子显微镜主要包括电子光学系统、扫描系统、信号检测放大系统、图像显示和记录系统、电源和真空系统。电子光学系统由电子枪、电磁透镜和扫描线圈等组成。电子枪可以产生一定能量的电子束、足够大的电子束流，电磁透镜有第一、第二聚光镜和物镜，作用与透射电子显微镜的聚光镜类似，主要用于缩小电子束的直径，提高显微镜的分辨率。扫描电子显微镜的真空系统与透射电子显微镜相似，由机械泵、扩散泵、检测系统、管道和阀门组成（图1-3-3）。

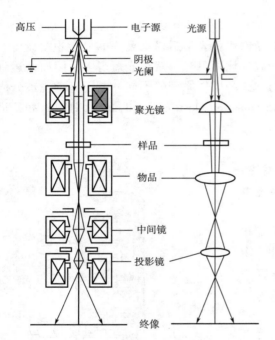

图1-3-2 透射电子显微镜的工作原理示意图

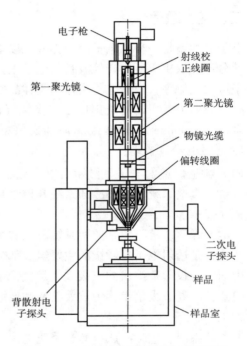

图1-3-3 扫描电子显微镜构造示意图

（2）工作原理。扫描电子显微镜是由电子束轰击样品表面，激发产生的物理信号形成图像。电子枪发出的电子束经电磁透镜聚焦后在样品表面逐点进行扫描，激发样品产生各种物理信号，比如二次电子、背散射电子等。物理信号的强度与样品表面特征有关，比如扫描凸出区域时，探测器采集到较多数量的二次电子，而扫描凹陷区域则采集到较少的二次电子。这些物理信号分别被相应的收集器接受，经信号检测放大系统放大后在荧光屏上成像（图1-3-4）。

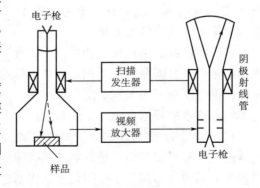

图1-3-4 扫描电子显微镜的工作原理示意图

### 三、实验器材

（1）菌种。大肠杆菌。

（2）试剂。醋酸戊酯、浓硫酸、无水乙醇、无菌水、20 g/L 磷钨酸钠（pH 6.5～8.0）水溶液、20 g/L 火棉胶醋酸戊酯溶液、3 g/L 聚乙烯醇缩甲醛溶液、醋酸铵等（配方见附录2）。

（3）仪器。透射电子显微镜、扫描电子显微镜、真空镀膜机、临界点干燥仪等。

（4）其他。铜网、瓷漏斗、烧杯、培养皿、无菌吸管、无菌镊子、微量移液器、盖玻片等。

### 四、实验步骤

1. 透射电子显微镜样品的制备及观察

（1）样品染色。

①挑取活化 24 h 的大肠杆菌单菌落，与 1 mL 无菌水混匀制成菌悬液。并调整细胞浓度至 $10^8$～$10^9$ 个/mL。

②将菌悬液与 20 g/L 磷钨酸钠溶液按体积比 1∶1 的比例混合，染色 5～10 s。

（2）载网的处理。由于电子不能穿透玻璃，所以在透射电子显微镜的使用过程中，通常用载网代替载玻片作为样品的载物。最常用的载网是 200～400 目的铜网，使用前应先去除铜网上的污物。去除方法如下：首先用醋酸戊酯浸漂 3～5 h，再用蒸馏水冲洗，最后用无水乙醇浸漂脱水。如果铜网是旧网或按上述方法仍然清洁不到位的，可用稀释 1 倍的浓硫酸浸泡 1～2 min 或用 1% NaOH 溶液煮沸 5 min，然后重复以上步骤。

（3）支持膜的制备。在观察样品时，为防止细小的样品从载网的孔中漏出，应在载网上覆盖一层均匀的无结构薄膜，即支持膜。支持膜应对电子透明，厚度一般低于 20 nm，同时应具有一定的机械强度和良好的导热性能。此外，支持膜在电镜下应无结构，且不与样品发生化学反应，以防止干扰样品。常用火棉胶膜或聚乙烯醇缩甲醛膜作为支持膜。

①火棉胶膜的制备。取一干净容器，加入一定量的无菌水，用无菌滴管吸取 1 滴 20 g/L 火棉胶醋酸戊酯溶液滴于水面中央，静置。待醋酸戊酯蒸发后，火棉胶由于水的张力在水面上形成一层薄膜。用镊子将形成的膜除掉，重复此操作，以清除水面上的杂质。滴 1 滴火棉胶液于水面，火棉胶液滴加量的多少与形成膜的厚薄有关，待膜形成后，从侧面对光检查形成的膜是否平整、有无杂质，如有褶皱或杂质，应去除膜后重新制膜。

**注意**：所用溶液中均不能含有水分或杂质，否则会影响成膜质量。

②聚乙烯醇缩甲醛膜。将洁净的载玻片浸入 3 g/L 聚乙烯醇缩甲醛溶液中，静置片刻（时间根据所需膜的厚度而定），然后平稳取出，在空气中自然干燥，在玻片上会形成一层薄膜。用锋利的刀片或针头在膜的四周划一个矩形。将玻片轻轻斜插进盛满无菌水的容器中，待玻片上薄膜前端漂浮在水面上时，轻轻下压玻片，借助水的表面张力作用使膜与玻片分离，薄膜漂浮在水面上后取出玻片。

**注意**：所用玻片一定要干净，否则膜难以从上面脱落；漂浮膜时，动作要轻，否则膜将发皱；所用溶剂需有足够的纯度，否则将影响薄膜的质量。

（4）支持膜的转移。将铜网按一定距离排列在聚乙烯醇缩甲醛膜或火棉胶膜的中央，用干净的滤纸覆盖在处理好的铜网上，再在上面放一张滤纸，浸透后用镊子夹住滤纸的边缘，连铜网一起翻转放入铺有干净滤纸的培养皿中，自然干燥或 40 ℃烘干备用。干燥后的膜用大头针尖在铜网周围划一下，用无菌镊子小心将铜网膜移到载玻片上，置于光学显微镜下，用低倍镜挑选完整无缺、厚薄均匀的铜网膜备用。

（5）样品的观察。将染色后的菌液滴加在处理后的铜网膜上，待干燥后置于低倍光学显微镜下检查，挑选膜完整、菌体分布均匀的铜网。将铜网置于透射电子显微镜下观察。

2. 扫描电子显微镜样品的制备及观察

（1）准备菌种。将活化后处于对数期的大肠杆菌菌悬液经 4000 r/min 离心 2 min，用 0.5 mL 0.1 mol/L PBS 缓冲液（pH 7.4）洗涤 2 次。离心收集沉淀，并用 0.5 mL PBS 缓冲液重悬菌体。

（2）涂片。取 20 μL 细胞悬液涂布在盖玻片中央，自然风干或置于 37 ℃培养箱中干燥。

**注意**：可以将涂片置于光学显微镜下预检，涂片以菌体较密但不堆积为宜。

（3）固定。将涂片放置在潮湿的环境中，滴加 2.5% 的戊二醛固定 2 h，然后用 50 mL PBS 缓冲液浸泡 10 min，在 50%、60%、70%、80%、90% 和 100% 乙醇梯度中依次浸泡脱水 10 min。

（4）喷镀。将涂片放在真空镀膜机内，把金和碳喷镀到样品上。

（5）观察。将样品置于扫描电子显微镜下观察。

## 五、实验数据分析与处理

分别打印透射电子显微镜和扫描电子显微镜的样品图像，并对图像进行分析。

## 六、思考题

（1）透射电子显微镜的样品制备过程中，磷钨酸钠溶液的主要作用是什么？

（2）利用透射电子显微镜观察样品时，为什么需要用到载网和支持膜，而扫描电子显微镜可以将样品直接固定在盖玻片上进行观察？

（3）分析透射电子显微镜和扫描电子显微镜在用途上有什么不同。

## 七、知识应用与拓展

透射电子显微镜属于大型精密仪器，从原理设计到产品生产，不仅要有成熟的生产技术，还要有极具竞争力的核心技术。20 世纪 60 年代，我国计划自主生产透射电镜，刚刚从德国学成归来的电子显微技术专家黄兰友先生临危受命，带领科研小组仅用七十二天就完成了我国第一台透射电镜"从无到有"的制造工作。发展至今，电子显微镜的种类更加丰富，按结构和用途可分为透射电子显微镜、扫描电子显微镜、反射电子显微镜和发射电子显微镜等。透射电子显微镜常用于观察普通显微镜所不能分辨的细微物质结构；扫描电子显微镜主要用于观察固体表面的形貌，也能与 X 射线衍射仪或电子能谱仪相结合，构成电子微探针，用于物质成分分析；发射电子显微镜用于自发射电子表面的研究。电子显微镜在物理、化学、生物、医药、地质、考古、航空、轻纺、石油化工、环保、军事、刑事、农林牧渔等领域均有广阔应用，是现代科学技术发展的重要工具之一。但电子显微镜的使用也存在局限性，如购买和维护成本较高、电镜样品必须在真空中进行观察、无法观察活样本、样品处理较为复杂、样品处理过程中可能产生样本本来没有的结构，增加后期图像分析的难度等。

# 实验项目 1-4　细菌的简单染色法

## 一、实验目的

（1）了解细菌简单染色法的原理及其在细菌分类鉴定中的作用。

（2）熟悉认识细菌的形态特征，显微镜（油镜）的使用方法及无菌操作技术，掌握微生物涂片、染色的基本技术。

（3）培养学生严肃认真的科学态度和良好的实验习惯。

## 二、实验原理

细菌的涂片和染色是微生物学实验中的一项基本技术。细菌的细胞小而透明，在普通的光学显微镜下不易被识别，因此必须对它们进行染色。简单染色法利用单一染料对细菌进行染色，使染色后的菌体与背景形成明显的色差，从而更清楚地观察到其形态和结构。此法操作简便，适用于菌体一般形状和细菌排列的观察，但不能辨别细菌细胞的构造。

细菌的简单染色常用碱性染料，因为在中性、碱性或弱酸性溶液中，细菌细胞通常带负电荷，而碱性染料在电离时，其分子的染色部分带正电荷，因此碱性染料的染色部分很容易与细菌结合使细菌着色。经染色后的细菌细胞与背景形成鲜明的对比，在显微镜下更易于识别。常用于简单染色的染料有美蓝、结晶紫、碱性复红等。当细菌分解糖类产酸使培养基 pH 下降时，细菌所带正电荷增加，此时可用伊红、酸性复红或刚果红等酸性染料染色。染色前必须固定细菌，其目的有二：一是杀死细菌并使菌体黏附在玻片上；二是增加细菌对染料的亲和力。常用的固定方法有加热和化学固定两种。固定时尽量维持细胞原有的形态。

## 三、实验器材

（1）菌种。大肠杆菌、金黄色葡萄球菌、枯草芽孢杆菌等 12~20 h 培养物。

（2）试剂。吕氏碱性美蓝染液（配方见附录2）、香柏油、无水乙醇乙醚混合液（1：3）或二甲苯、生理盐水或蒸馏水等。

（3）仪器。普通光学显微镜。

（4）其他。酒精灯、载玻片、接种环、玻片搁架、擦镜纸、吸水纸、电吹风等。

## 四、实验步骤

1. 涂片

从乙醇溶液中取出洗干净的载玻片，用吸水纸擦干，将要涂菌的部位在酒精灯火焰上烤一下，可以去除油脂，冷却待用。在洁净无油腻的玻片中央滴一小滴生理盐水（或蒸馏水），在无菌操作条件下用接种环，分别从菌种斜面上挑取少许菌苔于水滴中，混匀并涂成薄膜。若用菌悬液（或液体培养物）涂片，可用接种环挑取 2~3 环直接涂于载玻片上。

**注意**：滴生理盐水（蒸馏水）和取菌时不宜过多且涂抹要均匀，不宜过厚，涂布面积约 1 cm$^2$。

**2. 干燥**

将涂好菌膜的载玻片平放在室温下自然干燥，也可用电吹风低温吹干。

**3. 固定**

手持已干燥的、涂有菌膜的载玻片，涂面朝上，在酒精灯火焰上快速穿过火焰 2~3 次，要求玻片温度不超过 60 ℃，以玻片背面触及手背皮肤觉得较热即将感觉到烫为宜。放置冷却后染色。

**4. 染色**

将玻片平放于玻片搁架上，滴加染液 1~2 滴，以染液刚好覆盖涂片薄膜为宜。用吕氏碱性美蓝染色 1~2 min，石炭酸复红（或草酸铵结晶紫）染色约 1 min。

**5. 水洗**

倾去染液，用蒸馏水从载玻片一端轻轻冲洗，直至从涂片上流下的水无色为止。

**注意：** 水洗时，不要用水流直接冲洗涂面；水流不宜过急、过大，以免涂片薄膜脱落。

**6. 干燥**

甩去玻片上的水珠、自然干燥、电吹风吹干或用吸水纸吸干均可。

**注意：** 勿擦拭涂菌区域，以免擦去菌体。

**7. 镜检**

涂片干燥后镜检。先用低倍镜观察，再用高倍镜观察，并找出适当的视野。若需油镜观察，可将高倍镜转出，在涂片上加香柏油一滴，将油镜头浸入油滴中仔细调焦观察细菌的形态，涂片必须完全干燥后才能用油镜观察。

## 五、实验数据处理与分析

根据简单染色观察结果，列表（表 1-4-1）简述结果并绘出细菌的形态图。

表 1-4-1　细菌的简单染色结果

| 序号 | 菌名 | 染色液名称 | 菌体颜色 | 高倍镜（× ）下的菌体形态 |
|------|------|-----------|---------|--------------------------|
| 1 |  |  |  |  |

## 六、思考题

（1）为什么要求制片完全干燥后才能使用油镜观察？

（2）如果涂片未经热固定，将会出现什么问题？加热温度过高、时间太长，又会怎样呢？

（3）请查找资料，总结涂片固定可使用的方法。

## 七、知识应用与拓展

染色技术是观察微生物形态结构的重要手段。能够使微生物着色的化合物称为染料或染色剂，其成分通常是一些成盐化合物。目前普遍采用的微生物染料多为苯的衍生物，其化学结构中除含有苯环外，还连接有发色团和助色团。发色团可使化合物显色，而助色团则能增加色度，并因具有电离特性，可与菌体细胞相结合，从而使其着色。根据染料所含助色团的酸碱性，可将染料分为酸性染料和碱性染料。由于观察的细菌不同，或观察者所侧重观察的内容不同，使用的染料往往有所差异。在实验原理中，我们提到细菌的简单染色常用碱性染料，但有时也用酸性染料，如伊红。伊红可将细胞质和细胞间质，如细胞质中的 RNA 染成红色。我们把这种能被伊红染红的性质称为嗜酸性。染色深浅可反映嗜碱性和嗜酸性的强弱；若对两种染料都缺乏亲和力，则称为嗜中性。有些组织成分还可显示与染料颜色不同的颜色。如用蓝色碱性染料甲苯胺进行染色时，组织中的糖胺多糖成分被染成紫红色，此种显色与染料颜色不同的现象成为异染性。

# 实验项目 1-5　细菌的革兰氏染色法

## 一、实验目的

（1）掌握革兰氏染色法的原理及方法。
（2）能够正确判断革兰氏染色结果，并对细菌种类进行初步鉴定。
（3）培养学生的辩证思维和探索精神。

## 二、实验原理

革兰氏染色法是 1884 年由丹麦病理学家 Hans Christian Gram 创立的，可将所有细菌区分为革兰氏阳性菌（G+）和革兰氏阴性菌（G-）两大类，是细菌学中最重要的鉴别染色法。利用该方法进行染色时，首先用结晶紫进行初染，此时所有细菌都被染成初染剂的蓝紫色，而碘作为媒染剂，能与结晶紫结合成结晶紫—碘的复合物，从而增强了染料与细菌的结合力。由于细菌细胞壁的结构和组成不同，当用脱色剂处理时，两类细菌呈现出不同的脱色效果：革兰氏阳性菌的细胞壁主要由肽聚糖形成的网状结构组成，壁厚、类脂质含量低，用乙醇（或丙酮）脱色时细胞壁脱水，使肽聚糖层的网状结构孔径缩小、透性降低，从而使结晶紫—碘的复合物不易被洗脱而保留在细胞内，经脱色和复染后仍保留初染剂的蓝紫色；革兰氏阴性菌的细胞壁肽聚糖层较薄、类脂含量高，在脱色处理时，类脂质被乙醇（或丙酮）溶解，细胞壁透性增大，使结晶紫—碘的复合物比较容易被洗脱出来，呈无色，用复染剂复染后，细胞被染上复染剂的红色。

## 三、实验器材

（1）菌种。大肠杆菌、金黄色葡萄球菌、枯草芽孢杆菌等 12~20 h 培养物。
（2）试剂。革兰氏染色液（配方见附录 2）、香柏油、无水乙醇乙醚混合液（1：3）或二甲苯、生理盐水或蒸馏水等。
（3）仪器。普通光学显微镜。
（4）其他。酒精灯、载玻片、接种环、玻片搁架、擦镜纸、吸水纸等。

## 四、实验步骤

1. 涂片
从乙醇溶液中取出洗干净的载玻片，用吸水纸擦干，将要涂菌的部位在酒精灯火焰上烤一下，可以去除油脂，冷却待用。
在载玻片的左右两侧标上菌号，并在两端各滴一小滴蒸馏水，以无菌接种环分别挑取少量菌苔于水滴中，混匀并涂成薄膜。
2. 干燥
将涂好菌膜的载玻片平放在室温下自然干燥，也可用电吹风低温吹干。
3. 固定
手持已干燥的涂有菌膜的载玻片，涂面朝上，在酒精灯火焰上以快速穿过火焰 2~3 次，要求玻片温度不超过 60 ℃，以玻片背面触及手背皮肤觉得较热即将感觉到烫为宜。放置待冷后染色。

4. 初染

滴加结晶紫（以刚好将菌膜覆盖为宜）于两个玻片的涂面上，染色 1~2 min，倾去染色液，细水冲洗至洗出液为无色，将载玻片上的水甩净。

5. 媒染

用卢戈氏碘液冲去残水，再将卢戈氏碘液滴加 1~2 滴在涂面上，以染液刚好覆盖涂面为宜，媒染约 1 min，细水冲洗至洗出液为无色，将载玻片上的水甩净。

6. 脱色

用滤纸吸去玻片上的残水，将玻片倾斜，在白色背景下，用滴管滴加 95% 的乙醇脱色，直至流出的乙醇无紫色时，立即水洗，终止脱色，将载玻片上的水甩净。

**注意**：乙醇脱色是革兰氏染色操作的关键环节，关系到革兰氏染色结果是否正确。脱色不足，阴性菌被误染成阳性菌，脱色过度，阳性菌被误染成阴性菌。脱色时间一般为 20~30 s。

7. 复染

滴加沙黄复染液 1~2 滴到涂面上，以染液刚好覆盖涂面为宜，复染 2~3 min，水洗，然后用吸水纸吸干。

**注意**：在染色过程中，不可使染液干涸。

8. 镜检

干燥后，先用低倍镜找到物像，再用高倍镜找到适当视野，最后用油镜观察，判断两种菌体染色的反应性。菌体被染成蓝紫色的是革兰氏阳性菌（G+），被染成红色的为革兰氏阴性菌（G-）。

9. 混合涂片染色

在载玻片同一区域用大肠杆菌和金黄色葡萄球菌混合涂片，其他步骤同上。

10. 实验结束后处理

清洁显微镜。先用擦镜纸擦去镜头上的油，然后用擦镜纸沾取少许二甲苯擦去镜头上的残留油迹，最后用擦镜纸擦去残留的二甲苯。染色玻片用洗衣粉水煮沸、清洗，再晾干。

## 五、实验数据处理与分析

根据革兰氏染色观察结果，列表（表 1-5-1）简述结果并绘出细菌的形态图。

表 1-5-1　革兰氏染色结果

| 序号 | 菌名 | 菌体颜色 | 高倍镜（× ）下的菌体形态 |
|---|---|---|---|
| 1 | | | |
| 2 | | | |

## 六、思考题

（1）革兰氏染色成功与否需注意哪些问题？为什么？

（2）进行革兰氏染色时，为什么强调菌龄不能太老，用老龄细菌染色会出现什么问题？

（3）你认为革兰氏染色中哪一步骤可以省略而不影响最终结果？在什么情况下可以省略？

## 七、知识应用与拓展

1884 年，丹麦医生 Hans Christian Gram 发明了革兰氏染色法，用于鉴别肺炎球菌与克雷伯肺炎菌，后推广为细菌学中广泛使用的细菌鉴别法。革兰氏染色法在细菌鉴别中发挥着巨大作用，但也有观点认为，革兰氏染色法容易出错，而且不易控制，缺乏标准。如在实验过程中，由于涂片过厚或染色过度导致脱色不完全，就会产生假阳性的结果；而细胞固定过度或培养时间太长导致细胞死亡或自溶，可能会改变细胞通透性，产生假阴性的结果。此外，初次操作者难以准确区分紫色和红色，也可能造成假阳性和假阴性结果。

除了可用于区分革兰氏阴性菌和阳性菌外，革兰氏染色法还可作为临床上选择抗生素的参考。鉴于大多数革兰氏阳性菌都对青霉素、一代头孢菌素、克林霉素等抗生素高度敏感，可选用此类抗生素治疗革兰氏阳性致病菌引起的疾病；革兰氏阴性菌对第三代头孢菌素（头孢他啶、头孢噻肟、头孢曲松等）敏感，可考虑利用第三代头孢菌素治疗革兰氏阴性菌导致的疾病；而多西环素和多粘菌素联用时，几乎对所有对细菌都有协同抗菌作用。但是在使用抗生素时应注意用法用量，避免致病菌产生耐药性。

# 实验项目 1-6　细菌的荚膜染色法

## 一、实验目的

（1）掌握细菌的荚膜染色原理及方法。

（2）观察荚膜的形态特征，能够根据其形态特征对菌种进行初步鉴定。

（3）培养学生严肃认真的科学态度和良好的实验习惯。

## 二、实验原理

荚膜（capsule）是某些细菌表面的特殊结构，是位于细胞壁表面的一层黏液状或胶状物质，荚膜的成分因不同菌种而异，但主要是由多糖、水构成。荚膜的形态特点可为细菌种类鉴定作参考，如肺炎双球菌的荚膜与细胞壁结合牢固，厚度大于 $0.2\ \mu m$；伤寒沙门菌的 Vi 抗原则是微荚膜，其与细胞壁结合牢固，但厚度小于 $0.2\ \mu m$；葡萄球菌的荚膜是疏松黏附于细胞表面，边界不明显且易被洗脱的黏液层。因此，荚膜形态特征可以作为菌种鉴定的参考依据。

荚膜与染料的亲和力差，不易着色，一般采用负染色法进行染色。负染色法又叫衬托染色法，需要使用酸性染料来染色，如伊红或苯胺黑。因为细菌菌体表面带负电荷，而酸性染料也带负电荷，所以染料只能将背景染色，不能将菌体染色，这样就能使没有染色的菌体细胞很容易的被观察到。进行显微镜观察时，荚膜为类似于透明圈的发光区域。此外，荚膜很薄、含水量高，遇热易变形，因此制片时一般采用化学固定法。

## 三、实验器材

（1）菌种。胶质芽孢杆菌。

（2）试剂。墨汁染色液、1%甲基紫水溶液、1%结晶紫水溶液、6%葡萄糖水溶液、20%硫酸铜水溶液、甲醇（配方见附录2）。

（3）仪器。光学显微镜。

（4）其他。载玻片、盖玻片、接种环、吸水纸等。

## 四、实验步骤

1. 湿墨水法

（1）制片。取一块洁净的载玻片，在中间滴 1 滴墨汁染色液，用无菌接种环挑取少量菌体与其混匀后，加盖盖玻片，用吸水纸吸去多余的混合液。

（2）镜检。用低倍镜和高倍镜进行观察，背景为灰色，菌体较暗，菌体周围明亮的透明圈即为荚膜。

2. 干墨水法

（1）涂片。取一块洁净的载玻片，在其一端滴 1 滴 6%的葡萄糖水溶液，用无菌接种环挑取少量菌体与其混合，再加入 1 滴墨汁染色液，充分混匀。另取一边缘光滑的载玻片作为推片，将其边缘置于菌液前方，然后向后拉，使推片与菌液接触，再左右轻轻移动，使菌液沿着玻片接触端散开，最后倾斜30°并迅速将玻片推向另一端，使菌液在载玻片上铺成一层薄膜（图1-6-1）。

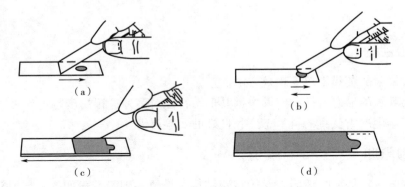

（a）　　　　　　　　　　（b）

（c）　　　　　　　　　　（d）

图1-6-1　推片法涂片示意图

（2）干燥。将制好的玻片标本置于空气中自然干燥。

（3）固定。用甲醇浸没玻片标本，固定1 min后倾去甲醇。

（4）干燥。在酒精灯上方用文火干燥或自然干燥。

（5）染色。用1%甲基紫水溶液染色1~2 min。

（6）水洗。用自来水轻轻冲洗，自然干燥。

（7）镜检。用低倍镜和高倍镜进行观察，背景为灰色，菌体较暗，菌体周围明亮的透明圈即为荚膜。

3. Anthony氏法

（1）制片。取一块洁净的载玻片，在中间滴1滴无菌水，用无菌接种环挑取较多的菌体与其混合，自然干燥后用甲醇固定。

（2）染色。用1%结晶紫水溶液染色2 min。

（3）脱色。用20%硫酸铜水溶液洗去结晶紫，为适度脱色，冲洗两次即可。用吸水纸吸干残液，迅速滴加1~2滴香柏油，以防止硫酸铜形成结晶。

（4）镜检。用油镜观察，背景为蓝紫色，菌体呈深紫色，荚膜呈淡紫色。

## 五、实验数据处理与分析

将观察到的细菌菌体和荚膜形态按比例绘图。

## 六、思考题

（1）荚膜染色后，为何包裹在荚膜里面的菌体着色，而荚膜却不着色？

（2）为什么荚膜染色不用热固定？

（3）Anthony氏法中，硫酸铜的作用是什么？

## 七、知识应用与拓展

细菌一般在机体内和营养丰富的培养基中才能形成荚膜。大多数细菌（如肺炎球菌、脑膜炎球菌等）的荚膜由多糖组成，少数细菌的荚膜为透明质酸（如链球菌荚膜）或多肽（如炭疽杆菌荚膜为 D-谷氨酸的多肽）。有荚膜的细菌在固体培养基上形成光滑型（s 型）或黏液型（m 型）菌落，失去荚膜后菌落变为粗糙型（r 型）。荚膜并非细菌生存所必需，如荚膜丢失，细菌仍可存活。荚膜除对鉴别细菌有帮助外，还能保护细菌免遭吞噬细胞的吞噬和消化作用，因而与细菌的毒力有关。荚膜抗吞噬的机理还不十分清楚，可能由于荚膜粘液层比较光滑，不易被吞噬细胞捕捉的原因。荚膜能贮留水分，因而使细菌能够抗干燥，并对其他因子（如溶菌酶、补体、抗体、抗菌药物等）的侵害有一定抵抗力。常用的细菌染色方法除本实验中所介绍的干湿墨水法、Anthony 氏法外，还有密尔荚膜染色法、奥尔特荚膜染色法以及石炭酸复红液染色法等。

# 实验项目1-7　细菌的芽孢染色法

## 一、实验目的

（1）掌握细菌的芽孢染色方法及原理。
（2）观察芽孢的形态、位置特征，能够利用芽孢特征对菌种进行初步鉴定。
（3）培养学生辩证看待问题的能力。

## 二、实验原理

芽孢又称内生孢子，是某些细菌（芽孢杆菌属、梭状芽孢杆菌属、芽孢八叠球菌属）生长到一定阶段形成的一种具有抗逆性的休眠体结构。芽孢通常呈圆形或椭圆形，在不同细菌中，芽孢的着生位置不同。如梭状芽孢杆菌的芽孢位于菌体中间，而破伤风杆菌的芽孢则位于菌体的一端，使菌体呈鼓槌状。因此，细菌是否产生芽孢以及芽孢的形状、大小和着生位置都是细菌鉴定的重要依据。

与正常细胞或菌体相比，芽孢壁厚且通透性差，因而不易着色和脱色。利用这一特点，在进行芽孢染色时通常选用着色力强的染料（如孔雀绿或石炭酸复红）进行初染，利用加热促进菌体和芽孢着色，然后水洗使菌体脱色，而芽孢一经染色就难以被水洗脱色。再用对比度强的染料（沙黄或美蓝）进行复染，此时菌体染上复染剂的颜色，而芽孢仍为初染剂的颜色，这样就可以清晰地观察芽孢。

## 三、实验器材

（1）菌种。枯草芽孢杆菌24~48 h的营养琼脂斜面培养物。
（2）试剂。5%孔雀绿染色液、0.5%沙黄染色液（配方见附录2）。
（3）仪器。光学显微镜。
（4）其他。小试管、酒精灯、烧杯、滴管、试管架、木夹子等。

## 四、实验步骤

1. 制片
按常规方法涂片、干燥和固定。
2. 初染
在载玻片上滴3~5滴5%孔雀绿水溶液覆盖涂菌位置，用木夹子夹住载玻片在微火上进行加热，至染液冒蒸气并维持5 min。
**注意**：加热时应及时补充染液，防止干涸。
3. 脱色
待载玻片冷却后进行水洗，直至流出的水无色为止。
4. 复染
滴加0.5%沙黄染色液复染2 min，然后水洗至流出的水无色。

5. 镜检

先用低倍镜，再用高倍镜、油镜分别观察芽孢和菌体的颜色。

## 五、实验数据处理与分析

（1）根据芽孢染色观察结果填写表 1-7-1。

表 1-7-1　芽孢染色法结果

| 菌名 | 芽孢颜色 | 菌体颜色 |
|------|----------|----------|
|      |          |          |
|      |          |          |

（2）将观察到的芽孢和菌体形态按比例绘图。

## 六、思考题

（1）请查找资料，总结是否有其他染色法能观察到芽孢？

（2）如果观察到载玻片上存在大量游离芽孢，可能是什么原因造成的？

## 七、知识应用与拓展

芽孢被誉为整个生物界中抗逆性最强的生命体，在抗热、抗化学药物和抗辐射等方面表现突出。肉毒梭菌的芽孢在沸水中要经过 5~9.5 h 才被杀死；巨大芽孢杆菌的抗辐射能力比大肠杆菌细胞要强 36 倍。据文献记载，有的芽孢可以休眠数百至数千年，一个极端的例子是从美国一块有 2500 万~4000 万年历史的琥珀中的蜜蜂肠道内还可以分离到有生命的芽孢。细菌芽孢的研究有着丰富的理论和实践意义，而细菌芽孢的观察是认识芽孢的第一步。芽孢的有无、形态、大小和着生位置等是细菌分类和鉴定中的重要形态学指标；菌种芽孢的存在，有利于菌种筛选效率的提高和菌种的长期保藏；是否能杀灭一些代表菌的芽孢是衡量和制定各种消毒灭菌标准的主要依据；许多产芽孢细菌是强致病菌，如炭疽芽孢杆菌、肉毒梭菌和破伤风梭菌等；有些产芽孢细菌可伴随产生有用的产物，如抗生素短杆菌肽、杆菌肽等。

# 实验项目 1-8　细菌的鞭毛染色法

## 一、实验目的

(1) 掌握鞭毛染色法的原理及方法。
(2) 观察细菌鞭毛的形态特征，能够利用菌体的鞭毛特征对菌种进行初步鉴定。
(3) 培养学生严肃认真的科学态度和良好的实验习惯。

## 二、实验原理

鞭毛是长在细菌菌体上细长而弯曲的具有运动功能的蛋白质附属丝状物，是细菌的运动"器官"。细菌的鞭毛纤细，通常为 10~20 nm，长度常超过菌体若干倍，数量少则 1~2 根，多则可达数百根。具有鞭毛的细菌大多是弧菌、杆菌和个别球菌。细菌是否有鞭毛以及鞭毛的着生位置与数量是细菌形态鉴定的重要依据。

细菌的鞭毛纤细，在普通光学显微镜下难以被观察到，需要利用电子显微镜进行观察。如采用光学显微镜进行观察，则需要先用媒染剂（单宁酸或明矾钾）进行处理，媒染剂沉积在鞭毛上，使鞭毛直径加粗，然后进行染色。鞭毛染色方法很多，本实验介绍硝酸银染色法和 Leifson 染色法。

## 三、实验器材

(1) 菌种。普通变形杆菌 15~18 h 的营养琼脂斜面培养物。
(2) 试剂。95%乙醇、硝酸银染色液、Leifson 染色液（配方见附录 2）。
(3) 仪器。显微镜（带油镜）。
(4) 其他。洗衣粉或洗涤剂、载玻片、接种环、镊子、香柏油、擦镜纸、吸水纸、记号笔、玻片搁架、酒精灯等。

## 四、实验步骤

1. 硝酸银染色法

(1) 载玻片的准备。选用洁净、光滑的载玻片（最好是新的），将其置于含有洗衣粉或洗涤剂的水中煮沸 20 min，取出后稍微冷却一下，用清水洗净，沥去水分，置于 95%乙醇中脱油、脱水，使用前过火去乙醇。

(2) 硝酸银染色液的配制。配制方法详见附录 2。

(3) 菌液的制备。菌龄较老的细菌，其鞭毛易脱落，因此，应先将普通变形杆菌在新配制的牛肉膏蛋白胨斜面培养基上进行培养，连续移种 1~2 次后，将最新一代菌种放入 37 ℃恒温培养箱培养 15~18 h。再用接种环挑取斜面与冷凝水交接处的菌液数环，移入盛有 1~2 mL 无菌水的试管中，制成菌悬液。

**注意**：挑菌时尽量不带培养基。

(4) 制片。取一块洁净的载玻片，滴 1 滴菌悬液于载玻片的一端，慢慢倾斜玻片，使菌悬液缓慢流向另一端。用吸水纸吸取多余菌液，再将玻片置于空气中自然干燥。

（5）染色。滴加硝酸银染色液 A 液，染色 3~5 min。用蒸馏水洗去 A 液，再用 B 液洗去残留水分，然后用 B 液覆盖涂片 1 min，期间可用微火加热。涂片出现明显褐色时，用蒸馏水冲洗，自然干燥。

（6）镜检。用油镜观察并记录结果。

2. Leifson 染色法

（1）载玻片的准备。同硝酸银染色法。

（2）Leifson 染色液的配制。配制方法详见附录 2。

（3）菌液制备。同硝酸银染色法。

（4）涂片。用记号笔在载玻片背面划分 4 个相等的区域，在每个区域的一端加一环菌液，然后倾斜玻片，使菌液流向另一端。用吸水纸吸去多余的菌液，再将涂片置于空气中自然干燥。

（5）染色。在第 1 区域滴加染色液，使染色液覆盖整个区域。间隔数分钟后以同样的方式对第 2 区域染色，以此类推，直至 4 个区域全部染色完成。间隔时间需要根据实际情况确定，目的是确定最佳染色时间。一般染色时间为 10 min 左右。在染色过程中，若玻片上出现铁锈红沉淀或染色表面出现金色膜，则应直接用水缓慢冲洗，再自然干燥。

（6）镜检。用油镜观察。菌体和鞭毛均为红色。

## 五、实验数据处理与分析

绘图并说明普通变形杆菌菌体和鞭毛的形态特征。

## 六、思考题

（1）在染色前，将菌种连续传代培养的目的是什么？

（2）影响鞭毛染色效果的因素有哪些？

## 七、知识应用与拓展

鞭毛是细菌的运动器官。通常情况下，细菌通过位于体表的一些含有蛋白质成分的感受器随时感知周围环境的变化，当环境中某处有它们的营养物时，感受器会感知这种物质的浓度梯度，并通过体内的一些蛋白质迅速将指令传递给鞭毛基体，于是细菌大大减少随机翻滚频率并沿着物质浓度梯度向该物质最浓的地带进发；如果细菌感觉到环境中对它有伤害的物质的浓度梯度时，它们也会远离这种物质。但并不是所有细菌都具有化学趋向性，如趋磁细菌则会通过感知地球磁场来确定运动方向。在分类学上，可以根据鞭毛的数量和着生位置对细菌进行鉴别，将有鞭毛的细菌分为单端极鞭毛菌、单端丛鞭毛菌、周鞭毛菌、侧鞭毛菌。细菌的鞭毛还与细菌的致病性有关，鞭毛运动能够促进细菌对宿主的侵害。此外，鞭毛具有特殊的 H 抗原，可用于血清学检查。

# 实验项目1-9　酵母菌的美蓝染色法

## 一、实验目的

（1）掌握美蓝染色法的基本原理和方法。
（2）能够根据美蓝染色结果正确判断酵母菌活性，并计算细胞死亡率。
（3）培养学生严肃认真的科学态度的良好的实验习惯。

## 二、实验原理

　　酵母菌是单细胞真核微生物，大部分以出芽繁殖的方式进行无性生殖，少数裂殖或者产生掷孢子和厚垣孢子。酵母菌个体较大，是常见细菌的几倍甚至几十倍，如果采用涂片观察可能会损伤酵母细胞，通常采用美蓝水浸片法观察酵母菌的形态和出芽生殖方式。同时，该方法还可对酵母菌的死、活细胞进行鉴别。

　　美蓝又称亚甲蓝，对细胞无毒，其还原型呈无色，氧化型呈蓝色。用美蓝对酵母活细胞染色时，由于细胞的新陈代谢作用，细胞内具有较强的还原能力，能使美蓝由蓝色的氧化型变为无色的还原型；而代谢作用微弱的细胞或死细胞无此还原能力或还原能力极弱，而被美蓝染成蓝色或淡蓝色。因此，此法不仅可用来观察酵母细胞形态，也可用来鉴别酵母菌的死细胞和活细胞。

## 三、实验器材

（1）菌种。酿酒酵母48 h麦芽汁斜面培养物。
（2）培养基。麦芽汁培养基斜面（配方见附录1）。
（3）试剂。生理盐水、0.05%和0.1%美蓝染色液（配方见附录2）。
（4）仪器。光学显微镜、恒温培养箱。
（5）其他。酒精灯、培养皿、载玻片、盖玻片、镊子、格尺、接种工具等。

## 四、实验步骤

1. 制片
取一块洁净的载玻片，在中央滴1滴0.1%的美蓝染色液，然后用无菌接种环从酿酒酵母麦芽汁斜面培养物中挑取少量菌体置于染液中，混匀。用镊子夹起盖玻片，使其一端接触菌液，缓慢倾斜覆盖在菌液上。
用0.05%的美蓝染色液作为对照，同时进行上述操作。
2. 镜检
将制片放置3 min后，用低倍镜和高倍镜观察酵母菌形态、大小和出芽繁殖情况，并根据细胞颜色鉴别死、活细胞，计算酵母菌细胞的死亡率。
染色30 min后再次观察，注意酵母菌细胞的死亡率是否发生变化。

## 五、实验数据处理与分析

（1）按比例大小绘图，描述观察到的酵母菌形态和出芽情况。

（2）记录酵母菌死、活细胞数（表1-9-1），并计算酵母菌细胞的死亡率。

表1-9-1　美蓝染色法结果

| 染色液浓度 | 3 min | | | 30 min | | |
|---|---|---|---|---|---|---|
| | 总细胞数（个） | 死亡细胞数（个） | 死亡率（%） | 总细胞数（个） | 死亡细胞数（个） | 死亡率（%） |
| 0.1% | | | | | | |
| 0.05% | | | | | | |

## 六、思考题

（1）与细菌相比，酵母菌有哪些突出的形态特征？

（2）美蓝染色液的浓度和作用时间对酵母菌死、活细胞的数量有何影响？

## 七、知识应用与拓展

酵母菌在自然界中分布广泛，主要生长在偏酸性的含糖环境中，如各种水果的表皮、发酵的果汁、蔬菜、花蜜、植物叶面、菜园或果园土壤和酒曲中。酵母菌与人类的关系十分密切，在酿造、食品、医药等领域占有重要地位，馒头、面包、啤酒的制作都离不开酵母菌的参与。当然，酵母菌也常给人类带来危害，如腐生型酵母菌能使食物、纺织品和其他原料腐败变质；有些酵母菌（如白假丝酵母菌）可引起人和动植物的病害。酵母菌细胞较大，不必染色即可用显微镜观察其形态。美蓝染色法的主要作用是对酵母菌细胞的死、活进行鉴别。美蓝除了可用作微生物染色剂外，在医学上也有广泛应用，如可用于氰化物、亚硝酸盐及苯胺类引起的中毒以及神经性皮炎、口腔溃疡、闭塞性脉管炎和尿路结石等疾病的治疗。另外，临床上还采用美蓝做手术切口及外科整形缝合标记。

# 实验项目 1-10　培养基的配制及灭菌

## 一、实验目的

（1）了解设计培养基的基本原则和方法。

（2）掌握常用培养基的制备方法、灭菌前分装包扎方法及灭菌技术。

（3）培养学生的实验安全意识和团队合作互助精神。

## 二、实验原理

培养基是按照微生物生长繁殖需要的各种营养物质配成的营养基质。由于微生物具有不同的营养类型，对营养物质的要求也各不相同，加之实验和研究的目的不同，所以培养基的种类很多，使用的原料也各有差异，但从营养角度分析，培养基中一般含有微生物所必需的碳源、氮源、无机盐、生长因子以及水分等。另外，培养基还应具有适宜的 pH、一定的缓冲能力、一定的氧化还原电位及合适的渗透压。

培养基的物理状态有 3 种：液体、半固体和固体。这些培养基的主要区别是在固体和半固体培养基里面加了固化剂琼脂。当将琼脂加入溶液中时，在 98~100 ℃下能融化成有一定黏性的液体。并在 42 ℃以下凝固，但多次反复融化后，其凝固性会降低。琼脂具有的特性有不易被微生物降解、接近无色等。固体培养基需要加入的琼脂量为 1.5%~2.0%，半固体培养基中的琼脂加入量为 0.6%~0.8%。

任何一种培养基一经制成就应及时彻底灭菌，以备纯培养用。灭菌和消毒是两个不同含义的名词。消毒是指消灭病原菌或有害微生物，而灭菌则是杀死或消灭一定环境中的所有微生物。消毒与灭菌的方法很多，但总的可分为物理法与化学法两大类。物理法包括加热灭菌（干热灭菌与湿热灭菌）、过滤灭菌、紫外线灭菌等。化学方法主要是利用有机或无机的化学药品对实验室用具和其他物体表面进行灭菌与消毒。一般培养基的灭菌采用高压蒸汽灭菌。

干热灭菌与湿热灭菌的区别：在同一温度下，湿热的杀菌效力比干热大，因为在湿热情况下，菌体吸收水分，使蛋白质易于凝固，同时水蒸气穿透力强，水蒸气的导热性也强。而且当水蒸气与被灭菌的物体接触凝为水时，又可放出热量，使被灭菌物体温度迅速增高，从而增加灭菌效力。

## 三、实验器材

（1）试剂。牛肉膏、蛋白胨、NaCl、胰蛋白胨、酵母浸粉、蔗糖、可溶性淀粉、磷酸氢二钾（$K_2HPO_4$）、硝酸钾（$KNO_3$）、硫酸镁（$MgSO_4 \cdot 7H_2O$）、硫酸亚铁（$FeSO_4 \cdot 7H_2O$）、马铃薯、葡萄糖、琼脂、蒸馏水、1 mol/L NaOH、1 mol/L HCl 等。

（2）仪器。高压蒸汽灭菌器、干热灭菌箱、天平。

（3）其他。药匙、电炉、漏斗、漏斗架、pH 试纸、棉花、纱布、试管、锥形瓶、玻璃棒、滴管、培养皿、记号笔等。

## 四、实验步骤

1. 培养基配方的选择与准备

按照培养微生物的目的的不同，选择不同培养基配方，并进行相关试剂、器皿的准备。

2. 牛肉膏蛋白胨固体培养基

用于细菌的培养。

配方：牛肉膏粉 3 g、蛋白胨 10 g、NaCl 5 g、琼脂 15~20 g、水 1000 mL，pH 7.0~7.2。

（1）称量。按培养基的配方准确称取各成分，若是使用牛肉膏，则需放在小烧杯里称量，加热水融化后倒入烧杯，其他成分放在称量纸上称量。蛋白胨很易吸潮，在称取时动作要迅速。另外，称药品时严防药品混杂，一个牛角匙只用于挖取一种药品，或称取一种药品后，洗净、擦干，再称取另一药品，瓶盖也不要盖错。

（2）融化。用烧杯先装少许水，依次将药品倒入烧杯或小铝锅中，加入对应量的水，然后在电炉上加热融化，期间不断用玻璃棒搅拌。

（3）pH。用精密的 pH 试纸测定，并用 1 mol/L NaOH 或 1 mol/L HCl 调节到所需的 pH。

（4）加琼脂融化。加入琼脂，不断搅拌至琼脂完全融化为止。如果水分消耗很多，补充水分至所需体积。

（5）过滤。趁热用多层纱布或滤纸对培养基进行过滤，以利于观察结果。一般无特殊要求，这一步骤可以省略。

（6）趁热分装。过滤后根据不同需要，立即趁热装入试管或锥形瓶等容器中。分装方法如下。

①不要使培养基沾在管口，如沾上，需用干净的纱布擦干净。

②液体培养基：分装高度以试管的 1/4 左右为宜。

③固体培养基：分装到试管中，装量为管高的 1/6~1/5，灭菌后制成斜面。分装到锥形瓶中，装量为其容量的一半。

④半固体培养基：分装时一般以试管高度的 1/3 为宜，灭菌后，垂直待其凝成半固体深层琼脂。

（7）加塞或无菌封口膜。装好培养基的试管、三角烧瓶都要加上棉塞或封口膜包扎，这样既可过滤空气，避免杂菌侵入，又可减缓培养基水分的蒸发，制棉塞的方法有多种，其形状也各异，总原则如下。

①用脱脂棉制作（与棉花相比较，脱脂棉花更易吸水）。

②松紧适合。

③塞头不要太大，一般为球状。

（8）包扎。试管口或锥形瓶口棉塞部分，用牛皮纸扎，以防灭菌时水蒸气打湿棉塞。用记号笔注明培养基名称、组别、日期。三角烧瓶加塞后，外包牛皮纸，用皮筋扎好，这样使用时容易解开，同样用记号笔注明培养基名称、组别、日期。

（9）灭菌。

①加入适量自来水于灭菌器中（至水位线）。

②摆入上述包装好的待灭菌的培养基，注意不要摆得太挤，以免影响水蒸气流通和灭菌效果。

③加盖，旋紧螺旋，使蒸汽锅密闭不漏气（对角线均匀拧旋）。

④打开放气阀，打开电源，自开始产生蒸汽后 10 min（此时蒸汽锅内的冷空气由排气阀排尽）时关紧放气阀，让温度随蒸汽压力上升而上升，当达所需压力时（0.103 MPa，121 ℃），控制热源维持所需时间（15~30 min），然后停止加热，让其自然冷却。

⑤待压力降至 0 时，打开排气阀，再打开锅盖，取出灭菌物。

**注意**：压力未降至 0 时，切勿打开锅盖，否则突然降压，导致培养基沸腾，沾湿棉塞，甚至冲出管外。此法灭菌是否彻底的一个关键是在压力上升之前，必须将锅内的冷空气完全排尽，否则即使压力表达到 0.103 MPa，锅内的温度也只有 100 ℃，造成灭菌不彻底。

（10）趁热摆斜面。灭菌结束后，将试管培养基取出趁热摆成斜面，斜面长度一般以不超过试管长度的 1/2 为宜。

（11）无菌检验。灭菌后，随机抽取 1 支试管或 1 瓶培养基，放至 37 ℃恒温箱中培养 24 h，若无菌生长，同批培养基方可保存备用。

3. 马铃薯葡萄糖琼脂培养基（potato glucose agar medium，PDA 培养基）

用于酵母菌、霉菌等真菌的培养。

配方：马铃薯 200 g、葡萄糖 20 g、琼脂 15~20 g、水 1000 mL，自然 pH。

（1）制马铃薯汁。将马铃薯去皮、挖去芽眼、洗净，称取 200 g，切成玉米粒大小的块，立即放入装有 1000 mL 水的小铝锅中，然后加热煮沸 30 min，再用双层纱布过滤，即得马铃薯汁。

（2）定容。将马铃薯汁倒入带刻度的烧杯中，若不足 1000 mL，则加水补足至 1000 mL。

（3）加葡萄糖溶解。将定容后的马铃薯汁倒回小铝锅中，加入葡萄糖，加热使其完全溶解。

其他步骤同牛肉膏蛋白胨固体培养基制备过程中的（3）~（11）步一样。

4. 高氏 1 号培养基

用于放线菌的培养。

配方：可溶性淀粉 20 g、NaCl 0.5 g、$KNO_3$ 1 g、$K_2HPO_4$ 0.5 g、$MgSO_4 \cdot 7H_2O$ 0.5 g、$FeSO_4 \cdot 7H_2O$ 0.01 g（母液）、琼脂 15 g~20 g、水 1000 mL、pH 7.2~7.4。

称量和融化。先按配方称取可溶性淀粉，放入小烧杯中，并用少量冷水将淀粉调成糊状，倒入少于所需水量的沸水，在火上加热，使可溶性淀粉完全溶化。

然后再称取其他成分，并依次溶化，微量成分 $FeSO_4 \cdot 7H_2O$ 可先配成高浓度的贮备液，再按比例换算后加入。

将所有试剂完全溶解后，补充水分到所需总体积。

其他步骤同牛肉膏蛋白胨固体培养基制备过程中的（3）~（11）步一样。

5. LB 肉汤培养基

用于细菌的培养。

配方：胰蛋白胨 10 g、酵母浸粉 5 g、NaCl 10 g、水 1000 mL、pH 7.0。

（1）称量。按照培养基配方，准确称取胰蛋白胨、酵母浸粉、NaCl、水并放入烧杯中。

（2）溶解。用玻璃棒连续搅拌至各成分完全溶解。

其他步骤同牛肉膏蛋白胨固体培养基制备过程中的（3）~（11）步一样。

## 五、实验数据处理与分析

配制好斜面培养基、固体培养基、液体培养基，拍摄图片进行结果展示与情况说明。

## 六、思考题

（1）培养基配制完成后，为什么必须尽快灭菌？为什么湿热灭菌比干热灭菌效果好？

（2）配制培养基时，如果需要添加微量元素，最好用什么方法添加？天然培养基为什么不需要另外添加微量元素？

（3）使用高压蒸汽灭菌器灭菌时，为什么要将锅内冷空气排尽？灭菌完成后，为什么需要等压力降至"0"才能打开排气阀开盖取物？

## 七、知识应用与拓展

培养基的种类很多，根据配制原料的来源可分为自然培养基、合成培养基、半合成培养基；根据物理状态可分为固体培养基、液体培养基、半固体培养基；根据培养功能可分为基础培养基、选择培养基、加富培养基、鉴别培养基等；根据使用范围可分为细菌培养基、放线菌培养基、酵母菌培养基、真菌培养基等。随着科学技术的发展，也有很多新型培养基不断涌现，如显色培养基。显色培养基利用微生物自身代谢产生的酶与相应显色底物反应显色的原理来检测微生物。相应的显色底物由产色基因和微生物部分可代谢物质组成，在特异性酶作用下，游离出产色基因并显示一定颜色，直接观察菌落颜色即可对菌种作出鉴定。显色培养基属于分离培养基，其对微生物筛选分离的灵敏度和特异性大大优于传统培养基。

# 实验项目 1-11　微生物无菌操作及接种技术

## 一、实验目的

（1）了解微生物无菌操作的意义，熟悉各种微生物的培养条件。

（2）掌握微生物的无菌操作技术和接种技术。

（3）培养学生的生物安全意识、良好的实验习惯和严肃认真的科学态度。

## 二、实验原理

无菌操作是指在微生物操作过程中，除了使用的仪器、用具和培养基必须进行严格的灭菌处理外，还要通过一定的技术来保证目的微生物在转移过程中不被环境中的微生物污染。这些技术包括用接种环（针）、吸管、涂布棒等工具进行接种、稀释、涂片、计数和划线分离等。

接种技术是微生物学实验及研究中的一项最基本的操作技术。接种是将纯种微生物在无菌操作条件下移植到已灭菌并适宜该菌生长繁殖的培养基中。为了获得微生物的纯种培养（指一株菌种或一个培养物中所有的细胞或孢子都是由一个细胞分裂、繁殖而产生的后代），要求接种过程中必须严格进行无菌操作，一般是在无菌室内，超净工作台火焰旁或实验室火焰旁进行。

根据不同的实验目的及培养方式，可以采用不同的接种工具和接种方法。常用的工具有接种环、接种针、接种铲、涂布棒、微量移液器及滴管等。常用的方法有斜面接种、液体接种、穿刺接种和平板接种。高温对微生物具有致死效应，因此在微生物的转接过程中，一般在火焰旁进行，并用火焰直接灼烧接种环（针、铲），以达到灭菌的目的。但是一定要保证冷却后再进行转接，以免烫死微生物。如果是转接液体培养物，则用预先已灭菌的玻璃吸管或者吸嘴；如果只取少量而且无需定量也可使用接种环，视实验目的而定。

## 三、实验器材

（1）菌种。大肠杆菌、枯草芽孢杆菌、酵母菌等。

（2）培养基。牛肉膏蛋白胨固体培养基、高氏1号培养基、马铃薯葡萄糖琼脂培养基等（配方见附录1）。

（3）仪器。恒温水浴锅、超净工作台。

（4）其他。酒精灯、75%乙醇、棉球、打火机、记号笔、移液管、试管架、涂布棒、无菌吸管、培养皿、接种环、接种针、接种钩等。

## 四、实验步骤

微生物接种应在无菌室、超净工作台或酒精灯旁等无菌环境中进行，操作前需先用75%乙醇对手部消毒，如使用酒精灯，需待乙醇充分挥发后才能点燃酒精灯。

1. 微生物斜面接种技术

斜面接种主要用于纯菌株的保藏培养，斜面接种操作如下（图1-11-1）。

（1）将菌种管和斜面管握在左手的大拇指和其他四指之间，使斜面和有菌种的一面向上，并处在水平位置。将菌种管和斜面管的试管塞旋松一下，使接种时便于拔出。

（2）右手拿接种环，将要伸入试管部分的金属柄和金属丝在酒精灯火焰上灼烧灭菌。

（3）用右手小指、无名指或手掌将菌种管和斜面管的试管塞同时拔出，并把塞子握住，不得任意放在桌上或与其他物品接触，再以火焰灼烧管口。

（4）将灭菌后的接种环伸入菌种管内，先接触一下试管内壁或空白培养基，使接种环充分冷却，以免烫死菌种。然后用接种环在菌落上轻轻地接触，刮取少许后将接种环自菌种管内抽出。

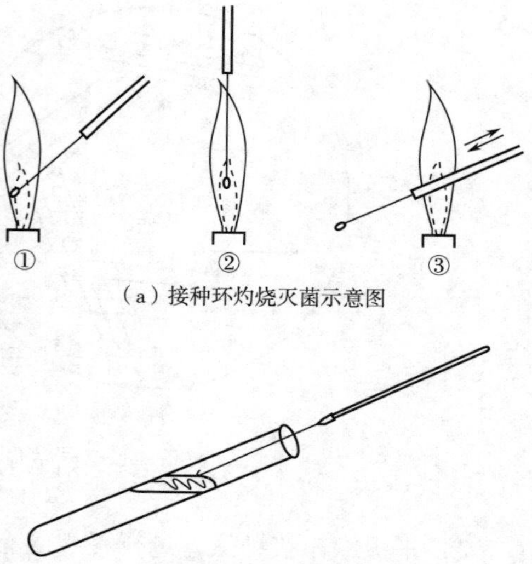

（a）接种环灼烧灭菌示意图

（b）斜面接种操作示意图

图1-11-1　无菌操作斜面接种技术

**注意**：抽出时勿与管壁相碰，也勿再通过火焰。

（5）立即将取菌的接种环伸入斜面培管中，在斜面上自下而上呈之字形划线接种，划线时切勿用力，否则会划破培养基表面。

（6）接种完毕后，灼烧试管口、塞上试管塞，灼烧接种环。

**注意**：塞试管塞时勿要用试管口去迎试管塞，以免试管在移动时侵入杂菌。

2. 微生物平板接种技术

（1）平板划线接种法。平板划线接种法是最为常用的接种技术，进行划线的方法很多，但无论哪种方法划线，其目的都是通过划线将样品在平板上进行稀释，使之形成单个菌落。常用的划线方法有两种：分段划线法和连续划线法。

①分段划线法。该方法通常适用于含菌量多或含有多种不同细菌的培养物或样品的分离纯化。操作时，在火焰旁边，左手拿皿底，右手拿接种环在火焰上灼烧灭菌，用接种环以无菌操作挑取培养物或样品一环。先在平板培养基的一边作第一次平行划线3~4条，再转动培养皿约70°，并灼烧接种环去掉剩余培养物或样品，待冷却后通过第一次划线尾部做第二次平行划线，再用同样方法通过第二次平行划线尾部做第三次平行划线和通过第三次平行划线尾部做第四次平行划线［图1-11-2（a）］。这样分段划线，在每一段划线内的细菌数逐渐减少，便能得到单个菌落。

**注意**：第四次划线部分不能与第一次划线部分相连。

②连续划线法。该方法通常适用于含菌量少或种类单一的培养物或样品的分离纯化。用接种环先挑取培养物或样品一环，涂布于平板顶端，然后在原处开始向左右两侧划线，逐渐向下移动，连续划成若干条分散的之字形线段［图1-11-2（b）］。

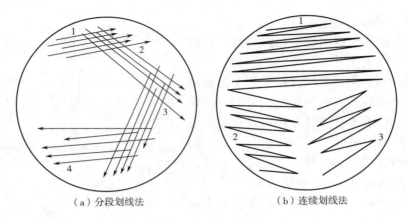

（a）分段划线法　　　　　　　（b）连续划线法

图 1-11-2　划线接种方法

（2）平板涂布接种法。进行平板涂布接种的培养物或样品需要先进行 10 倍梯度稀释。再用微量移液器从适宜稀释度中吸取 0.1 mL 稀释液，滴加于平板培养基表面中央位置。如图 1-11-3 所示，在火焰旁左手拿培养皿，并用拇指将皿盖打开，右手持无菌涂布棒（用酒精棉球擦拭并灼烧灭菌，冷却后使用）于平板培养基表面上先前后左右涂布，再自平板中央以同心圆方向轻轻向外涂布扩散（或按顺时针方向和逆时针方向旋转涂布），使稀释液中的菌体细胞充分均匀分布。室温下静置 5~10 min，使菌液浸入培养基。

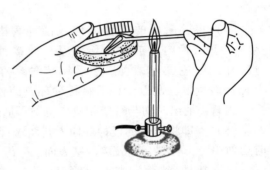

图 1-11-3　平板涂布操作图

**注意**：更换稀释度时注意换用新的微量移液器吸头；并对玻璃涂布棒进行灭菌，勿将烧热的玻璃涂布棒直接放在台面上，否则易断裂。

（3）点种法。该方法一般用于霉菌菌落的观察，或者细菌运动能力的观察。点种法接种操作如下：将接种环在酒精灯上灼烧灭菌并用无菌水蘸湿，再无菌操作刮取少量霉菌孢子或细菌培养物，垂直点接到培养基的中心或按照等边三角形的三点轻轻点接。中心点种法常用于细菌运动能力的检测，三点法则用于霉菌菌落的观察（图 1-11-4）。

**注意**：点种时切勿用力，以免压破培养基。

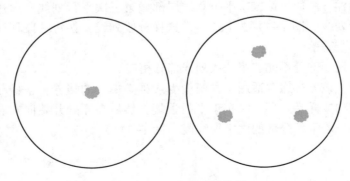

图 1-11-4　点种法操作图

3. 微生物液体接种技术

（1）由斜面培养物接种至液体培养基。如接种量较小，可用接种环从斜面上蘸取少许菌苔，在有液体的试管壁上轻轻研磨，或将接种环在液体内振摇几次，使菌体分散在液体中；如接种量较大，可先在斜面菌种管中注入一定量的无菌生理盐水，用接种环将菌苔刮下研开，再将菌悬液倒入液体培养基中。接种后塞上棉塞，轻轻摇匀带菌体的培养基。

（2）由液体培养物接种至液体培养基。用接种环蘸取少许液体培养物移至新液体培养基即可，也可根据需要用吸管、滴管或注射器定量吸取培养液移至新液体培养基。操作方法：先将吸管的包装纸在 2/3 长度处截开，拔出移液管，通过火焰伸入菌种管内，吸取定量菌液注入待接种的培养基内，然后灼烧管口，并迅速塞好棉塞，摇匀后进行培养。

**注意**：凡带有菌液的吸管或滴管不宜直接放于桌面，应立即放入盛有消毒液的容器内或经高压蒸汽灭菌后再进行清洗，以免造成污染。

4. 微生物穿刺接种技术

穿刺接种是将菌种接种到半固体高层培养基中的方法。此法以半固体培养基培养厌氧菌，用于菌种保藏；或用醋酸铅、三糖铁琼脂和明胶培养基接种，用于观察细菌的生化特性；或接种常用菌种培养基，用于观察细菌的运动能力。其操作方法和注意事项与斜面接种法基本相同，但必须使用笔直的接种针，而不能使用接种环。接种柱状高层或半高层斜面培养管时，应向培养基中心穿刺，一直插到接近管底（勿穿透培养基），再沿原路抽出接种针。注意穿刺时手要稳，以使穿刺线整齐，便于观察生长结果。具有运动能力的细菌经穿刺培养后能沿穿刺线向外扩散生长，菌苔边缘不整齐、不具运动功能的细菌仅沿穿刺线生长。

具体接种与培养操作：左手持试管底部，保持垂直，在火焰旁用右手的小指和掌边拔出试管塞。随之将试管口朝下，同时将接种针从直立柱培养基中央自下而上直刺到离管底 1~1.5 cm 处（切勿穿透培养基），然后沿原穿刺线拔出接种针。管口过火灭菌，塞上试管塞。水平穿刺法与垂直穿刺法类似，只是进行穿刺操作时，试管呈水平放置（图 1-11-5）。

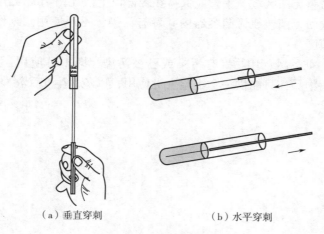

（a）垂直穿刺　　　　　　　　　　（b）水平穿刺

图 1-11-5　穿刺接种技术

## 五、实验数据处理与分析

分别观察并拍照记录不同方式接种的斜面和平板上微生物的生长情况，分析接种技术可能存在的问题；观察斜面和平板是否存在杂菌污染，判断无菌操作是否合格。

## 六、思考题

（1）以斜面上的菌种接种到新的斜面培养基为例，说明操作方法和注意事项。

（2）请比较分析稀释涂布平板法与稀释倾注平板法的异同。

（3）请简述无菌操作要点。

## 七、知识应用与拓展

无菌操作技术是微生物检验结果准确、可靠的重要保障，主要包括彻底灭菌和防止污染两个方面。无菌操作技术具有以下六大基本原则。

（1）环境清洁。要求进行无菌技术操作前半小时内，须停止清扫地面等工作，避免不必要的人群流动，降低室内空气中的尘埃，防止尘埃飞扬。治疗室每日用紫外线照射消毒一次，时间 20~30 min 即可，也可适当延长消毒时间。

（2）无菌操作。衣帽穿戴要整洁。帽子要把全部头发遮盖，口罩须遮住口鼻，并修剪指甲，洗手。必要时穿好无菌衣，带好无菌手套。

（3）物品管理。无菌物品与非无菌物品应分别放置，无菌物品不可暴露在空气中，必须存放于无菌包或无菌容器内，无菌物品一经使用后，必须再经无菌处理后方可使用，从无菌容器中取出的物品，虽未使用，也不可放回无菌容器内。

（4）无菌物品。无菌物品必须存放于无菌包或无菌容器内，无菌包应注明无菌物名称和消毒灭菌日期，有效期以一周为宜，并按日期先后顺序排放，以便取用，放在固定的地方。无菌包在未被污染的情况下，可保存 7 d，过期应重新灭菌。无菌物品一经使用、过期或潮湿应重新进行灭菌处理。

（5）取无菌物。操作者身体距离无菌区 20 cm，取无菌物品时须用无菌持物钳（镊），不可触及无菌物品或跨越无菌区域，手臂应保持在腰部以上。无菌物品取出后，不可过久暴露，若未使用，也不可放回无菌包或无菌容器内。疑有污染，不得使用。未经消毒的物品不可触及无菌物或跨越无菌区。

（6）无菌操作。如器械、用物疑有污染或已被污染，即不可使用，应更换或重新灭菌。一物一人，一套无菌物品，只能供一个实验人员使用，以免发生交叉污染。

# 实验项目 1-12　放线菌形态及菌落特征的观察

## 一、实验目的

（1）了解放线菌的典型菌体形态和菌落特征。

（2）掌握用插片法制备放线菌标本片的方法，并能够利用菌落特征对放线菌进行初步菌种鉴定。

（3）培养学生的实验观察能力、操作能力和归纳总结能力，以及严肃认真的科学态度。

## 二、实验原理

放线菌属于革兰氏阳性菌，由分枝状菌丝组成，以孢子繁殖。放线菌的菌丝分为基内菌丝、气生菌丝和孢子丝。在显微镜下直接观察时，气生菌丝在上层，色暗，基内菌丝在下层，颜色较为透明。生长到一定阶段，大多数气生菌丝会分化形成孢子丝，孢子丝发育到一定程度又通过横隔分裂产生孢子。孢子丝形态多样，有直形、波曲、钩状、螺旋状和轮生等多种形态。螺旋状的孢子丝较为常见。在油镜下观察，放线菌的孢子有椭圆形、球形、柱状和杆状。放线菌的菌落由菌丝体构成，菌落局限生长，较小而薄，多为圆形，边缘呈辐射状，质地致密干燥、不透明，表面呈紧密的丝绒状或有多褶皱，其上有一层色彩鲜艳的干粉即粉状孢子。着生牢固，用接种针不易挑起。早期的放线菌菌落较光滑，与细菌菌落相似；后期产生孢子时，菌落表面呈现干燥粉末状、絮状，有各种颜色呈同心圆放射状。菌丝和孢子常具有色素，使菌落的正面和背面颜色不同：正面是气生菌丝和孢子的颜色，孢子的颜色有白、灰、黄、橙、红、蓝、绿等；背面是基内菌丝或其分泌水溶性色素的颜色。各种放线菌在平板上形成的菌落均具有一定的特征，这对放线菌的分类、鉴定具有重要意义。

为观察到放线菌自然生长状态下的形态结构，人们设计了各种方法，常用的有插片法和玻璃纸法。插片法是将灭菌的盖玻片插入接种有放线菌的平板，使放线菌沿着盖玻片与培养基的交接处生长，从而使其附着在盖玻片上，取出盖玻片即可直接在显微镜下观察其自然状态下的形态结构特征。玻璃纸法利用了玻璃纸的半透膜特性，将放线菌接种在覆盖在固体培养基表面的玻璃纸上，放线菌生长并形成菌苔后，将玻璃纸揭下，贴在载玻片上直接镜检。

## 三、实验器材

（1）菌种。细黄链霉菌。

（2）培养基。高氏 1 号培养基（配方见附录 1）。

（3）仪器。光学显微镜、恒温培养箱。

（4）其他。培养皿、载玻片、盖玻片、镊子、接种工具等。

## 四、实验步骤

1. 放线菌的形态观察

（1）插片法。

①倒平板。将高氏 1 号培养基融化并冷却至 50 ℃左右，倾倒 20 mL 于培养皿中，冷却后进行接种。

②接种。用接种环挑取少量细黄链霉菌斜面培养物（孢子）于培养基平板上，在平板的一半面积内来回划线接种，接种量可适当增大。

③插片。用无菌镊子将无菌盖玻片以 45°插在接种处的琼脂内，深度约为盖玻片的 1/3 ~ 1/2。在未接种的一半培养基上以同样方式插入盖玻片，然后将少量放线菌的孢子接种于盖玻片与培养基相接的沿线（图 1-12-1）。

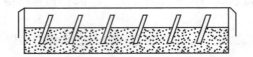

图 1-12-1　插片法培养示意图

④培养。将插片后的平板倒置于恒温培养箱中，28 ℃培养 3 ~ 5 d。

⑤镜检。用无菌镊子小心抽出插片用的盖玻片，轻轻擦去背面培养物，将有菌的一面朝上，置于载玻片上，用低倍镜和高倍镜进行观察。

（2）玻璃纸法。

①倒平板。同"插片法"。

②铺玻璃纸。用无菌镊子将已灭菌的玻璃纸片平铺在培养基平板表面，用无菌玻璃涂布棒将玻璃纸压平，使其紧贴于琼脂表面，不留气泡。每个平板可铺 5 ~ 10 张玻璃纸。

③接种与培养。用接种环挑取少量细黄链霉菌斜面培养物（孢子）于玻璃纸上划线接种，接种后将平板倒置，于 28 ℃恒温培养箱中培养 3 ~ 5 d。

④镜检。取洁净载玻片，在其中央滴一小滴水，用镊子小心将玻璃纸从平板上取下，菌面朝上置于载玻片的水滴上，使其紧贴载玻片，不留气泡。然后用低倍镜和高倍镜进行观察。

2. 放线菌的菌落特征观察

（1）倒平板。同"插片法"。

（2）接种与培养。用接种环挑取少量细黄链霉菌斜面培养物（孢子）于玻璃纸上划线接种，接种后将平板倒置，于 28 ℃恒温培养箱中培养 3 ~ 5 d。

（3）观察放线菌的菌落特征。主要包括以下内容。

①菌落大小。分为局限生长或蔓延生长，用格尺测量菌落在培养基上的直径和高度。

②表面形状。分为干燥粉末状、絮状、丝绒状、皱褶、颗粒状或同心圆放射状等。

③菌落形状。分为圆形、边缘放射状、不规则状等。

④菌落质地。于酒精灯旁以无菌操作打开培养皿盖，用接种针挑动菌落，判别质地是否为致密干燥，是否着生牢固、用接种针是否易挑起等。

⑤菌落颜色。分为白色、灰色、黄色、橙色、红色、蓝色、天蓝色、绿色、灰绿色等。注意观察培养皿正反面或菌落边缘与中央部位的颜色是否相同。

⑥透明程度。分为透明、半透明、不透明等。

## 五、实验数据处理与分析

记录放线菌的形态特征和菌落特征，并填写在表 1-12-1 中。

表 1-12-1　放线菌形态及菌落特征观察结果

| 菌名 | 菌体形态 | 平板菌落特征 |
| --- | --- | --- |
|  |  |  |

## 六、思考题

（1）用插片法和玻璃纸法观察到的放线菌形态有什么不同？两种方法各自的优缺点是什么？

（2）可否用插片法或玻璃纸法观察其他微生物？

## 七、知识应用与拓展

放线菌是一类极其重要的微生物资源，与人类关系十分密切，其最突出的特性之一是能产生大量的、种类繁多的抗生素。据估计，已发现的 4000 多种抗生素中，有 2/3 是放线菌产生的，如临床常用的链霉素、卡那霉素、四环素、土霉素、金霉素和应用于农业的井冈霉素、庆丰霉素等。近年来筛选到的许多新的生化药物也是放线菌的次生代谢产物，包括抗癌剂、酶抑制剂、抗寄生虫剂、免疫抑制剂和农用杀虫（杀菌）剂等。放线菌还是许多酶类（葡萄糖异构酶、蛋白酶等）、维生素（维生素 $B_{12}$）、氨基酸和核苷酸等的产生菌。我国用的菌肥"5406"也是由泾阳链霉菌制成的。在有固氮能力的非豆科植物根瘤中，共生的固氮菌就是属于弗兰克菌属的放线菌。此外，放线菌还可用于甾体转化、烃类发酵、石油脱蜡和污水处理等方面，在医药、工业上都有重要意义。

# 实验项目 1-13　酵母菌形态及菌落特征的观察

## 一、实验目的

（1）了解酵母菌的形态特征和菌落特征。

（2）掌握常用于酵母菌形态观察的水浸片法，并能够利用菌落特征对酵母菌进行初步菌种鉴定。

（3）培养学生严肃认真的科学态度和良好的实验习惯。

## 二、实验原理

　　酵母菌是不运动的单细胞真核微生物，其个体细胞较大，是常见细菌的几倍甚至几十倍，常见形态有球状、椭圆状、卵圆状、柱状和香肠状。大部分酵母菌以出芽繁殖的方式进行无性生殖，少数裂殖或者产生掷孢子和厚垣孢子，也有通过接合产生子囊孢子的有性生殖。酵母菌的母细胞进行出芽繁殖时，可能会出现长大的子细胞与母细胞不分离的情况，就会形成藕节状的假菌丝，称为假丝酵母。对于酵母菌形态的观察，常采用水浸片法，比如生理盐水水浸片法、美蓝水浸片法和水—碘水浸片法。水浸片法是将欲观察微生物置于载玻片上的水滴或染色液中，然后盖上盖玻片而制成的微生物标本片。该制片方法操作简单，可以保留菌体细胞的真实形态，适用于个体较大的真菌细胞的观察。

　　相较于细菌菌落，酵母菌的菌落大且厚，表面光滑湿润，质地柔软黏腻，可用接种环轻易挑起。酵母菌的菌落颜色多为乳白色或奶油色，不透明，也有部分呈现红色，多数伴有酒香味。此外，不同酵母菌的菌落边缘也存在差异，比如假丝酵母的菌落往往更加突起，边缘圆整，而不产生假菌丝的酵母菌菌落往往平整且边缘粗糙。

## 三、实验器材

（1）菌种。酿酒酵母、假丝酵母在 28 ℃下培养 48 h 的麦芽汁斜面培养物。

（2）培养基。麦芽汁培养基、马铃薯葡萄糖琼脂培养基（配方见附录 1）。

（3）试剂。生理盐水、卢戈氏碘液、0.04%或 0.1%中性红染液（水溶）（配方见附录 2）。

（4）仪器。光学显微镜、体视显微镜、恒温培养箱。

（5）其他。酒精灯、培养皿、载玻片、盖玻片、镊子、格尺、接种工具等。

## 四、实验步骤

1. 酵母菌的形态观察

（1）生理盐水水浸片法。取一块洁净的载玻片，在中央滴 1 滴生理盐水，然后用无菌接种环从酿酒酵母麦芽汁斜面培养物中挑取少量菌体置于生理盐水中，混匀，使其分散成云雾状薄层。盖上盖玻片后，用低倍镜和高倍镜观察酵母菌的形态、大小和出芽情况。

　　**注意**：盖玻片应先以 45°接触水滴，然后缓慢覆盖，避免气泡产生。

（2）水—碘浸片法。取一块洁净的载玻片，在中央滴 1 滴稀释 4 倍的卢戈氏碘液，然后用无菌接种环从酿酒酵母麦芽汁斜面培养物中挑取少量菌体置于碘液中，混匀，盖上盖玻片后进行镜检。

2. 酵母菌的菌落特征观察

（1）接种与培养。用划线法将假丝酵母接种在PDA平板上，并于28 ℃下培养3 d。

（2）菌落特征观察。

①菌落大小。用格尺测量菌落的直径并分类记录。5 mm以上为大菌落，3~5 mm为中等菌落，1~2 mm为小菌落，1 mm以下为露滴状菌落。

②表面形状。分为光滑而湿润、皱缩而干燥等。

③凸起情况。分为平坦、低凸起、凸起、高凸起等。

④边缘状况。分为整齐、边缘较粗糙呈波浪状、锯齿形等。

⑤菌落形状。分圆形、不规则状等。

⑥表面光泽。分为闪光、金属光泽、无光泽等。

⑦菌落质地。于酒精灯旁以无菌操作打开培养皿盖，用接种针挑动菌落，判别菌落质地是否为黏稠、脆硬等。

⑧菌落颜色。分为乳白色、奶油色、红色或粉红色等。

⑨透明程度。分为透明、半透明、不透明等。

⑩气味。有无酿酒香味或面包发酵香味。

## 五、实验数据处理与分析

（1）按比例大小绘图，描述观察到的酵母菌形态、出芽情况。

（2）记录酿酒酵母菌和假丝酵母的菌落特征（表1-13-1），并对比它们的异同。

表1-13-1　酵母菌形态及菌落特征观察结果

| 菌名 | 菌体形态 | 平板菌落特征 |
| --- | --- | --- |
| 酿酒酵母菌 | | |
| 假丝酵母 | | |

## 六、思考题

（1）与细菌相比，酵母菌有哪些突出的形态特征？

（2）酵母菌的假菌丝是怎样形成的？

## 七、知识应用与拓展

酵母菌的种类十分丰富，目前已发现的酵母菌有1500多种，已鉴定700多种，但只有很少一部分已在工业中使用。其中，酿酒酵母的应用最为广泛，其具有较好的乙醇发酵能力，常用于面包和馒头等食品的制作和酿酒生产。以白酒的酿造为例，其酿造过程具有"多微共酵"的特点，需要严格把控环境条件，以满足微生物生长所需。值得一提的是，在众多微生物中，尽管酿酒酵母的含量并不高，但它被认为是酒体中乙醇的主要来源，酿酒酵母发酵性能的优劣直接决定了白酒的产量，对产酒率具有重要的影响。因此，选育和培养出发酵性能优良且耐受性强的酵母对于白酒的生产也非常重要。白酒作为我国的国酒，是我国传统文化的重要载体，其复杂的酿造生产过程不仅体现出我国人民精益求精的工作态度，更诠释出我国工匠精神"道、法、术"的内涵，白酒酿造过程中的"道"是微生物的多态性；"法"是微生物发酵的温度和工艺条件；"术"是微生物发酵过程的控制，微生物的发酵过程中将工匠精神体现得淋漓尽致。

# 实验项目 1-14　霉菌形态及菌落特征的观察

## 一、实验目的

（1）了解四类霉菌的形态特征和平板菌落特征，了解其在丝状真菌形态学鉴定上的重要意义。

（2）掌握载玻片培养法和观察其形态特征的基本方法。

（3）培养实验观察能力、操作能力和归纳总结能力，培养严肃认真的科学态度。

## 二、实验原理

霉菌由复杂的菌丝体组成，包括基内菌丝、气生菌丝和繁殖菌丝，由繁殖菌丝产生孢子。其菌丝体和孢子的形态特征是区分不同种类霉菌的重要依据。霉菌的菌丝比较粗大，可用乳酸石炭酸棉蓝染色液染色，再采用直接制片法或透明胶带法在低倍镜下进行观察。石炭酸可以杀死菌丝和孢子并防腐，乳酸可保持菌体不变形，棉蓝使菌体着色，且此种霉菌制片不易干燥，能够防止孢子飞散，封固后可长期保存。此外，也可采用载玻片培养观察法，将薄层琼脂培养基置于载玻片上，接种后覆盖盖玻片，使菌种在载玻片和盖玻片中间的薄层琼脂培养基上横向生长，培养一段时间后，将其直接置于显微镜下观察。该方法可以观察到霉菌自然生长状态下的形态结构和生长发育过程中的形态变化。

霉菌的种类繁多，常见的有毛霉、根霉、曲霉和青霉，其在固体培养基上生长的菌落形态分别呈棉絮状、蜘蛛网状、绒毛状和地毯状。

## 三、实验器材

（1）菌种。根霉、青霉、黑曲霉、毛霉。

（2）培养基。马铃薯葡萄糖琼脂培养基、麦芽汁培养基（配方见附录1）。

（3）试剂。乳酸石炭酸棉蓝染色液（配方见附录2）、生理盐水、50%乙醇、20%甘油。

（4）仪器。光学显微镜、恒温培养箱。

（5）其他。酒精灯、培养皿、载玻片、盖玻片、镊子、格尺、接种工具、解剖针、透明胶带、圆形滤纸等。

## 四、实验步骤

1. 霉菌的形态观察

（1）直接制片法。取一块洁净的载玻片，在中央滴1滴乳酸石炭酸棉蓝染色液，用镊子从PDA平板培养物中取霉菌菌丝，在50%乙醇中浸一下以洗去脱落的孢子，然后置于染液中。用解剖针小心将菌丝分开，去除培养基，盖上盖玻片，用低倍镜和高倍镜进行观察。

（2）透明胶带法。取一块洁净的载玻片，在中央滴1滴乳酸石炭酸棉蓝染色液。取一段透明胶带，胶面朝上，呈U型缓慢接触霉菌的菌落表面以黏取菌体，然后将其浸入载玻片上的染液中，将透明胶带两端固定在载玻片两端，用低倍镜和高倍镜进行观察。

（3）载玻片培养观察法。

①培养小室的准备。在培养皿底部铺一层略小于皿底的圆形滤纸，由下往上依次放入玻璃搁架、1 块载玻片和 2 块盖玻片，盖上培养皿皿盖（图 1-14-1）。包扎后于 121 ℃下高压蒸汽灭菌 15~30 min，再于 60 ℃下烘干备用。

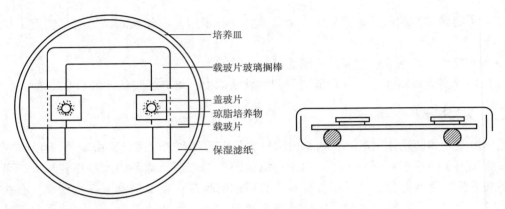

图 1-14-1　培养小室示意图

②琼脂块的准备。将 PDA 培养基用解剖刀切成 1 cm² 大小的琼脂块，移至培养小室的载玻片上，每片 2 块琼脂块。

③接种。用接种针从霉菌的 PDA 平板培养物中挑取少量孢子，接种于培养小室中的琼脂块边缘，然后覆上盖玻片。

④培养。在培养小室中的圆形滤纸上加 3~5 mL 已灭菌的 20% 的甘油，以保持湿度。盖上皿盖，于 28 ℃下培养。

⑤镜检。根据实验需要，在不同时间取出载玻片用低倍镜和高倍镜进行观察。

2. 霉菌的菌落特征观察

（1）接种与培养。用麦芽汁固体培养基倒平板，冷凝后用接种针挑取少量菌丝点接于平板中间，再于 30 ℃下倒置培养 48 h 以上。

（2）观察菌落特征。霉菌的菌落特征内容与细菌和酵母菌有所不同，主要包括以下内容。

①菌落大小。分为局限生长和蔓延生长，用格尺测量菌落的直径和高度。

②菌落的颜色。表面、反面以及基质的颜色变化，包括有无分泌水溶性色素等。

③菌落的组织形状。分为棉絮状、蜘蛛网状、绒毛状、地毯状等。

④菌落的表面形状。分为放射状、同心轮纹、疏松或紧密的菌丝，有无水滴等。

## 五、实验数据处理与分析

（1）观察各霉菌的形态结构，并按比例大小绘图。

（2）记录 4 种霉菌的菌落特征，填写在表 1-14-1 中，并分析它们各自的特点。

表 1-14-1　霉菌菌落形态及菌落特征观察结果

| 菌名 | 菌丝形态特征 | 平板菌落特征 |
| --- | --- | --- |
|  |  |  |
|  |  |  |
|  |  |  |
|  |  |  |

## 六、思考题

（1）4 种霉菌的形态特征和菌落特征有什么异同？

（2）霉菌的真菌丝和酵母菌的假菌丝有何差异？

## 七、知识应用与拓展

霉菌在我们的生活中无处不在，尤其喜欢温暖潮湿的环境，一有合适的环境就会大量繁殖。但是，霉菌对人体健康的危害很大，人体感染霉菌后，霉菌会在人体内大量繁殖，引起霉菌性肺炎等疾病，有的还会引起过敏，如支气管哮喘、皮炎等。此外，霉菌还会产生霉菌毒素，摄入含有霉菌毒素的食品会引起人体中毒甚至致癌。霉菌毒素实质是一些高毒性的次级代谢产物，不仅对人体有害，对畜禽类的危害也很大。鸡天生对霉菌毒素敏感，饲料中较低的毒素含量就会造成鸡群大量死亡，还会导致蛋鸡卵巢和输卵管萎缩、产蛋量下降、产畸形蛋、采食量减少、生产性能下降、饲料报酬降低、种蛋的孵化率降低等影响。因此，对于霉菌的研究十分重要。除了对于霉菌鉴别方法、霉菌毒素检测手段以及毒作用机制的研究外，也有一些研究把目光放在有关毒素的消除技术方面，尤其是生物法脱毒受到广泛关注。

# 实验项目 1-15　噬菌斑的观察及噬菌体效价的测定

## 一、实验目的

（1）了解噬菌体效价的含义及其测定的原理。

（2）学习噬菌斑的培养及观察方法。

（3）掌握双层琼脂平板法测定噬菌体效价的操作方法与技能。

（4）培养学生的辩证思维和严谨求实的科学精神。

## 二、实验原理

噬菌体是一类寄生于原核细胞内的病毒，其个体极其微小，专营细胞内寄生生活，已超过一般光学显微镜的辨析范围。但通过噬菌体感染宿主细胞具有专一性这个特点，当烈性噬菌体侵入其宿主细胞后便不断增殖，结果使宿主细胞裂解并释放出大量的子代噬菌体，然后它们再扩散和侵染周围细胞，如此多次地重复上述生活史，最终使含有敏感菌的悬液由浑浊逐渐变清，或在含菌的双层琼脂平板上形成肉眼可见的透明空斑，即噬菌斑。噬菌斑的出现说明噬菌体的存在，根据这一特性就可测得某试样中噬菌体粒子的含量。

噬菌体的效价是指每毫升样品中所含的噬菌斑形成单位数（plaque forming unit，PFU）或每毫升样品中所含的具有感染性噬菌体的粒子数，单位为 PFU/mL。其表示方法有两种：一种是以在液体试管中能引起溶菌现象（即菌悬液由浑浊变为澄清）的最高稀释度来表示；另一种则以在平板菌苔表面形成的噬菌斑数再换算成每升原样品液中的噬菌体数来表示。

测定噬菌体效价的方法很多，常用的有液体试管法和琼脂平板法两类。琼脂平板法又可分为单层法和双层法，双层法所形成的噬菌斑因其形态、大小较一致，而且清晰度高，计数也比较准确，因而被广泛应用。其操作要点如下：先在无菌培养皿中浇上一层固体培养基作底层，再将适当稀释的噬菌体液与培养至对数期的相应敏感菌混匀，使噬菌体粒子充分吸附于寄主细胞并侵入细胞内，随即加入融化状态并冷却至 50 ℃的半固体培养基，迅速摇匀使倒在底层培养基表面的半固体培养基瞬间铺平，待凝固后进行培养。凡具有感染力的噬菌体粒子，都可在平板菌苔表面形成一个个透明的噬菌斑。

本实验选用双层琼脂平板法测定大肠杆菌噬菌体的效价。

## 三、实验器材

（1）菌种。大肠杆菌、大肠杆菌噬菌体。

（2）培养基。LB 液体培养基、LB 半固体培养基、LB 固体培养基（配方见附录 1）。

（3）仪器。高压蒸汽灭菌器、恒温振荡培养箱、超净工作台、涡旋振荡器、生化培养箱、冰箱、恒温水浴锅、微量移液器、电子天平。

（4）其他。锥形瓶、培养皿、试管、试管架、酒精灯、记号笔等。

## 四、实验步骤

**1. 制备噬菌体悬浮液**

取含 10 mL LB 液体培养基的无菌试管 1 支，用接种环接入一环大肠杆菌斜面菌种，混匀后置于 37 ℃ 条件下振荡培养 8 h，然后向培养液中接入带噬菌体的大肠杆菌培养物 50 μL，于 37 ℃ 下恒温振荡培养 10 h，即得噬菌体的悬浮液。

**2. 稀释噬菌体悬浮液**

取含 9 mL LB 液体培养基的无菌试管 5 支，编号后，用微量移液器或无菌吸管吸取噬菌体悬浮液 1 mL，加入第一支试管并充分混匀后即得到 $10^{-1}$ 稀释度稀释液，同法得到 10 倍系列稀释梯度的噬菌体稀释液。

**注意：** 具体稀释度可由预实验得到或预判效价确定，一般以一个培养皿中噬菌斑的个数不超过几百个为宜。

**3. 制备大肠杆菌细胞悬浮液**

取含 10 mL LB 液体培养基的无菌试管 1 支，接种大肠杆菌斜面菌种少许，于 37 ℃ 下振荡培养 8 h 即可，留作备用。

**4. 平板接种**

（1）取无菌培养皿 8 套，在无菌条件下倒入已融化的琼脂含量为 2.0% 的 LB 固体培养基 10 mL（下层琼脂平板），静置，待琼脂凝固后，于皿底编号，标注 $10^{-3}$、$10^{-4}$、$10^{-5}$ 等稀释度，每个稀释度重复 2 次，同时设 2 个空白对照（CK）。

**注意：** 本实验操作步骤较多，操作时一定要条理清楚，先后有序，并注意管、皿间应"对号入座"，切勿混淆。

（2）取融化并保温在 50 ℃ 左右的琼脂含量为 0.8% 的 LB 半固体培养基试管 3 支（4 mL/试管），预先编号，向其中分别接入 3 个合适梯度的噬菌体稀释物各 0.1 mL（必须准确）和大肠杆菌细胞悬浮液 1 mL（含噬菌体和寄主的上层平板），对照管不接种。使用手搓法或涡旋振荡器充分混匀后，立即倒入相应编号的培养皿内，轻轻摇匀使培养基尽可能均匀分布在上层培养基上。

**注意：** 第一，在含有噬菌体和敏感菌的试管中加入 50 ℃ 保温的 LB 半固体培养基时，应快速沿壁倒入半固体培养基，然后立即搓试管，使培养基与测定样品充分混匀，并迅速倒在底层培养基上铺满平板，水平放置等待凝固。严防上层半固体培养基中产生琼脂凝胶团片而干扰效价测定与计数。第二，振荡过程应避免培养基中形成气泡而影响实验结果。

（3）待培养基凝固后，置于 37 ℃ 条件下培养 18~24 h，观察并计录噬菌斑数目（图 1-15-1）。

**注意：** 一定要待上层半固体培养基完全凝固后才可将平板倒置培养。

**5. 计数**

用记号笔点涂培养皿底上的噬菌斑位点，并将计数结果记录在结果表中。根据公式计算出样品中噬菌体的效价：

$$N = \frac{Y}{V \times X}$$

图 1-15-1　噬菌斑示意图

式中：*N*——效价值；

  *Y*——噬菌斑形成单位数（PFU/皿）；

  *V*——取样量；

  *X*——稀释度。

6. 清洗

计数完毕，将含菌平板按照要求消毒灭菌（一般可采取直接放在水浴中煮沸 10 min），再清洗、晾干。

## 五、实验数据处理与分析

（1）仔细观察和比较平板上出现的不同噬菌斑的形态特征，拍照展示并描述特征。

（2）按照表 1-15-1 记录实验数据并计算结果。

表 1-15-1　噬菌斑的观察结果

| 噬菌体稀释度 | | | | 对照皿 |
|---|---|---|---|---|
| 噬菌斑形成单位（PFU/皿） | | | | |
| 平均值 | | | | |

## 六、思考题

（1）何谓噬菌体效价？有几种测定方法？用哪一种方法测得的效价更准确？为什么？

（2）双层琼脂平板法测定噬菌体效价的原理是什么？要提高测定的准确性应注意哪些操作环节？

## 七、知识应用与拓展（思政案例）

1958 年 5 月 26 日深夜，一辆救护车急速驶进上海广慈医院（现更名为瑞金医院），送来的是被钢水严重烫伤的原上海第三钢铁厂司炉长、共产党员邱财康。31 岁的邱财康不顾个人安危，为保护炼钢炉，遭 1300 ℃钢水烧成重伤，全身 89.3%面积的皮肤被灼伤，深度灼伤面积达 23%，生命危在旦夕，广慈医院迅速组织抢救。当时业界公认的美国烧伤学科权威——伊文思理论，仅适用于全身烧伤面积低于 50%的病例。在国际权威面前，医学的极限似乎已划好了生死线，但是，医院、邱财康及家人都没有放弃，一场拯救生命的战斗打响了。

严重烧伤后的病人要经历三个生死关：休克关、感染关、植皮关。医护人员的全力抢救使邱财康艰难地渡过了休克关。挑战紧随而来，邱财康腿部出现了铜绿假单胞菌感染，引起败血症，高烧不退，病情急剧恶化，仅有的抗菌药物难以控制病情。医院请来上海第二医学院（上海交通大学医学院的前身）微生物学教研室主任、细菌学专家余㵑教授会诊。面对患者感染的多重耐药铜绿假单胞菌，余㵑教授提出了一个大胆的设想——每种细菌都有自己的天敌——噬菌体，使用噬菌体杀死铜绿假单胞菌，以毒攻毒。当时有专家认为用噬菌体治疗细菌感染，理论上可行，实际上难以实施。因为噬菌体具有严格的宿主特异性，这种识别特异性达到了细菌"株"的水平，要找到对感染菌有特异性的噬菌体，无疑是大海捞针。余㵑教授认为只要有铜绿假单胞菌的地方，就会有噬菌体存在。他立即带领医学院的师生到郊外，在粪便池、污水中采集铜绿假单胞菌，将采集的样品集中到实验室，反复试验分离出几十种噬菌体。将分离的噬菌体分别与邱财康感染的铜绿假单胞菌相互作用，筛选出几株噬菌力特别强的噬菌体。将筛选出的噬菌体进行扩大培养，经过几个昼夜的奋战，噬菌体混合液终于制成了。如何用噬菌体清洗伤口又是一个难题。20 世纪 50 年代的中国，塑料袋还很少见，医院的护士就自己动手，把塑料布消毒后制成口袋形状，套在邱财康的腿上并悬吊起来，装上噬菌体液，医护人员昼夜轮流帮他摇腿，使噬菌体与感染菌充分作用，感染终于得到了控制，噬菌体治疗获得了显著疗效。

故事发生的年代正值新中国建国初期，国家一穷二白、百废待兴，生产力水平及人民的生活水平较低。国际上敌对势力对我国进行全面封锁，企图遏制新中国的发展。正是广大人民群众热爱国家、建设祖国的热情高涨，人与人之间和谐、友善，舍己为人的美德蔚然成风，才成就了"中国故事"。

# 实验项目 1-16　微生物细胞大小的测定

## 一、实验目的

(1) 了解目镜测微尺和镜台测微尺的构造和使用原理。
(2) 学习目镜测微尺的校正方法。
(3) 学习并掌握显微镜测微尺测定微生物细胞大小的方法。
(4) 培养学生良好的实验习惯和严肃认真的科学态度。

## 二、实验原理

微生物细胞的大小是微生物基本的形态特征，也是分类鉴定的依据之一。微生物细胞个体较小，需要在显微镜下借助于测微尺来测定其大小。测微尺包括镜台测微尺和目镜测微尺。

镜台测微尺（图1-16-1）是一张中央部分刻有精确等分线的载玻片，通常，刻度的总长是 1 mm，被等分为 100 格，每格 0.01 mm（即 10 μm）。镜台测微尺不直接用来测量细胞的大小，而专门用于校定目镜测微尺每小格的相对长度。

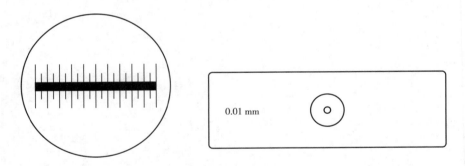

图 1-16-1　镜台测微尺

目镜测微尺（图1-16-2）是一块圆形玻片，在玻片中央将 5 mm 长度刻成 50 等份，或把 10 mm 长度刻成 100 等份。测量时，将其放在目镜中的隔板上（此处正好与物镜放大的中间像重叠）来测量经显微镜放大后的细胞物像。由于不同目镜、物镜组合的放大倍数不相同，目镜测微尺每格实际表示的长度也不一样，因此目镜测微尺测量微生物大小时须先用置于镜台上的镜台测微尺校正。校正时，将镜台测微尺放在载物台上，由于镜台测微尺与细胞标本是处于同一位置，都要经过物镜和目镜的两次放大成像进入视野，即镜台测微尺随着显微镜总放大倍数的放大而放大，因此从镜台测微尺上得到的读数就是细胞的真实大小，所以用镜台测微尺的已知长度在一定放大倍数下校正目镜测微尺，即可求出目镜测微尺每格所代表的长度，然

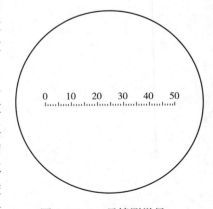

图 1-16-2　目镜测微尺

后移去镜台测微尺，换上待测标本片，用校正好的目镜测微尺在相同放大倍数下测量微生物细胞大小。然后根据微生物细胞相当于的目镜测微尺格数，计算出微生物细胞的实际大小。

## 三、实验器材

（1）菌种。金黄色葡萄球菌、枯草芽孢杆菌、大肠杆菌的染色标本片，酿酒酵母培养 24 h 的斜面培养物。

（2）试剂。生理盐水、香柏油、二甲苯。

（3）仪器。光学显微镜、目镜测微尺、镜台测微尺。

（4）其他。擦镜纸、载玻片、盖玻片、滴管、离心管、吸水纸、记号笔等。

## 四、实验步骤

1. 目镜测微尺的校正

（1）装接目镜测微尺。取出目镜，把目镜上的透镜旋下，将目镜测微尺刻度朝下放在目镜镜筒内的隔板上，然后旋上目镜透镜，再将目镜插回镜筒内。双筒显微镜的左目镜通常配有屈光度调节环，不能被取下，因此使用双筒显微镜时目镜测微尺一般都安装在右目镜中。

现在也有商家销售同等款式带目镜测微尺的目镜镜头，可以选择购买。使用时，直接取下显微镜的目镜镜头，换上专用目镜即可。

**注意**：目镜测微尺很轻、很薄，在取放时应特别注意防止使其跌落而损坏。

（2）放置镜台测微尺。将镜台测微尺刻度面朝上固定在显微镜的载物台上，注意不可放反，并对准通光孔。

（3）标定目镜测微尺。将低倍镜转入光路，镜台测微尺有刻度的部分移至视野中央，调节焦距，当清晰地看到镜台测微尺的刻度后，转动目镜使目镜测微尺与镜台测微尺的刻度相平行。再转到高倍镜，利用推进器移动镜台测微尺，使两尺在某一区域内两线完全重合，然后分别数出两重合线之间镜台测微尺和目镜测微尺所占的格数（使目镜测微尺的一条刻度线与镜台测微尺的一条刻度线相重合，再寻另一重合线）。

（4）计算。根据公式即可分别计算出不同物镜放大倍数下，目镜测微尺每格所代表的长度。

$$目镜测微尺每格长度（\mu m）=\frac{两个重叠刻度间镜台测微尺格数}{两个重叠刻度间目镜测微尺格数}\times 10$$

2. 微生物细胞大小的测量

目镜测微尺标定完毕后，取下镜台测微尺，换上微生物标本片，将其固定在载物台上，先用低倍镜找到标本片图像，然后根据不同的微生物对象分别转换到高倍镜下，用目镜测微尺测量微生物细胞的直径或宽和长所占的格数（不足一格的部分估计到小数点后一位数），再依据所标定的高倍镜下每一格的实际长度计算细胞的实际大小。

通常测定对数生长期的菌体来代表该菌的大小，为了尽量减小实验误差，应在同一标本片上测量 10 个细胞，取其平均值作为该菌的大小。

3. 维护

测量完毕，换上原有显微镜目镜（或取出目镜测微尺，目镜放回镜筒），用擦镜纸将测微尺擦拭干净后放回盒内保存，并按照显微镜的使用和维护方法擦拭物镜。如使用油镜测量，则按照油镜清洁法处理。

注意：镜台测微尺上的圆形盖玻片是用加拿大树胶封合的，当去除香柏油时不宜用过多的镜头清洁液（如二甲苯等），以免树胶溶解，使盖玻片脱落。

## 五、实验数据处理与分析

（1）目镜测微尺标定结果。
_____倍物镜下，标定后目镜测微尺每格长度为_____μm。
（2）菌体大小测定结果（表 1-16-1）。

表 1-16-1　菌体大小测定数据

| 细胞序号 | 目镜测微尺格数 | |
| --- | --- | --- |
| | 宽 | 长 |
| 1 | | |
| 2 | | |
| 3 | | |
| 4 | | |
| 5 | | |
| 6 | | |
| 7 | | |
| 8 | | |
| 9 | | |
| 10 | | |
| 平均值（格） | | |
| 实际大小（μm） | | |

## 六、思考题

（1）显微测微尺包括哪两个部件？它们各起什么作用？
（2）为什么目镜测微尺使用前必须校正？
（3）在某台光学显微镜下用某一放大倍数的物镜，测得目镜测微尺每格的实际长度后，当换一台光学显微镜用同样放大倍数的物镜时，该尺度是否还有效？为什么？

## 七、知识应用与拓展

微生物细胞的大小是微生物基本的形态特征，也是分类鉴定的依据之一。从分类角度来说，对不同形态微生物细胞大小的测量有不同的要求，如球菌是用直径范围表示其大小，杆菌和螺菌则是用细胞的直径和长度的范围来表示，但杆菌测量的长度是细胞的直接长度，而螺菌测量的长度则是菌体两端的距离而非细胞实际长度。一般来说，同种类不同个体的细菌的细胞直径的变化范围较小，分类学指标价值更大，而长度的变化范围较大。

# 实验项目 1-17　微生物细胞的显微直接计数法

## 一、实验目的

（1）了解血球计数板的构造、计数原理和计数方法。

（2）掌握血球计数板进行微生物细胞显微直接计数的技能。

（3）培养学生良好的实验习惯和严谨求实的科学态度。

## 二、实验原理

显微直接计数法是将少量待测样品的悬浮液置于一种特定的具有确定容积的载玻片上（又称计菌器），于显微镜下直接观察、计数的方法。目前国内外常用的计菌器有血细胞计数板、Peteroff-Hauser 计菌器以及 Hawksley 计菌器等，它们可用于各种单细胞微生物（孢子）悬液的计数，基本原理相同。其中血细胞计数板较厚，不能使用油镜，常用于个体相对较大的酵母细胞、霉菌孢子等的计数，而后两种计菌器较薄，可用油镜对细菌等较小的细胞进行观察和计数。除了用上述这些计菌器外，还有将已知颗粒浓度的样品如血液与未知浓度的微生物细胞（孢子）样品混合后，根据比例推算后者浓度的比例计数法。显微直接计数法的优点是直观、快速、操作简单，缺点则是所测得的结果通常是死菌体和活菌体的总和，且难以对运动性强的活菌进行计数。目前已有一些方法可以克服这些缺点，如结合活菌染色、微室培养（短时间）以及加细胞分裂抑制剂等方法来达到只计数活菌体的目的，或用染色处理等杀死细胞以计数运动性细菌等。本实验以最常用的血细胞计数板为例，对显微计数法的具体操作方法进行介绍。

血细胞计数板（图 1-17-1）是一块特制的载玻片，其上由 4 条槽构成 3 个平台。中间较宽的平台又被一短横槽隔成两半，每一边的平台上各刻有一个方格网，每个方格网共分为 9 个大方格，中间的大方格即为计数室。血细胞计数板的构造如图 1-17-1 所示。计数室的刻度一般有两种规格，一种是 16×25 规格，即一个大方格分成 16 个中方格，而每个中方格又分成 25 个小方格；另一种是 25×16 规格，即一个大方格分成 25 个中方格，而每个中方格又分成 16 个小方格，但无论是哪一种规格的计数板，每一个大方格中的小方格都是 400 个。每一个大方格边长为 1 mm，则每一个大方格的面积为 1 mm$^2$，盖上盖玻片后，盖玻片与载玻片之间的高度为 0.1 mm，所以计数室的容积为 0.1 mm$^3$（即 $10^{-4}$ mL）。

计数时，如果使用 16×25 规格的计数板，计数计数室四个角共 4 个中方格（即 100 个小方格）的菌数；如果使用 25×16 规格的计数板，计数计数室四个角及中间共 5 个中方格（即 80 个小方格）的菌数。然后求得每个小方格的平均值，再乘上 400，就得出一个大方格中的总菌数，然后再换算成 1 mL 菌液中的总菌数。

按下列公式计算出每毫升样品中的菌数。

1. 16×25 规格计数板

　　菌数（个/mL）=（100 个小方格内的总菌数/100）×400×$10^4$×稀释倍数

2. 25×16 规格计数板

　　菌数（个/mL）=（80 个小方格内的总菌数/80）×400×$10^4$×稀释倍数

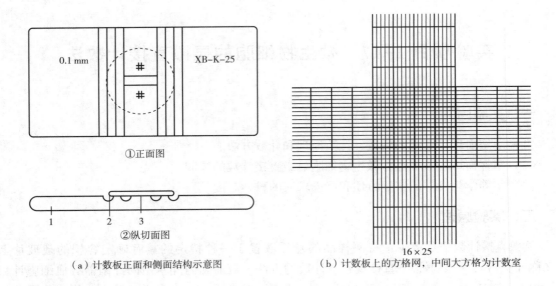

（a）计数板正面和侧面结构示意图　　　　　（b）计数板上的方格网，中间大方格为计数室

图 1-17-1　血球计数板构造示意图
1—血细胞计数板　2—盖玻片　3—计数室

## 三、实验器材

（1）菌种。酿酒酵母培养 24 h 的斜面培养物。

（2）试剂。生理盐水、95% 乙醇。

（3）仪器。光学显微镜、血细胞计数板。

（4）其他。锥形瓶、玻璃珠、试管、酒精灯、95% 乙醇、棉球、擦镜纸、载玻片、盖玻片、滴管、离心管、吸水纸、记号笔等。

## 四、实验步骤

1. 制备菌悬液

将 5 mL 无菌生理盐水加到酿酒酵母培养斜面上，用无菌接种环在斜面上轻轻来回刮取。将制备的菌悬液倒入盛有 5 mL 生理盐水和玻璃珠的锥形瓶中，充分振荡使细胞分散。上述悬液在使用前可根据需要适当稀释。一般稀释 10 倍，若菌液不浓也可不稀释，以每个小方格含有 5~10 个酵母菌细胞为宜。

**注意：**用接种环在培养斜面上刮取时动作要轻，不要将琼脂培养基一起刮起。

2. 检查血细胞计数板

在加样前，应先对血细胞计数板的计数室进行镜检。若有污物，可用自来水冲洗，再用 95% 的酒精棉球轻轻擦洗，然后用吸水纸吸干或用电吹风吹干。

**注意：**计数板上的计数室的刻度非常精细，清洗时切勿使用刷子等硬物，也不可用酒精灯火焰烘烤计数板。

3. 加样品

在洁净的血细胞计数板的计数区上盖一块盖玻片。将酵母菌悬液摇匀，用无菌滴管（或者微量移液器）吸取少许，在计数板中间平台两侧的沟槽内沿盖玻片的下边缘滴入一小滴（不宜过多），让菌悬液利用液体的表面张力充满计数区，勿使气泡产生，并用吸水纸吸去沟槽中流出的多余菌悬液。也可以将菌悬液直接滴加在计数区上，不要使计数区两边的平台沾上菌悬液，以免加盖盖玻片后，造成计数区深度的升高。最后加盖盖玻片。

**注意**：取样时先要摇匀菌液，加样时计数室内不可有气泡产生。

4. 观察

静置片刻，将血细胞计数板置于载物台上并夹稳，先在低倍镜下找到计数区后，再转换高倍镜观察并计数。

**注意**：由于活细胞的折光率和水的折光率相近，观察时应减弱光照的强度。

5. 计数

（1）若计数区是由 16 个大方格组成，按对角线方位，数左上、左下、右上、右下的 4 个大方格（即 100 小方格）的菌数。如果是 25 个大方格组成的计数区，除数上述四个大方格外，还需数中央 1 个大方格的菌数（即 80 个小方格）。如菌体位于中方格的双线上，计数时则数上线不数下线，数左线不数右线，以减小误差。

（2）对于出芽的酵母菌，芽体达到母细胞大小一半时，即可作为两个菌体计算。

（3）每个样品重复计数 2~3 次（每次数值不应相差过大，否则应重新操作），求出每一个小方格中的细胞平均数，按公式计算出每毫升（克）菌悬液所含酵母菌细胞的数量。

6. 清洗

测数完毕，取下盖玻片，用水将血细胞计数板冲洗干净，切勿用硬物洗刷或抹擦，以免损坏网格刻度。洗净后自行晾干或用吹风机吹干，放入盒内保存。

## 五、实验数据处理与分析

请对显微直接计数结果进行统计，填写表 1-17-1 并书写计算过程。

菌悬液的稀释倍数为_____。

表 1-17-1　显微直接计数结果

| 重复试验 | 每中格菌体数量 | | | | | 四个或五个中方格菌体总数 | 菌体浓度（个/mL） |
|---|---|---|---|---|---|---|---|
| | 1 | 2 | 3 | 4 | 5 | | |
| 第 1 计数室 | | | | | | | |
| 第 2 计数室 | | | | | | | |

## 六、思考题

（1）根据你实验的体会，说明使用血球计数板计数的误差主要来自哪些方面？应如何尽量减少误差，力求准确？

（2）能否用血细胞计数板在油镜下计数细菌的数量，此法是否可以适用于计数细菌？

（3）某发酵厂因实验研发需求，需要知道安琪活性干酵母中的菌体存活率，请设计 1~2 种可行检测方案。

（4）除计数板可以进行微生物细胞计数外，还有哪些方法可以进行细胞计数？

### 七、知识应用与拓展

微生物主要包括原核微生物、真核微生物、病毒等三大类，由于多数微生物的个体较小，肉眼无法观察，对其计数一般比较困难。目前，微生物计数的方法主要有三大类：总细胞计数法、活细胞计数法和微生物生长量测定法。每一种方法并不都是通用的，不同的微生物种类需要不同的计数方法。

总细胞计数法包括血细胞计数板计数法、细菌计数板计数法、膜过滤计数法。血细胞计数板计数法和细菌计数板计数法所适用的对象已在本节的实验原理处阐述过了。膜过滤计数法适用于样品中细菌的数量很少的情况，如湖水、海水或饮用水等，可以向一定体积样品溶液中加结晶紫染色，再用 0.22 μm 的聚偏二氟乙烯膜负压过滤，再用无菌水冲洗至无色后将过滤的膜进行抽干，将膜放到载玻片上，滴加甘油，盖上盖玻片，即可在显微镜下计数。一般随机抽取 20 个视野进行计数，最后算平均数，计算整个滤膜上的菌的数量，从而得到原菌液中的微生物数量。该方法多数时候会因细菌个体黏附成团而有所误差。所以，过滤前的细胞分散处理很重要。如将细菌悬液经过酸碱或超声波处理，将聚团的细胞打散，可以增加此方法的准确性。

活细胞计数法包括平板菌落计数法、比浊法等。平板菌落计数法只能用于测定活细胞的数量，但是操作过程相对计数板而言复杂一些，而且测得的细菌数量往往小于实际值。主要原因是在计算细菌浓度时，往往每个菌落并不一定是由一个单细胞生长繁殖而来，有可能是 2 个或多个，致使结果比实际菌液样品中的细菌数量低，这也就是为什么现在都用菌落形成单位数（CFU/mL）来取代过去的绝对细菌数量。比浊法则是利用微生物细胞在一定浓度范围内与浊度成正比的原理，即菌液浓度与光密度成正比，菌越多，光密度越大。故可通过分光光度计测定吸光值，通过与标准曲线对比，求出样品中的菌液浓度，计算出细胞的数量。

微生物生长量测定法主要是测定与微生物生长量相平行的生理指标，最重要的如测定含氮量、DNA 含量等，都是通过对微生物细胞内含量相对稳定的物质进行定量测定，再算出细胞的数量，操作相对复杂。

# 实验项目 1-18 微生物菌种的保藏

## 一、实验目的

（1）理解菌种保藏在微生物相关实验中的意义。
（2）掌握细菌斜面保藏、甘油管保藏的方法。
（3）具备根据目的选择恰当菌种保藏方法的能力。
（4）培养学生独立分析问题、解决问题的能力。

## 二、实验原理

微生物具有容易变异的特性，因此，在保藏过程中，必须使微生物的代谢处于最不活跃或相对静止的状态，才能使其在一定的时间内不发生变异而又保持生活能力。低温、干燥和隔绝空气是使微生物代谢能力降低的重要因素，所以，菌种保藏方法虽多，但都是根据这3个因素而设计的。

1. 传代培养保藏法

如斜面培养或穿刺培养等（后者用作厌氧细菌保藏）。将菌种接种于所要求的培养基上，在最适温度下培养，待长出健壮菌落时，置于低温（4℃）的冰箱中保存。此法为实验室和工厂菌种室常用的保藏法。优点是操作简单，使用方便，不需特殊设备，能随时检查所保藏的菌株是否死亡、变异与污染杂菌等。缺点是容易变异，因为培养基的物理、化学特性不是严格恒定的，屡次传代会使微生物的代谢改变，而影响微生物的性状；污染杂菌的机会也较多。保藏时间依微生物的种类而有不同，霉菌、放线菌及有芽孢的细菌可保存2~4个月，酵母菌可保存2个月，细菌最好每月移种一次。

2. 液体石蜡保藏法

此法是传代培养的变相方法，能够适当延长保藏时间。该方法是在斜面培养物和穿刺培养物上覆盖灭菌的液体石蜡，一方面可防止因培养基水分蒸发而引起菌种死亡，另一方面可阻止氧气进入，以减弱代谢作用。此法的优点是操作简单，不需特殊设备，且不需经常移种。缺点是保存时必须直立放置，所占位置较大，同时也不便携带。从液体石蜡下面取培养物移种后，接种环在火焰上烧灼时，培养物容易与残留的液体石蜡一起飞溅，应特别注意。此法保藏效果较好，霉菌、放线菌、芽孢细菌可保藏2年以上，酵母菌可保藏1~2年，一般无芽孢细菌也可保藏1年左右。

3. 甘油管保藏法

甘油冷冻保藏菌种是目前实验室应用最为广泛的一种菌种保藏方法，原理是以甘油为保护剂，低温冷冻条件下，使微生物的新陈代谢趋于停止，从而达到长期有效的保藏。一般来说，保藏温度越低，保藏效果越好，目前实验室大都采用-80℃超低温冰箱保藏；菌液浓度越大，菌种保存时间越长。保藏时，细菌常使用菌液，霉菌常用无菌水或生理盐水制备成的孢子悬液。甘油终浓度一般为10%~30%。该方法适合中长期的菌种保藏，保藏时间一般为2~4年。

### 三、实验器材

（1）菌种。细菌、酵母菌、放线菌、霉菌的斜面培养物。

（2）培养基。牛肉膏蛋白胨固体培养基、LB液体培养基、麦芽汁培养基、高氏1号培养基、马铃薯葡萄糖琼脂培养基（配方见附录1）。

（3）试剂。甘油、液体石蜡、无水乙醇、75%乙醇、1 mol/L HCl、1 mol/L NaOH、氯化钠。

（4）仪器。高压蒸汽灭菌器、超净工作台、培养箱、恒温摇床、电子天平、微量移液器、冰箱。

（5）其他。接种环、锥形瓶、试管、酒精灯、棉球、离心管、枪头、记号笔等。

### 四、实验步骤

下列各方法可根据实验室条件及需要来选择。

1. 斜面低温保藏法

（1）斜面培养基的制备。配制适量的各类培养基，制备斜面并灭菌。

（2）贴标签。取各种无菌斜面试管数支，将注有菌株名称和接种日期的标签贴在试管斜面的正上方、距试管口2~3 cm处。每一菌种要接3支以上的斜面。

（3）接种。将待保藏的菌种用接种环以无菌操作移接至相应的试管斜面上，细菌和酵母菌应采用对数生长后期的细胞，而放线菌和丝状真菌宜采用成熟的孢子。

（4）培养。细菌在37 ℃下恒温培养18~24 h，酵母菌于28 ℃下培养36~60 h，放线菌和丝状真菌置于28 ℃培养4~7 d。

（5）保藏。斜面长好后，放置于4 ℃的冰箱中保藏。

**注意**：保藏温度不宜太低，否则会因斜面培养基结冰、脱水而加速菌种的死亡。为防止棉塞受潮生长杂菌，管口棉塞应用牛皮纸包扎或换上无菌胶塞，最好用融化的固体石蜡封住胶塞。

2. 液体石蜡保藏法

（1）斜面培养基的制备。配制适量的各类培养基，制备斜面并灭菌。

（2）将液体石蜡分装于锥形瓶内，塞上棉塞，并用牛皮纸包扎，于121 ℃下高压蒸汽灭菌20 min，然后放在105~110 ℃烘箱中，使水汽蒸发，备用。

（3）贴标签。取各种无菌斜面试管数支，将注有菌株名称和接种日期的标签贴在试管斜面的正上方、距试管口2~3 cm处。每一菌种要接3支以上的斜面。

（4）接种。将待保藏的菌种用接种环以无菌操作移接至相应的试管斜面上，细菌和酵母菌应采用对数生长后期的细胞，而放线菌和丝状真菌宜采用成熟的孢子。

（5）培养。细菌在37 ℃下恒温培养18~24 h，酵母菌于28 ℃下培养36~60 h，放线菌和丝状真菌置于28 ℃下培养4~7 d。

（6）加液体石蜡。吸取适量灭菌的液体石蜡，注入已长好菌的斜面上，其用量以高出斜面顶端1 cm为宜，使菌种与空气隔绝，并防止培养基水分蒸发。将棉塞换成无菌胶塞。

（7）保藏。管口外包牛皮纸，将试管直立于4 ℃冰箱中保存。此法下的霉菌、放线菌、有芽孢细菌可保藏2年左右，酵母菌可保藏1~2年，一般无芽孢细菌可保藏1年左右。

3. 甘油管保藏法

（1）甘油灭菌。将甘油按照 1∶1 的比例与蒸馏水混合稀释，并分装于锥形瓶内，加塞包扎，121 ℃高压蒸汽灭菌 20 min。

（2）菌液的制备。将大肠杆菌菌种接种于无菌 LB 液体培养基中，于 37 ℃振荡培养 12 h 左右，待菌种充分生长（$OD_{600}$ 为 0.8~1.0）。

（3）吸取 0.5 mL 菌液加入小离心管中，再加入同体积的 50% 的甘油，涡旋混匀。

（4）将离心管置于 -20 ℃（或 -80 ℃）冰箱中保藏。

## 五、实验数据处理与分析

将菌种保藏方法和结果记录于表 1-18-1 中。

表 1-18-1　菌种保藏方法和结果

| 接种日期 | 菌种名称 | | 培养条件 | | 保藏方法 | 菌种生长情况 |
| --- | --- | --- | --- | --- | --- | --- |
| | 中文名称 | 学名 | 培养基 | 培养温度（℃） | | |
| | | | | | | |
| | | | | | | |

## 六、思考题

（1）菌种保藏方法中加入甘油的作用是什么？加入液体石蜡的作用是什么？

（2）如何防止菌种管棉塞受潮和杂菌污染？

（3）经常使用的细菌菌种应用哪一种方法保藏好？为什么？

（4）现有一纤维素酶的高产霉菌菌株，你选用什么方法保存？设计一个实验方案。

## 七、知识应用与拓展

菌种保藏可按微生物各分支学科的专业性质分为普通、工业、农业、医学、兽医、抗生素等保藏管理中心。此外，也可按微生物类群进行分工，如沙门氏菌、弧菌、根瘤菌、乳酸杆菌、放线菌、酵母菌、丝状真菌、藻类等保藏中心。

世界上约有 550 个菌种保藏机构。其中著名的有美国典型菌种保藏中心（American Type Culture Collection, ATCC, 马里兰）：建立于 1925 年，是世界上最大、保存微生物种类和数量最多的机构，保存的病毒、衣原体、细菌、放线菌、酵母菌、真菌、藻类、原生动物等约 29000 株，都是典型株；荷兰真菌菌种保藏中心（Centralbureau Uoor Schimmel-cultures, CBS, 得福特）：建立于 1904 年，保存的酵母菌、丝状真菌分别约 8400 种、18000 株，大多是模式株；英国全国菌种保藏中心（National Collection of Type Cultures, NCTC, 伦敦）：保存的医用和兽医用病原微生物约 2740 株；英联邦真菌研究所（Commonwealth Mycological institute, CMI, 萨里郡）：保存的真菌模式株、生理生化和有机合成等菌种分别为 2763 种、8000 株；日本大阪发酵研究所（Institutes for Fermentation, IFO, 大阪）：保存的普通和工业微生物菌种约 9000 株；美国农业部北方利用研究开发部（北方地区研究室，Agricultural Research Service Culture Collection, NRRL, 伊利诺伊州皮契里亚）：收藏农业、工业、微生物分类学所涉及的菌种，包括细菌 5000 株、丝状真菌 1700 株、酵母菌 6000 株。

    1970 年 8 月，在墨西哥城举行的第 10 届国际微生物学代表大会上成立了世界菌种保藏联合会（World Federation for Culture Collection，WFCC），同时确定澳大利亚昆士兰大学微生物系为世界资料中心。这个中心用电子计算机储存了全世界各菌种保藏机构的有关情报和资料，1972 年出版《世界菌种保藏名录》。

    中国于 1979 年成立了专门的微生物菌种管理委员会，即中国微生物菌种保藏管理委员会（China Committee for Culture Collection of Microorganisms，CCCCM，北京），对工业、农业、林业、医学、兽医、药用及普通微生物等 7 个领域的国家级专业菌种保藏管理中心进行管理，这七大保藏管理中心分别位于中国国家级的科研院所，具体的菌种保藏机构名称分别为中国农业微生物菌种保藏管理中心、中国工业微生物菌种保藏管理中心、中国普通微生物菌种保藏管理中心、中国林业微生物菌种保藏管理中心、中国医学细菌保藏管理中心、中国兽医微生物菌种保藏管理中心、中国药用微生物菌种保藏管理中心。

# 实验项目 1-19　细菌生长曲线的测定

## 一、实验目的

（1）了解细菌的生长曲线特征及繁殖规律。

（2）理解不同外界条件对微生物生长的影响。

（3）掌握光电比浊法测量单细胞微生物数量的方法并学会绘制生长曲线。

（4）培养学生实事求是的精神和理论联系实际的能力。

## 二、实验原理

生长曲线是微生物在一定环境条件下于液体培养时所表现出的群体生长规律。测定时，一般将一定数量的微生物纯菌种接种到一定体积的已灭菌的适宜的新鲜培养液中，在适温条件下培养，定时取样测定培养液中菌的数量，以菌数的对数为纵坐标，生长时间为横坐标，绘制得到生长曲线。不同的微生物的生长曲线不同，同一微生物在不同培养条件下的生长曲线也不同。但单细胞微生物的生长曲线规律基本相同，生长曲线一般分为延迟期、对数期、稳定期和衰亡期 4 个时期，即微生物的典型生长曲线。测定一定培养条件下的微生物的生长曲线对科研和实际生产有一定的指导意义。

测定生长曲线时需要对生长的单细胞微生物定时取样计数，对于酵母细胞和比较大的细菌细胞可采用血球计数板计数法计数，也可采用比浊法计数，但对于小的细菌细胞一般采用比浊法。在实验中需借助分光光度计进行光电比浊测定，测定不同培养时间的细菌悬浮液的 $OD$ 值并绘制生长曲线。也可以直接用测定 klett units 值的光度计，只要接种一支试管或一个带测定管的三角烧瓶。在不同的培养时间（横坐标）取样测定，以测得的 klett units 为纵坐标，便可很方便地绘制出细菌的生长曲线。如果需要，可根据公式 1 klett units $= OD/0.002$ 换算出所测菌悬液的 $OD$ 值。

光电比浊计数法的优点是简便、迅速，可以连续测定，易于自动控制。但是，由于光密度或满光度除了受菌体浓度影响之外，还受细胞大小形态、培养液成分与颜色以及所采用的光波长等因素的影响，因此，应使用相同的菌株和培养条件制作标准曲线。光波长的选择通常在 400~700 nm。对于某种微生物来说，选用准确的波长则需根据不同的微生物最大吸收波长及其稳定性试验来确定。另外，颜色太深的样品或在样品中含有其他干扰物质的悬液不适合用此法进行测定。

## 三、实验器材

（1）菌种。大肠杆菌。

（2）培养基。LB 液体培养基、浓缩 5 倍的 LB 液体培养基（配方见附录 1）。

（3）试剂。75%乙醇。

（4）设备。电子天平、高压蒸汽灭菌器、超净工作台、恒温摇床、分光光度计、冰箱。

（5）其他。1 mL 吸管、接种环、锥形瓶、试管、试管架、酒精灯、打火机、棉球、记号笔等。

## 四、实验步骤

1. 准备培养基

（1）配制 LB 液体培养基，分装 50 mL 培养液到 250 mL 的锥形瓶中，再分装 100 mL 培养液到 500 mL 的锥形瓶中。取 26 支试管包扎待用。

（2）配制浓缩 5 倍的 LB 液体培养液 20 mL。

配制好后，和其他准备的物品一块进行高压蒸汽灭菌处理。

2. 制备种子液

将大肠杆菌菌种接种到盛有 50 mL LB 液体培养基的锥形瓶中，于 37 ℃振荡培养 16 h，作为种子液备用。

3. 接种

（1）标记。取无菌试管 13 支，用记号笔分别标明培养时间，即 0、1 h、2 h、3 h、4 h、6 h、8 h、10 h、12 h、14 h、16 h、18 h、20 h。

（2）接种。用 5 mL 无菌吸管吸取 10 mL 大肠杆菌过夜培养液转入盛有 100 mL LB 液体培养基的三角烧瓶内 [10%（$V/V$）接种量]，混合均匀后分别取 5 mL 混合液放入上述标记的 13 支无菌试管中。

第二组实验同上所述操作。

4. 培养

将已接种的试管置于 37 ℃摇床中振荡培养（振荡频率 200 r/min），分别培养 0、1 h、2 h、3 h、4 h、6 h、8 h、10 h、12 h、14 h、16 h、18 h、20 h，将标有相应时间的试管取出，立即放入冰箱中贮存，最后一同比浊测定其光密度值。

第二组 13 支试管区别于第一组的是在接种 6 h 后，以无菌操作按 10%（$V/V$）接入量加入浓缩 5 倍的已灭菌的 LB 液体培养液，摇匀后继续培养。同样条件培养后于同样时间间隔时取样测定 $OD$ 值。

注意：严格控制培养时间。

5. 比浊测定

（1）调节分光光度计的波长至 600 nm 处，开机预热 10~15 min。

（2）以未接种的培养液校正比色计的零点（注意以后每次测定均需重新校正零点）。

（3）从先取出的培养液即浊度低的培养液开始依次测定，对于细胞密度大的培养液，先用未接种的液体培养基适当稀释后测定，使其光密度值在 0.1~1.0 之内。

注意：测定溶液 $OD$ 值时，要求从低浓度到高浓度测定。测定 $OD$ 值前，将待测定的培养液振荡，使细胞均匀分布。测定 $OD$ 值后，将比色杯中的菌液倾入容器中，用水冲洗比色杯，冲洗水也收集于容器中进行灭菌，最后用 75% 的乙醇冲洗比色杯。

本操作步骤也可用如下所示的简便方法代替。

①用 1 mL 无菌吸管吸取大肠杆菌过夜培养液（种子液），按 10%（$V/V$）接种量转入盛有适量 LB 液体培养基的试管中，混匀后将试管直接插入分光光度计的比色槽中，比色槽上方用自制的暗盒将试管及比色暗室全部罩上，形成一个大的暗环境，另用一支盛有 LB 液体培养基但没有接种的试管调零点，测定培养 0 h 样品的 $OD$ 值。测定完毕后，取出试管置于

37 ℃下继续振荡培养。

②分别在培养 1 h、2 h、3 h、4 h、6 h、8 h、10 h、12 h、14 h、16 h、18 h、20 h 时，取出培养物试管按上述方法测定 $OD$ 值。该方法准确度高，操作简便。但须注意的是使用的 2 支试管要很干净，其透光程度越接近，测定的准确度越高。

## 五、实验数据处理与分析

（1）将实验结果填入表 1-19-1。

表 1-19-1　不同培养时间下菌悬液的 $OD$ 值

| 培养时间（h） | 0 | 1 | 2 | 3 | 4 | 6 | … | … | … | … | … |
|---|---|---|---|---|---|---|---|---|---|---|---|
| 正常时间 $OD$ 值 | | | | | | | | | | | |
| 补料培养 $OD$ 值 | | | | | | | | | | | |

（2）根据实验数据，以培养时间为横坐标，菌悬液的 $OD$ 值为纵坐标，绘出大肠杆菌的生长曲线，说明大肠杆菌的生长特征，并分析补料对微生物生长的影响。

## 六、思考题

（1）如果用活菌计数法制作生长曲线，你认为会有什么不同？两者各有什么优缺点？

（2）请列举 2~3 种可对微生物生长产生影响的因素，并分析可能产生的具体影响。

（3）本实验为什么要用与待测溶液一致的培养基作为对照？

## 七、知识应用与拓展

微生物的生长繁殖有一定规律性，可分为延迟期、对数期、稳定期和衰亡期 4 个阶段，其中延迟期和稳定期具有重要的实际应用价值，尤其在食品工业和发酵工业中。延迟期的长短受各种外界因素的影响，包括氧气、温度、湿度等。人们可以根据控制外界环境条件来延长延迟期的时间，一旦度过延迟期，即标志着食品保质期的结束。稳定期的特点是菌体繁殖速度和生理活性开始下降，但培养基中的代谢产物却在这段时间得到大量积累，生产上常掌握这一特点以得到大量代谢产物。如酱油生产中制曲的目的是得到大量的酶，而米曲霉所分泌的代谢产物中的蛋白酶和淀粉酶均在菌体进入衰老期前活力最高，根据这一特点来确定出曲时间。在医学上，根据微生物生长曲线，选择恰当时间转种培养（对数期或稳定期）以提高阳性菌检出率。另外，微生物生长曲线在废水治理中也具有重要的实践指导意义，通过生长曲线的形态为处理工艺的改进提供参考。

# 实验项目 1-20　微生物的分离与纯化

## 一、实验目的

（1）了解微生物分离与纯化的原理。
（2）掌握常规微生物的平板分离与纯化方法。
（3）观察来自土壤中的三大类群微生物菌落的形态特征。
（4）培养学生运用理论知识解决实际问题的能力。

## 二、实验原理

纯种分离技术是食品微生物学中重要的基本技术之一。为了生产和科研的需要，人们往往需从自然界混杂的微生物群体中分离出具有特殊功能的纯种微生物，或重新分离被其他微生物污染或因自发突变而丧失原有优良性状的菌株，或通过诱变及遗传改造选出具有优良性状的突变株及重组菌株。

从混杂微生物群体中获得只含有某一种或某一株微生物的过程称为微生物的分离与纯化。微生物在固体培养基上生长形成的单个菌落，通常是由一个细胞繁殖而成的集合体。因此可通过挑取单菌落而获得一种纯培养物。纯种（纯培养）是指一株菌种或一个培养物中所有的细胞或孢子都是由一个细胞分裂、繁殖而产生的后代。实验室常用的方法是平板分离法。平板分离法主要有稀释涂布平板法、稀释倾注平板法和平板划线分离法，其基本原理是选择适合于待分离微生物的最适培养基和培养条件，如培养基的营养成分、酸碱度、温度和氧等要求，或加入某种抑制剂创造一个只利于目的菌生长而抑制其他微生物生长的环境，从而可选择性地分离目的菌。因此，可以通过挑取这种单菌落获得纯培养。值得指出的是，从微生物群体中经分离生长在平板上的单个菌落并不一定是纯培养物。因此，纯培养的确定除观察其菌落特征外，还要结合显微镜检测个体形态特征后才能确定，有些微生物的纯培养要经过一系列分离与纯化过程和多种特征鉴定才能得到。

土壤是微生物生存的大本营，所含微生物无论是数量还是种类都是极其丰富的。因此，土壤是微生物多样性的重要场所，是发掘微生物资源的重要基地，人们可以通过分离与纯化从中获得许多有价值的菌株。细菌或放线菌皆喜中性或微碱性环境，但细菌比放线菌生长快。分离放线菌时，一般在样品稀释液或高氏 1 号培养基中添加数滴 10% 的酚液。酵母菌和霉菌都喜酸性环境，在分离酵母菌和霉菌时只要选择好适宜的培养基和 pH，即可抑制细菌的生长，一般在培养基临用前需添加灭菌的乳酸，以降低培养基的 pH 至 3.5，或添加链霉素抑制细菌的生长。分离霉菌时，有时为了抑制菌丝蔓延生长，在孟加拉红培养基中还加入去氧胆酸钠。本实验将采用不同的培养基从土壤中分离不同类型的微生物。

## 三、实验器材

（1）培养基。牛肉膏蛋白胨固体培养基、高氏 1 号培养基、马铃薯葡萄糖琼脂培养基（配方见附录 1）。

（2）试剂。10%酚液、生理盐水、3 mg/mL 链霉素溶液、去氧胆酸钠、75%乙醇。

（3）仪器。电子天平、高压蒸汽灭菌器、超净工作台、恒温摇床、分光光度计、冰箱、显微镜。

（4）其他。药匙、称量纸、1 mL 吸管、培养皿、涂布棒、接种环、锥形瓶、试管、试管架、酒精灯、打火机、棉球、记号笔等。

## 四、实验步骤

### 1. 稀释涂布平板法

（1）倒平板。将牛肉膏蛋白胨固体培养基、高氏 1 号培养基、马铃薯葡萄糖琼脂培养基融化，待冷却至 55 ℃左右时，向高氏 1 号培养基中加入 10%酚液数滴，向马铃薯葡萄糖琼脂培养基中加入链霉素溶液（使每毫升培养基中含链霉素 30 μg）。然后分别倒平板，每种培养基倒三皿，其方法有手持法和皿加法。手持法是右手持盛培养基的试管或三角烧瓶，置火焰旁边，左手拿培养皿或松动试管塞、瓶塞，用手掌边缘和小指、无名指夹住拔出，如果试管内或三角烧瓶内的培养基一次可用完，则管塞或瓶塞不必夹在手指中。试管（瓶）口在火焰上灭菌，然后左手将培养皿盖在火焰附近打开一个缝隙，迅速倒入培养基 10～15 mL，加盖后轻轻摇动培养皿，使培养基均匀分布，平置于桌面上，待凝固后即成平板。皿加法则是将培养皿放在火焰附近的桌面上，用左手的食指和中指夹住管塞，打开培养皿，再注入培养基，摇匀后制成平板，如图 1-20-1 所示。最好是将平板放于室温下 2～3 d，或 37 ℃培养 24 h，检查无菌落及皿盖无冷凝水后再使用。

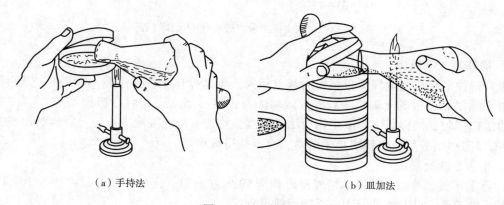

（a）手持法　　　　　　　　　　　　（b）皿加法

图 1-20-1　倒平板

（2）制备土壤稀释液。称取土样 10 g，放入盛 90 mL 无菌水并带有玻璃珠的三角烧瓶中，振摇约 20 min，使土样与水充分混合，将菌分散。用一支 1 mL 无菌吸管从中吸取 1 mL 土壤悬液并注入盛有 9 mL 无菌水的试管中，使充分混匀。然后用一支 1 mL 无菌吸管从此试管中吸取 1 mL，再注入另一盛有 9 mL 无菌水的试管中，以此类推制成 $10^{-1}$、$10^{-2}$、$10^{-3}$、$10^{-4}$、$10^{-5}$、$10^{-6}$、$10^{-7}$、$10^{-8}$、$10^{-9}$ 等各种稀释度的土壤溶液。

（3）涂布。将上述每种培养基的 3 个平板底面分别用记号笔写上选择后的 3 种合适稀释度，如 $10^{-7}$、$10^{-8}$、$10^{-9}$，然后用 3 支 1 mL 无菌吸管分别从 3 管土壤稀释液中各吸取 0.2 mL 对号放入已写好稀释度的平板中，用无菌涂布棒在培养基表面轻轻地涂布均匀。

（4）培养。将高氏1号培养基平板和马铃薯葡萄糖琼脂培养基平板倒置于28 ℃温室中培养3~5 d，牛肉膏蛋白胨固体培养基平板倒置于37 ℃温室中培养2~3 d。

（5）挑选。将培养长出的单个菌落分别挑取接种到上述3种培养基的斜面上，分别置于28 ℃和37 ℃温室中培养，待菌苔长出后，检查菌苔是否单纯，也可用显微镜涂片染色检查是否是单一的微生物，若有其他杂菌混杂，就要再次进行分离、纯化，直到获得纯培养。整个分离过程见图1-20-2。

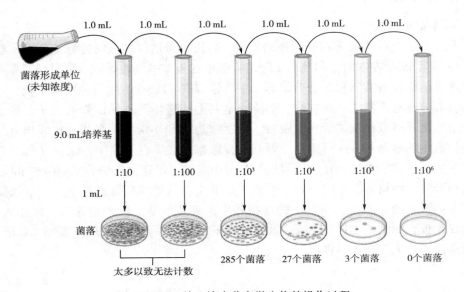

图1-20-2　从土壤中分离微生物的操作过程

2. 稀释倾注平板法

稀释倾注平板法与稀释涂布平板法基本相同，无菌操作也一样，所不同的是先分别吸取1 mL 3种合适稀释度的土壤悬液对号放入培养皿，然后倒入融化后冷却到45 ℃左右的培养基，边倒边摇匀，使样品中的微生物与培养基混合均匀，待冷凝成平板后，分别倒置于28 ℃和37 ℃温室中培养后，再挑取单个菌落，直至获得纯培养。

3. 平板划线分离法

（1）倒平板。将融化的固体培养基冷却至50 ℃左右时，在每一培养皿内注入10~15 mL培养基。置于平整桌上待其凝固成平板后就可划线。

（2）制备土壤稀释液同稀释涂布平板法。最终制成 $10^{-1}$、$10^{-2}$、$10^{-3}$ 等各种稀释度的土壤溶液。

（3）平板划线。在近火焰处，左手拿皿底，右手拿接种环在火焰上灭菌，挑取上述（2）制备的土壤悬液在平板上划线。划线的方法很多，但无论哪种方法划线，其目的都是通过划线将样品在平板上进行稀释，使之形成单个菌落。常用的划线方法有两种：分段划线法和连续划线法，具体操作参考实验1-11。

（4）挑选菌落。同稀释涂布平板法，直至获得单一菌落为止。

## 五、实验数据处理与分析

（1）所做的涂布平板法和平板划线分离法是否较好地得到了单菌落？如果不是，请分析其原因并重做。

（2）在 3 种不同的平板上可以分离得到哪些类群的微生物？简述它们的菌落形态特征。

## 六、思考题

（1）为什么高氏 1 号培养基和马铃薯葡萄糖培养基中要分别加入酚液和链霉素？如果用牛肉膏蛋白胨固体培养基分离一种对青霉素具有抗性的细菌，你认为应该如何做？

（2）当平板上长出的菌落不是均匀分散的，而是集中在一起时，你认为问题出在哪里？

（3）在平板划线分离法中，为什么每划完一组平行线都必须将接种环上的剩余物灼烧掉？

## 七、知识应用与拓展

土壤是微生物生存的大本营，所含微生物无论是数量还是种类都是极其丰富的。首先，在土壤中生存着数量巨大和多样性丰富的微生物群。能有几亿到几百亿个微生物，种类有数千至数万种，其中细菌最多，放线菌、真菌次之，藻类及原生动物较少（截至 2022 年 12 月 31 日，在 NCBI 上的细菌和古细菌总的统计数分别为 37021 和 1755）。其次，土壤系统不仅组成复杂，而且地理位置和垂直深度不同，其空气、水分的含量也不同，固体物质的理化性质、颗粒形状大小、内部结构、有机物质含量等也可能会存在较大的差异，这些因素均会导致微生物的数量和种类发生巨大的变化。目前对土壤微生物的研究主要采用培养法和非培养法两类方式进行。在发现土壤中超过 99% 的微生物不能被传统的培养技术分离之后，非培养法如宏基因组学、宏蛋白质组学（Metaproteomics）、宏转录组学（Metatranscriptomcis）以及联合使用多种"宏–组学"（Meta-omics）的方法等研究"未培养微生物"（Non-Culturable）技术日益发展。尽管如此，对于微生物的分离培养技术而言，从微生物学诞生至今，其在微生物学研究发展过程中一直起着重要作用。对于未来的微生物学研究来说，分离培养技术也同样不可或缺。

# 第 2 篇　食品微生物检验技术

# 实验项目 2-1　常见生理生化试验

## 一、实验目的

（1）了解生理生化试验的原理及其在微生物鉴定中的重要作用。

（2）掌握常见生理生化试验试剂的配制，能够进行常见生理生化试验并完成原始数据的记录、处理与结果报告。

（3）培养学生严谨认真的科学态度及严密的逻辑思维。

## 二、实验原理

1. 乳糖发酵试验

不同细菌体内具有不同种类的酶，所以每种细菌对糖类的分解能力和代谢产物也因微生物的种类不同而不同，根据这个原理可以鉴别不同的细菌。肠道致病菌大都不发酵乳糖，肠道非致病菌大都发酵乳糖。细菌分解乳糖的最终产物也并不相同，有的产酸、产气，有的仅产酸不产气。如大肠埃希氏菌能使乳糖发酵，产酸、产气；而伤寒杆菌则不能利用乳糖。可根据细菌分解利用乳糖能力是否产酸产气来鉴定细菌种类，利用指示剂及发酵管进行检验。

使用乳糖发酵试验，能够初步判别肠道致病菌和肠道非致病菌。

2. 葡萄糖代谢类型鉴别试验

本试验又称氧化发酵（oxidative fermentation，O/F 或 Hugh-Leifson，HL）试验，可用于鉴别细菌的代谢类型。必须有分子氧参加才能进行葡萄糖分解的细菌，称为氧化型细菌，而不需要分子氧的参加也能对葡萄糖进行无氧降解的细菌为发酵型细菌；不能分解葡萄糖的细菌称为产碱型细菌。发酵型细菌分解葡萄糖在有氧或无氧环境中都能进行，而氧化型细菌在无氧环境中不能分解葡萄糖（表 2-1-1）。

表 2-1-1　细菌不同代谢类型对糖的代谢情况

| 项目 | 葡萄糖 | | 乳糖 | | 蔗糖 | | 代表菌 |
|---|---|---|---|---|---|---|---|
| | 不封口 | 封口 | 不封口 | 封口 | 不封口 | 封口 | |
| 产碱型 | — | — | — | — | — | — | 粪产碱菌 |
| 氧化型 | A | — | | | | | 铜绿假单胞菌 |
| | A | — | A | | A | | 类鼻疽伯克霍尔德菌 |
| 发酵型 | A | A | — | | — | | 痢疾志贺氏菌 |
| | A | A | A | A | — | | 宋内氏志贺氏菌 |
| | A | A | | | A | A | 普通变形杆菌 |
| | A | A | A | A | A | A | 霍乱弧菌 |

注　A 代表产酸，—代表不生长。

3. 甲基红试验（methyl red，MR 试验）

肠杆菌科各菌属能将葡萄糖发酵生成丙酮酸，丙酮酸能够继续进行分解，由于糖代谢途径的不同，会产生大量的混合酸性产物，如乳酸、琥珀酸和醋酸等，从而使培养基 pH 值下降到 4.5 以下。所以这时加入甲基红试剂，溶液会因培养基的酸性物质呈现红色。不同细菌的产酸能力也是不同的，如大肠埃希氏菌分解丙酮酸的能力强，产酸多，使 pH 下降到 4.5 以下，使指示剂变红，所以大肠埃希氏菌的 MR 试验结果呈阳性；而产气肠杆菌可把部分丙酮酸分解成乙酰甲醇（中性物质）或转化有机酸为非酸性末端产物，如乙醇等，使培养基 pH 不低于 5.4，使指示剂甲基红变为橘黄色，MR 试验结果为阴性。

甲基红试验是肠道杆菌常用的生化反应试验，主要用途是区别大肠埃希氏菌和产气肠杆菌。

4. 乙酰甲基甲醇试验（voges-proskauer test，VP 试验）

VP 试验也常常被叫作乙酰甲基甲醇试验。丙酮酸在葡萄糖蛋白胨水培养基中被某些细菌分解葡萄糖产生，丙酮酸经过一系列的缩合、脱羧反应之后，在培养基中形成乙酰甲基甲醇。在强碱环境下，乙酰甲基甲醇被氧化为二乙酰，再与蛋白胨中的精氨酸所含的胍基结合，生成红色化合物，称 VP 阳性反应，不产生红色化合物的细菌为阴性反应。试验时为了使反应更为明显，可加入少量含胍基的化合物，如肌酸等。

VP 试验通常用来检测某些微生物利用葡萄糖生成非酸性或中性末端产物（如丙酮酸）的水平。大肠埃希氏菌和产气肠杆菌都能分解葡萄糖产酸、产气，但大肠埃希氏菌分解葡萄糖生成的丙酮酸呈酸性，使培养基 pH 降低，产气肠杆菌却可以使丙酮酸发生脱羧反应生成中性的乙酰甲基甲醇，乙酰甲基甲醇若在碱性环境中会被氧化成二乙酰，与蛋白胨中的精氨酸含有的胍基结合，生成红色化合物，即产气杆菌 VP 试验为阳性反应，而大肠埃希氏菌为阴性反应。其化学反应过程如下。

本试验一般用于肠杆菌科各菌属的鉴别，主要用于大肠埃希氏菌和产气肠杆菌的判别，是鉴别肠道杆菌常用的一项生化反应试验。如果被检菌是芽孢杆菌和葡萄球菌等其他细菌时，通用培养基中的磷酸盐会阻碍乙酰甲基甲醇的产生，所以应去除或者用氯化钠代替磷酸盐。

如果细菌同时进行 MR 试验和 VP 试验时，可以选择同一试管的葡萄糖蛋白胨水培养物来完成。一般 MR 试验呈阳性的细菌 VP 试验通常呈阴性。但也有例外，比如肠杆菌科的蜂房哈夫尼亚菌和奇异变形杆菌，这两种菌的 VP 试验和 MR 试验就常常都呈阳性。

5. $\beta$-半乳糖苷酶试验（O-nitrophenyl-$\beta$-D-galactopyranoside，ONPG 试验）

有的细菌可产生 $\beta$-半乳糖苷酶，能分解无色的邻硝基酚-$\beta$-D-半乳糖苷生成黄色的邻硝基酚，在很低的浓度下也可以检出。

微生物在分解乳糖的过程中通常有半乳糖苷渗透酶和 $\beta$-半乳糖苷酶的加入。首先，乳糖在半乳糖苷渗透酶的的主要作用下通过细胞壁进入到细胞内，进而在 $\beta$-半乳糖苷酶的作用下被分解为葡萄糖和半乳糖。细菌体内如果含上述两种酶就能够迅速地将乳糖分解，迟缓分解乳糖的细菌则只有 $\beta$-半乳糖苷酶，缺乏半乳糖苷渗透酶，或是半乳糖苷渗透酶的活性不强，导致乳糖被运送到微生物体内的时间比较长，所以分解乳糖常常需要几天时间才能完成。ONPG 与乳糖的分子结构类似且分子量比乳糖要小，能够在没有半乳糖苷渗透酶的情况下直接进入菌体细胞，在 $\beta$-半乳糖苷酶的作用下分解，生成半乳糖和邻硝基酚（黄色）。可以迅速或迟缓分解乳糖的微生物的 ONPG 试验结果为阳性，没有发酵乳糖能力的微生物为阴性（不变色）。

本试验主要用于快速判断缓慢发酵乳糖的菌株。大肠埃希氏菌属、枸橼酸杆菌属、克雷伯氏菌属、哈夫尼亚菌属、沙雷氏菌属和肠杆菌属等均为试验阳性，而沙门氏菌属、变形杆菌属和普罗威登斯菌属等为阴性。

6. 淀粉水解试验

有一些微生物可以在体内合成淀粉酶并分泌胞外淀粉酶，进而催化淀粉水解，生成麦芽糖或葡萄糖。淀粉遇碘会变成蓝色，但是淀粉水解后，遇碘就不会变蓝色。本试验用于检验细菌体内是否生成淀粉酶，并且检验细菌对淀粉的利用水平。

7. 硫化氢试验

有一些微生物可以分解培养基中的含硫氨基酸（如胱氨酸、半胱氨酸、甲硫氨酸等）或其他含硫化合物进而生成硫化氢化合物，硫化氢和铅盐或亚铁离子反应生成黑褐色的硫化铅或硫化亚铁沉淀。

如半胱氨酸生成硫化氢的过程如下：
$$HSCH_2CH（NH_2）COOH+H_2O \rightarrow CH_2COCOOH+H_2S \uparrow +NH_2 \uparrow$$
$$H_2S+Pb（CH_3COO）_2 \rightarrow PbS \downarrow +2CH_3COOH（黑色）$$

硫化氢试验是一项常用于肠道细菌检验的生化试验，可以检验细菌生成硫化氢的情况，主要用于鉴别肠杆菌科中的属及种，如沙门氏菌属、爱德华菌属、亚利桑那菌属、变形杆菌属、枸橼酸杆菌属的细菌硫化氢试验一般为阳性，其他菌属为阴性，沙门氏菌属中个别细菌中也有硫化氢试验为阴性的菌种。此外，腐败假单胞菌、口腔类杆菌和某些布鲁氏菌的硫化氢试验也是阳性，如大肠埃希氏菌为阴性，产气肠杆菌为阳性。

8. 吲哚试验（靛基质试验）

蛋白胨中的色氨酸会被某些细菌产生的色氨酸酶分解为吲哚和丙酮酸，吲哚与对二甲基氨基苯甲醛结合，生成玫瑰吲哚（红色）。

色氨酸水解反应如下：

$$\text{色氨酸} + H_2O \longrightarrow \text{吲哚} + NH_3 + CH_3COCOOH$$

几乎所有的蛋白质中都含有色氨酸，某些细菌如变形杆菌、大肠埃希氏菌等能够将色氨酸分解生成吲哚，积累在培养基中的吲哚能够被柯凡克（Kovacs）试剂鉴定出来，二者发生反应生成红色的玫瑰吲哚。吲哚试验的试验操作必须在 48 h 内完成，否则吲哚将会进一步发生代谢，无法生成玫瑰吲哚，导致试验结果的假阴性，色氨酸酶的最适 pH 范围是 7.4~7.8，pH 过低或过高，色氨酸酶的活性都会降低，导致产生吲哚过少，也会出现假阴性。另外，本反应在缺氧条件下产生的吲哚不如氧气充足条件下的多，此时可加少量乙醚或二甲苯，摇动试管，提取和浓缩吲哚并使吲哚浮于培养液表面，便于试验观察。

柯凡克试剂由 3 种成分组成：异戊醇、对二甲基氨基苯甲醛和盐酸。它们的作用分别是：异戊醇用于浓缩分散在培养基中的吲哚，并使其浮于培养液表面；对二甲基氨基苯甲醛能够与吲哚反应，生成红色的化合物，产生肉眼可见的试验效果；盐酸的作用是制造酸性环境。如果加入的指示剂颜色变为红色就表明试验为阳性，无明显变化则为阴性。

9. 苯丙氨酸脱氨酶试验

某些细菌可在体内生成苯丙氨酸脱氨酶。当环境中存在苯丙氨酸时，这些微生物分泌的苯丙氨酸脱氨酶会把苯丙氨酸氧化脱去氨基，生成苯丙酮酸和游离氨。此时加入的三氯化铁试剂与苯丙酮酸螯合后会发生绿色反应。

苯丙氨酸脱氨酶试验主要用于某些芽孢杆菌属和肠杆菌科细菌的判定。一般肠杆菌科中，除变形杆菌属、摩根菌属和普罗威登斯菌属外，其他细菌均为阴性。

10. 氨基酸脱羧酶试验

有一些微生物能够在体内合成氨基酸脱羧酶，周围环境中的氨基酸被脱羧、分解产生胺和二氧化碳，培养基在发生该反应后显碱性。如赖氨酸会生成尸胺，鸟氨酸会生成腐胺，精氨酸会生成精胺等。

赖氨酸生成尸胺的化学反应如下：

$$NH_2—CH_2—(CH_2)_3—\underset{\underset{NH_2}{|}}{CH}—COOH \longrightarrow NH_2—CH_2—(CH_2)_3—CH_2—NH_2 + CO_2$$

氨基酸脱羧酶是诱导酶，细菌只有在特异底物存在的酸性环境中才会产生该酶。发酵型细菌在厌氧条件下会发生脱羧反应，所以检测时要注意用灭菌石蜡密封，而非发酵型细菌则不需用灭菌石蜡密封。反应时可加指示剂，如溴甲酚紫，溴甲酚紫的 pH 变色范围是 5.2（黄色）～6.8（紫色）。要注意肠杆菌科细菌在 10~12 h 内都能发酵葡萄糖产酸（加葡萄糖的目的在于制造酸性环境），使溴甲酚紫由紫色变成黄色，但氨基酸脱羧反应后，溴甲酚紫又由黄色变紫色。

氨基酸脱羧酶试验主要用于鉴定肠杆菌科细菌，如沙门氏菌属中除伤寒沙门氏菌和鸡沙门氏菌外，其他菌的赖氨酸和鸟氨酸脱羧酶检测均为阳性，志贺氏菌属中除宋内氏和鲍氏志贺氏菌检测为阳性外，其他志贺氏菌均为阴性。该试验对链球菌和弧菌科细菌的鉴定也有重要价值。

**11. 精氨酸双水解酶试验**

精氨酸经过两次水解反应后生成鸟氨酸、氨和二氧化碳，然后鸟氨酸在脱羧酶的作用下生成腐胺，产物中的氨与腐胺都是碱性物质，此时培养基中的指示剂会因为 pH 的变化而变色。

该试验主要用于假单胞菌属中某些细菌及肠杆菌科细菌的判别。

**12. 尿素酶试验**

某些细菌可以在体内合成尿素酶（urease），进而分解尿素并生成大量的氨，使培养基 pH 升高并使指示剂变色。如果菌株不生成尿素酶，则培养基的 pH 不发生变化，保持原来的颜色。尿素酶不属于诱导酶，和底物中是否存在尿素没有关系。尿素酶的最适 pH 为 7.0。

尿素分解生成氨的反应如下：

$$O{=}C{\overset{NH_2}{\underset{NH_2}{\phantom{|}}}} + 2H_2O \longrightarrow 2NH_3 + CO_2 + H_2O$$

尿素酶试验主要用于肠杆菌科中变形杆菌属细菌的鉴定，奇异变形杆菌、普通变形杆菌、雷氏普罗威登斯菌和摩根菌的尿素酶试验为阳性，斯氏和产碱普罗威登斯菌的尿素酶试验为阴性。

**13. 枸橼酸盐利用试验**

在枸橼酸盐（柠檬酸盐）培养基中，微生物只能将枸橼酸盐作为碳源使用。枸橼酸盐分解后生成碳酸钠使培养基 pH 升高，指示剂变色。

枸橼酸盐试验可以用来鉴定微生物是否能利用枸橼酸盐作为碳源。有一些细菌（如产气肠杆菌）能够利用柠檬酸钠作为碳源；而有一些细菌（如大肠埃希氏菌）不能利用柠檬酸盐。培养基中的柠檬酸盐及磷酸铵被细菌分解后生成一些碱性的化合物，使培养基 pH 升高，此时如果指示剂使用的是 1% 溴麝香草酚蓝，培养基就会从绿色变成深蓝色。溴麝香草酚蓝的指示范围：pH 小于 6.0 时呈黄色，pH 在 6.0~7.0 时为绿色，pH 大于 7.6 时呈蓝色。

**14. 丙二酸盐利用试验**

在三羧酸循环中，丙二酸盐是琥珀酸脱氢酶的抑制剂，细菌鉴定中一个重要的鉴别性特征就是能否利用丙二酸盐。

三羧酸循环是许多细菌代谢中的重要过程，而琥珀酸的脱氢反应是三羧酸循环的一个重要环节。丙二酸与琥珀酸同时竞争琥珀酸脱氢酶，导致琥珀酸脱氢酶无法被释放出来进行催化琥珀酸的脱氢反应，抑制三羧酸循环的正常进行。但某些细菌可利用丙二酸盐作为唯一碳源，丙二酸盐被分解生成碳酸钠，使培养基呈碱性，指示剂发生颜色变化。

肠杆菌科中亚利桑那菌和克雷伯氏菌属的丙二酸盐利用试验为阳性，但大多数沙门氏菌培养物的丙二酸盐利用试验为阴性反应。枸橼酸杆菌属、肠杆菌属和哈夫尼亚菌属有不同的生物型反应，其他各菌属均为阴性。

**15. 醋酸钠利用试验**

如果某细菌可利用铵盐作为唯一氮源的同时又利用醋酸盐作为唯一碳源，即可在醋酸钠培养基上生长，并在培养基上代谢生成碳酸钠，从而使培养基呈碱性，培养基 pH 升高，培养基中的指示剂变色。

**16. 氧化酶试验**

氧化酶是细胞色素呼吸酶系统的终端呼吸酶，又叫细胞色素氧化酶，具有氧化酶的细菌会使细胞色素 c 发生氧化反应，生成氧化型细胞色素 c，氧化型细胞色素 c 会使对苯二胺发生氧化反应生成有色的醌类化合物，然后进一步与 $\alpha$-奈酚反应形成细胞色素蓝，呈蓝色或蓝紫色。细胞色素 c 氧化酶即细胞色素 $a_3$，有些细菌的细胞色素 o 和细胞色素 d 也具有此反应，与细胞色素 $a_3$ 统称为氧化酶，因此我们测定的试验应称为氧化酶试验。细胞色素 d 一般存在于肠杆菌科等革兰氏阴性菌生长的对数期。细胞色素 o 一般存在于肠杆菌科等革兰氏阴性菌和自养细菌体内。

17. 过氧化氢酶试验

细菌在有氧呼吸时会产生对细菌菌体本身有害的过氧化氢，而具有过氧化氢酶的细菌能用该酶催化过氧化氢生成水和新生态氧，新生态氧会形成分子氧而出现气泡，从而解除毒性。过氧化氢酶试验也称触酶试验。

大多数需氧和兼性厌氧菌都可以生成过氧化氢酶。革兰氏阳性球菌中的葡萄球菌和微球菌都可以产生过氧化氢酶，而链球菌属为革兰氏阴性菌，所以此试验常用于革兰氏阳性球菌的初步分群。

过氧化氢酶试验呈阳性的革兰氏阳性菌有节杆菌、短杆菌、金杆菌、索丝菌、棒杆菌、库特氏菌、李斯特氏菌、动性球菌等属。过氧化氢酶试验呈阴性的革兰氏阳性菌有双歧杆菌、肉杆菌、乳杆菌、丹毒丝菌、链球菌、片球菌、明串珠菌等属。有一些乳杆菌接触过氧化氢后，过一会儿才产生少量气体，这种情况也判为阳性。

18. 血浆凝固酶试验

具有致病性的葡萄球菌可以生成两种凝固酶：一种是结合凝固酶，这种酶结合在细胞壁上，使血浆中的纤维蛋白原转化成纤维蛋白，附着在细菌表面并凝集（25 s 内出结果），该反应可用玻片法测出；另一种是游离凝固酶，作用和凝血酶原物质类似，在血浆中的协同因子的作用下转化为凝血酶，这种酶能使纤维蛋白原转变成纤维蛋白，从而使血浆凝固。多数具有致病性的葡萄球菌在 0.5~1 h 会出现明显的凝固现象。

19. 硝酸盐还原试验

硝酸盐还原反应由两个过程组成：是在合成过程中，硝酸盐还原为亚硝酸盐和氨，氨成为氨基酸以及细胞内其他含氮化合物；二是在分解代谢过程中，硝酸盐或亚硝酸盐代替氧作为呼吸酶系统中的最终受氢体。可以使硝酸盐发生还原反应的微生物从硝酸盐中得到氧，生成亚硝酸盐以及其他还原性产物，但不同微生物的硝酸盐还原的整个过程也不太相同，有的细菌仅仅将硝酸盐还原为亚硝酸盐，如大肠埃希氏菌，有的细菌则能够使硝酸盐还原为亚硝酸盐和离子态的铵，有的细菌能使硝酸盐或亚硝酸盐还原为氮，如假单胞菌等。硝酸盐还原试验是指具有还原硝酸盐能力的细菌，能够将硝酸盐还原为亚硝酸盐、氨或氮气等，亚硝酸与对氨基苯磺酸相互作用生成重氮苯磺酸，重氮苯磺酸再与 $\alpha$-萘胺结合形成红色的 N-$\alpha$-萘胺偶氮苯磺酸。

硝酸盐还原试验系测定还原过程中所产生的亚硝酸，用硝酸试剂进行检验。沙门氏菌属、假单胞菌属的某些菌株还可以继续分解亚硝酸，出现假阳性结果。不出现红色的情况下可加入少许锌粉，如果此时出现红色则表明生成了芳基肼，硝酸盐没有被还原；如果没有红色产生表明已被还原为氨和氮。有时可以通过加一小导管，观察产氮气的情况，如铜绿假单胞菌、粪产碱菌。

20. 杆菌肽敏感试验

杆菌肽属多肽类抗生素，其机理主要是影响磷脂的转运和向细胞壁支架输送粘肽，从而抑制细胞壁的合成。杆菌肽还会与敏感细菌的细胞膜结合，损伤细胞膜，致使各种离子、氨基酸等重要物质流失，造成菌体死亡。

A 群链球菌对杆菌肽几乎全部敏感，而其他群链球菌对杆菌肽一般为耐药。此试验可用于鉴别 A 群链球菌和非 A 群链球菌。

21. 氰化钾试验

氰化钾（KCN）是一种呼吸链末端抑制剂，可抑制某些微生物的呼吸酶系统。细胞色素、细胞色素氧化酶、过氧化氢酶和过氧化物酶均以铁卟啉为辅基，氰化钾与铁卟啉结合，这些酶的活性丧失从而使细菌的生长受到抑制。能否在含有氰化钾的培养基中生长是鉴别肠杆菌科各属常用的特征之一。肠杆菌科中的沙门氏菌属、志贺氏菌属和埃希氏菌属的细菌在氰化钾培养基中的生长受到抑制，而其他各菌属的细菌均可生长。

22. 三糖铁试验

三糖铁（triple sugar iron，TSI）琼脂培养基中乳糖、蔗糖和葡萄糖的比例为 10：10：1。由于对糖的利用不同，不同细菌在底层产酸、斜面产酸、产生硫化氢和产气上有不同表现。这 3 种糖中，细菌首先利用葡萄糖（如大肠埃希氏菌在含葡萄糖和乳糖时，葡萄糖阻遏大肠埃希氏菌乳糖分解酶系的合成，葡萄糖耗尽后，中间有一个延滞期，这时大肠埃希氏菌再利用乳糖）。若培养基底部由于产酸变为黄色，则表明细菌能发酵葡萄糖。斜面产酸表明细菌至少能有氧利用乳糖和蔗糖中的一种。

只能利用葡萄糖的细菌，在斜面上进行有氧呼吸，培养基中少量葡萄糖被彻底氧化变成二氧化碳和水，不足以改变指示剂的颜色。或者细菌利用蛋白胨中的氨基酸进行脱羧作用，产生碱性物质使斜面变碱，红色加深。底部由于是在厌氧状态下，氧化还原电位适合发酵产酸，酸类不被氧化，即使是发酵少量葡萄糖，也能使指示剂改变颜色。而假单胞菌、产碱菌等专性需氧菌因缺氧，在底层不产酸，表现为红色。因培养基中可能有微量硝酸盐，有的专性需氧菌会进行硝酸盐呼吸，微弱产酸变为橘黄色，但不能根本上使颜色变为黄色。

能发酵乳糖或蔗糖的细菌，会产生大量的酸，使整个培养基指示剂的颜色改变，呈现黄色。培养基接种细菌后，若生成黑色沉淀，则是由于某些细菌可以分解含硫氨基酸生成硫化氢，硫化氢再与培养基中的铁盐（$Fe^{2+}$）和硫代硫酸盐发生反应，生成黑色的硫化亚铁沉淀。不同细菌可发酵不同的糖，如肠杆菌科的志贺氏菌都能分解葡萄糖，产酸、不产气，大多不发酵乳糖，不产生 $H_2S$，在 TSI 选择培养基上无黑色沉淀，斜面变红的同时底部还保持黄色；沙门氏菌可发酵葡萄糖，但不能发酵乳糖，产生 $H_2S$，所以在 TSI 选择培养基上有黑色沉淀，斜面变红，底部仍保持黄色；大肠埃希氏菌则可发酵葡萄糖和乳糖，产酸、产气，且不产生 $H_2S$，在 TSI 选择培养基上无黑色沉淀，斜面变黄，底部保持黄色。故可利用此试验鉴别肠杆菌科的这些细菌。

克氏双糖铁（kligler iron agar，KIA）培养基中含葡萄糖和乳糖，反应原理和 TSI 培养基相同，在肠杆菌科的细菌鉴定中经常使用。

## 三、实验器材

1. 乳糖发酵试验

（1）培养基。乳糖发酵培养基（配方见附录 1）。

（2）仪器。高压蒸汽灭菌器、双人垂直超净工作台、生化培养箱、水浴锅、电子天平。

（3）其他。锥形瓶、玻璃棒、试管、小导管、试管架、酒精灯、接种针或接种环、pH

计或精密 pH 试纸等。

2. 葡萄糖代谢类型鉴别试验

（1）培养基。Hugh-Leifson（HL）培养基（配方见附录1）。

（2）试剂。液体石蜡。

（3）仪器。高压蒸汽灭菌器、双人垂直超净工作台、生化培养箱、水浴锅、电子天平。

（4）其他。锥形瓶、玻璃棒、试管、试管架、酒精灯、接种针或接种环、pH 计或精密 pH 试纸等。

3. 甲基红试验

（1）培养基。MR-VP 生化鉴定管或葡萄糖蛋白胨水培养基（配方见附录1）。

（2）试剂。甲基红试剂（配方见附录2）。

（3）仪器。高压蒸汽灭菌器、双人垂直超净工作台、生化培养箱、冰箱、水浴锅、电子天平。

（4）其他。锥形瓶、试管、试管架、酒精灯、接种针或接种环、pH 计或精密 pH 试纸等。

4. V-P 试验

（1）培养基。葡萄糖蛋白胨水培养基（配方见附录1）。

（2）试剂。5% α-萘酚乙醇溶液、40%氢氧化钾溶液（配方见附录2）。

（3）仪器。高压蒸汽灭菌器、双人垂直超净工作台、生化培养箱、冰箱、水浴锅、电子天平。

（4）其他。锥形瓶、试管、试管架、酒精灯、接种针或接种环、pH 计或精密 pH 试纸等。

5. β-半乳糖苷酶试验

（1）培养基。ONPG 培养基（配方见附录1）。

（2）试剂。磷酸缓冲液、甲苯。

（3）仪器。高压蒸汽灭菌器、双人垂直超净工作台、生化培养箱、冰箱、水浴锅、电子天平。

（4）其他。锥形瓶、培养皿、试管、试管架、酒精灯、接种针或接种环、pH 计或精密 pH 试纸等。

6. 淀粉水解试验

（1）培养基。牛肉膏蛋白胨液体培养基（加 0.2%的可溶性淀粉）或淀粉肉汤培养基（配方见附录1）。

（2）试剂。碘液（配方见附录2）。

（3）仪器。高压蒸汽灭菌器、双人垂直超净工作台、生化培养箱、水浴锅、电子天平。

（4）其他。锥形瓶、培养皿、试管、试管架、酒精灯、接种针或接种环、pH 计或精密 pH 试纸等。

7. 硫化氢试验

方法一：

（1）培养基。营养琼脂培养基（配方见附录1）。

（2）试剂。醋酸铅（或硫酸亚铁）和硫代硫酸钠。

（3）仪器。高压蒸汽灭菌器、双人垂直超净工作台、生化培养箱、冰箱、水浴锅、电子天平。

（4）其他。锥形瓶、试管、试管架、酒精灯、接种针或接种环、pH 计或精密 pH 试纸等。

方法二：

（1）培养基。营养肉汤培养基（配方见附录 1）。

（2）试剂。饱和醋酸铅、0.02%盐酸半胱氨酸。

（3）仪器。高压蒸汽灭菌器、双人垂直超净工作台、生化培养箱、水浴锅、电子天平。

（4）其他。滤纸条、锥形瓶、试管、试管架、酒精灯、接种针或接种环、pH 计或精密 pH 试纸等。

方法三：

（1）培养基。醋酸铅培养基或克氏双糖铁琼脂培养基（配方见附录 1）。

（2）仪器。高压蒸汽灭菌器、双人垂直超净工作台、生化培养箱、冰箱、水浴锅、电子天平。

（3）其他。滤纸条、锥形瓶、试管、试管架、酒精灯、接种针或接种环、pH 计或精密 pH 试纸等。

8. 吲哚试验（靛基质试验）

（1）培养基。色氨酸肉汤或胰蛋白胨水培养基（配方见附录 1）。

（2）试剂。柯凡克试剂（配方见附录 2）、乙醚、对二甲基氨基肉桂醛、盐酸。

（3）仪器。高压蒸汽灭菌器、双人垂直超净工作台、生化培养箱、水浴锅、电子天平。

（4）其他。锥形瓶、试管、试管架、酒精灯、接种针或接种环、pH 计或精密 pH 试纸等。

9. 苯丙氨酸脱氨酶试验

（1）培养基。苯丙氨酸琼脂培养基（配方见附录 1）。

（2）试剂。三氯化铁。

（3）仪器。高压蒸汽灭菌器、双人垂直超净工作台、生化培养箱、水浴锅、电子天平。

（4）其他。锥形瓶、试管、试管架、酒精灯、接种针或接种环、pH 计或精密 pH 试纸等。

10. 氨基酸脱羧酶试验

（1）培养基。氨基酸脱羧酶培养基、氨基酸对照培养基。最常测定的氨基酸有 3 种：赖氨酸、鸟氨酸和精氨酸（配方见附录 1）。

（2）试剂。液体石蜡或矿物油、指示剂（如溴甲酚紫）。

（3）仪器。高压蒸汽灭菌器、双人垂直超净工作台、生化培养箱、冰箱、水浴锅、电子天平。

（4）其他。锥形瓶、培养皿、试管、试管架、酒精灯、接种针或接种环、pH 计或精密 pH 试纸等。

11. 精氨酸双水解酶试验

（1）培养基。精氨酸双水解培养基（配方见附录 1）。

（2）试剂。指示剂，如溴甲酚紫、酚红。

（3）仪器。高压蒸汽灭菌器、双人垂直超净工作台、生化培养箱、水浴锅、电子天平。

（4）其他。锥形瓶、试管、试管架、酒精灯、接种针或接种环、pH 计或精密 pH 试纸等。

12. 尿素酶试验

（1）培养基。尿素琼脂培养基或尿素肉汤管（配方见附录 1）。

（2）仪器。高压蒸汽灭菌器、双人垂直超净工作台、生化培养箱、冰箱、水浴锅、电子天平。

（3）其他。锥形瓶、培养皿、试管、试管架、酒精灯、接种针或接种环、pH 计或精密 pH 试纸等。

13. 枸橼酸盐利用试验

（1）培养基。枸橼酸盐培养基（配方见附录 1）。

（2）仪器。高压蒸汽灭菌器、双人垂直超净工作台、生化培养箱、水浴锅、电子天平。

（3）其他。锥形瓶、培养皿、试管、试管架、酒精灯、接种针或接种环、pH 计或精密 pH 试纸等。

14. 丙二酸盐利用试验

（1）培养基。丙二酸钠培养基（溴麝香草酚蓝指示剂）（配方见附录 1）。

（2）仪器。高压蒸汽灭菌器、双人垂直超净工作台、生化培养箱、冰箱、水浴锅、电子天平。

（3）其他。滤纸条、锥形瓶、培养皿、试管、试管架、酒精灯、接种针或接种环、pH 计或精密 pH 试纸等。

15. 醋酸钠利用试验

（1）培养基。醋酸盐培养基（配方见附录 1）。

（2）仪器。高压蒸汽灭菌器、双人垂直超净工作台、生化培养箱、冰箱、水浴锅、电子天平。

（3）其他。滤纸条、锥形瓶、培养皿、试管、试管架、酒精灯、接种针或接种环、pH 计或精密 pH 试纸等。

16. 氧化酶试验

（1）试剂。氧化酶试剂，即 1% 盐酸四甲基对苯二胺或 1% 盐酸二甲基对苯二胺、1% $\alpha$-萘酚—乙醇溶液。

（2）仪器。高压蒸汽灭菌器、双人垂直超净工作台、生化培养箱、冰箱、水浴锅、电子天平。

（3）其他。滤纸条、容量瓶、锥形瓶、培养皿、试管、试管架、酒精灯、接种针或接种环、pH 计或精密 pH 试纸等。

17. 过氧化氢酶试验

（1）试剂。3% 过氧化氢溶液。

（2）仪器。高压蒸汽灭菌器、双人垂直超净工作台、生化培养箱、冰箱、水浴锅、电子天平。

（3）其他。滤纸条、容量瓶、锥形瓶、培养皿、试管、试管架、酒精灯、接种针或接种环、pH 计或精密 pH 试纸等。

18. 血浆凝固酶试验

（1）试剂。兔血浆（配方见附录 2）、生理盐水。

（2）仪器。高压蒸汽灭菌器、双人垂直超净工作台、生化培养箱、冰箱、水浴锅、电子天平。

（3）其他。滤纸条、容量瓶、锥形瓶、试管、试管架、酒精灯、接种针或接种环、pH 计或精密 pH 试纸等。

19. 硝酸盐还原试验

（1）培养基。硝酸盐培养基（配方见附录 1）。

（2）试剂。硝酸盐还原试验试剂（配方见附录 2）。

（3）仪器。高压蒸汽灭菌器、双人垂直超净工作台、生化培养箱、冰箱、水浴锅、电子天平。

（4）其他。滤纸条、小导管、容量瓶、锥形瓶、试管、试管架、酒精灯、接种针或接种环、pH 计或精密 pH 试纸等。

20. 杆菌肽敏感试验

（1）培养基。血琼脂（配方见附录 1）。

（2）仪器。双人垂直超净工作台、生化培养箱、冰箱、水浴锅。

（3）其他。棉拭子、锥形瓶、杆菌肽纸片试管、试管架、酒精灯等。

21. 氰化钾试验

（1）培养基。蛋白胨水、氰化钾培养基或氰化钾试验生化管（配方见附录 1）。

（2）试剂。硫酸亚铁、20%氢氧化钾。

（3）仪器。高压蒸汽灭菌器、双人垂直超净工作台、生化培养箱、冰箱、水浴锅、电子天平。

（4）其他。容量瓶、锥形瓶、培养皿、试管、试管架、酒精灯、接种针或接种环、pH 计或精密 pH 试纸等。

22. 三糖铁试验

（1）培养基。三糖铁琼脂培养基（配方见附录 1）。

（2）仪器。高压蒸汽灭菌器、双人垂直超净工作台、生化培养箱、冰箱、水浴锅、电子天平。

（3）其他。容量瓶、锥形瓶、培养皿、试管、试管架、酒精灯、接种针或接种环、pH 计或精密 pH 试纸等。

## 四、实验步骤

1. 乳糖发酵试验

（1）接种与培养。若为液体培养基，则需要在无菌条件下使用接种针或接种环取少量待测菌的纯培养物，接种于发酵液体培养基管内，接种后，放置在（36±1）℃下培养数小时至 2 周，观察结果；若为半固体培养基，则用接种针做穿刺接种，放置在（36±1）℃下培养数小时至 2 周，观察结果。

**注意**：如果使用微量发酵管或者需要较长时间进行培养时，应当保持合适的空气湿度，避免培养基干燥。

（2）结果与报告。如果接种的细菌能分解培养基中的糖产酸时，指示剂会出现酸性反应，如溴甲酚紫指示剂变黄。如果产气，则可使半固体培养基内或液体培养基的导管内出现气泡，固体培养基内出现裂隙等现象。如果接种的细菌不分解该糖，培养基内则仅有细菌生长，不会出现其他变化（图 2-1-1）。

图 2-1-1　乳糖发酵试验结果

（左为空白对照，右为大肠埃希氏菌）

乳糖发酵试验结果

2. 葡萄糖代谢类型鉴别试验

(1) 接种与培养。取 2 支 HL 培养管，一支管作为开放管，不做密封处理，另一支管作为密封管，加入高度至少为 0.5 cm 的无菌液体石蜡。挑取少量待测菌的纯培养物接种到 2 支 HL 培养管内，接种后置于（36±1）℃培养箱中培养 48 h。

(2) 结果与报告。如果两管培养基颜色无明显变化则均不产酸，表示被检菌为产碱型；如果两管都变黄则证明检测菌产酸，表示被检菌为发酵型；如果加液体石蜡的试管无明显变化，不加液体石蜡的试管变黄，则证明被检菌为氧化型。

3. 甲基红试验

(1) 接种与培养。挑取待测菌的纯培养物接种于 MR-VP 生化鉴定管或葡萄糖蛋白胨水培养基中，于（36±1）℃培养 3~5 d，从第 2 d 起，每日取培养液 1 mL，加甲基红指示剂 1~2 滴（无需无菌操作），直到发现阳性或至第 5 d 仍为阴性即可判定结果。

**注意：**甲基红试剂不要加得太多，以免出现假阳性反应。

(2) 结果与报告。如果加入甲基红试剂后，培养基表层呈现红色，则试验结果为阳性（+），呈淡红色为弱阳性，呈黄色为阴性（-）。

**注意：**甲基红为酸性指示剂，pH 范围为 4.4~6.0，其 pK 值为 5.0。所以在 pH 5.0 以下，随酸度增加而红色增强；在 pH 5.0 以上，随碱度增加而黄色增强；在 pH 5.0 或上下接近时，可能变色不够明显，此时应延长培养时间或重复试验。

4. V-P（Voges-Proskauer）试验。

将被检菌接种于葡萄糖蛋白胨水培养基上并于（36±1）℃培养 4 d，取培养液 2.5 mL，先加入 5% α-萘酚—乙醇溶液 0.6 mL，再加 40% 氢氧化钾水溶液 0.2 mL，摇动 2~5 min，如果被检菌属于阳性菌则试管内立即呈现红色，即为阳性（+）；如果没有红色现象出现，则将试管放置在室温或者（36±1）℃恒温箱中，若 2 h 内仍然没有显现红色，试验结果可判为阴性（-）。

**注意：**试剂中加入 40% 氢氧化钾的目的是吸收二氧化碳，试剂加入的顺序不可颠倒，加入量为 0.2 mL。

5. $\beta$-半乳糖苷酶试验

方法一：

(1) 配制 0.75 mol/L ONPG 溶液。取 80 mg ONPG 溶于 15 mL 蒸馏水中，再加入缓冲液（6.9 g $NaH_2PO_4$ 溶于 45 mL 蒸馏水中，用 30% NaOH 调整溶液的 pH 为 7.0，再加水至 50 mL）5 mL，放置在 4 ℃冰箱中保存。ONPG 溶液应为无色，如出现黄色则不应再用。

(2) 接种与培养。将测定菌接种于 TSI（或克氏双糖铁培养基）斜面上，于 37 ℃培养 18 h，挑取一大环菌苔到 0.25 mL 无菌生理盐水中制成菌悬液，加入 1 滴甲苯（有助于酶的释放）并充分振摇。将试管于 37 ℃水浴中放置 5 min，加入 0.25 mL ONPG 试剂，水浴 0.3~3 h 并观察结果。

(3) 结果与报告。ONPG 试剂一般在 20~30 min 内显色，菌悬液呈现黄色为阳性反应（+），不变色为阴性（-）。

方法二：

取一环细菌纯培养物（纯培养物的量要多）接种在 ONPG 培养基上，置于 37 ℃温度下培养 1~3 h 或 24 h，如细菌中有 $\beta$-半乳糖苷酶，则 3 h 内培养基上会产生黄色的邻硝基酚；如果没有，则培养基在 24 h 内不变色。

6. 淀粉水解试验

（1）接种与培养。将待测菌的纯培养物涂布于淀粉琼脂斜面或平板中，也可以直接接种在淀粉肉汤中，于（36±1）℃培养 24~48 h，或于 20 ℃培养 5 d。

**注意：**淀粉水解是一个逐步进行的过程，试验结果与菌种产生淀粉酶的能力、培养时间、培养基中的淀粉量和 pH 等都有关系，培养基 pH 必须为中性或微酸性，以 pH 7.2 为最适。淀粉琼脂平板不要保存在冰箱中备用，而需要现用现制。

（2）检测。将碘试剂直接滴浸在培养基表面，如果培养基为液体，则直接加数滴碘试剂于液体培养基的试管中，立即检查结果。

（3）结果与报告。如果琼脂培养基呈深蓝色且菌落或培养物周围出现无色透明环，或者肉汤培养基颜色无明显变化则试验结果为阳性反应（+），无透明环或肉汤培养基呈深蓝色则为阴性反应（−）。

7. 硫化氢试验

方法一：

（1）培养基的配制。将少量醋酸铅（或硫酸亚铁）和硫代硫酸钠加入琼脂培养基（硫酸亚铁琼脂培养基）。

（2）接种与培养。在含有硫代硫酸钠等指示剂的培养基中，沿管壁穿刺接种，在（36±1）℃温度下培养 24~28 h，观察培养基颜色。如果出现阴性反应先不要立即结束试验，应继续培养至第 6 d，观察试验结果。

（3）结果与报告。如果菌落呈黑色则试验结果为阳性（+），连续培养 6 d 后仍无黑色菌落出现，试验结果为阴性（−）。

方法二：

（1）接种与培养。将待测菌接种于一般营养肉汤中，再将肉汤培养物接种于加有 0.02% 盐酸半胱氨酸的基础培养基中，将一根浸有饱和醋酸铅的滤纸条悬于试管的上部（不让滤纸条接触到培养基），用管塞压住或旋紧试管帽。将试管放置于 37 ℃培养箱培养，每日检查滤纸条，观察是否变黑。对未出现阳性反应的需培养 5 d 后，方可作出最后判断。

（2）结果与报告。纸条呈黑色为阳性，连续培养 5 d 后仍无黑色出现，为阴性。

方法三：

（1）接种与培养。将被检菌穿刺接种在醋酸铅培养基或克氏双糖铁琼脂培养基中，于（36±1）℃培养 24~48 h，观察试验结果。

（2）结果与报告。

培养基变黑色则试验结果为阳性（+），不变色则试验结果为阴性（−）。

8. 吲哚试验（靛基质试验）

方法一：

（1）配制柯凡克试剂。取 5 g 对二甲氨基苯甲醛溶解于 75 mL 戊醇中，然后缓慢加入浓盐酸 25 mL。

（2）接种与培养。将少量待测菌的斜面纯培养物接种到乳糖发酵试验汤中，于（36±1）℃培养 24~28 h（必要时可以培养 4~5 d）。

（3）检测。加柯凡克试剂 0.5 mL，轻轻振摇试管（国家标准就采用此法）。

（4）结果与报告。加入柯凡克试剂后，两者液面接触处培养基出现红色为阳性（+），培养基液面呈黄色为阴性（−），记录呈橘色和粉色变化的中间型为"±"反应。

方法二：

（1）接种与培养。按照无菌操作的方法将被检菌接种于蛋白胨水培养基中，于 37 ℃ 培养 48 h，再取出试验管。

（2）检测。在培养基中加入 1~2 mL 乙醚，充分振荡使吲哚萃取至乙醚层中。沿管壁缓缓加入 10 滴柯凡克试剂，加入柯凡克试剂后切勿摇动试管，防止破坏乙醚层影响试验结果的观察。

试验证明吲哚试剂可与 17 种不同的吲哚化合物作用而产生阳性反应，若先用二甲苯或乙醚等进行提取，再加试剂，则只有吲哚或 5-甲基吲哚在溶剂中呈现红色，因而结果更为可靠。

（3）结果与报告。加入柯凡克试剂后，呈红色为阳性（+），呈黄色为阴性（−）（图 2-1-2）。

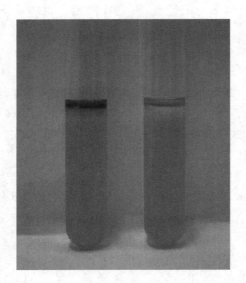

图 2-1-2　吲哚试验结果

（左侧为阳性，右侧为阴性）

吲哚试验结果

方法三：

称取 1 g 对二甲基氨基肉桂醛溶于 10 mL 10%盐酸溶液中。用滤纸润湿该试剂，上面放一菌环纯培养物，若产生吲哚，30 s 内滤纸会变红。

9. 苯丙氨酸脱氨酶试验

（1）接种与培养。挑取大量被检菌的纯培养物接种于苯丙氨酸琼脂培养基斜面上，于 35 ℃ 培养 18~24 h。

（2）检测。取 10%三氯化铁试剂 3~4 滴，滴加在培养好的斜面上。

（3）结果与报告。当斜面和试剂液面处呈蓝绿色时为阳性反应（+），无明显变化为阴性反应（−）。

注意：应立即观察结果，随着时间的延长蓝绿色会褪色。

10. 氨基酸脱羧酶试验

（1）接种与培养。将被检菌分别接种于赖氨酸（鸟氨酸或精氨酸）培养基和氨基酸对照培养基（无氨基酸）中，接种后加入无菌液体石蜡或矿物油（各覆盖至少 0.5 cm 高度），于（36±1）℃ 培养 18~24 h，观察试验结果。

（2）结果与报告。当指示剂为溴甲酚紫时，对照管应呈黄色，如果测定管呈紫色则试验结果为阳性（+），呈黄色则试验结果为阴性（-）（葡萄糖产酸而使培养基变为黄色）。如果对照管呈现紫色则说明试验分解蛋白质产碱，无意义，不能作出判断。

11. 精氨酸双水解酶试验

（1）接种与培养。将适量待检菌无菌接种于精氨酸双水解酶试验用培养基上，35 ℃温度下培养 1~4 d，观察结果。

（2）结果与报告。如果指示剂是溴甲酚紫，则呈紫色为阳性（+），无明显变化为阴性（-）；如果指示剂是酚红，则呈红色为阳性（+），呈黄色为阴性（-）。

12. 尿素酶试验

（1）接种与培养。将待检菌穿刺接种于尿素琼脂培养基中，在 35 ℃培养 18~24 h，观察结果。

**注意**：培养基底部要留作变色对照，所以穿刺操作时不要到达底部。若使用细菌生化微量鉴定管尿素肉汤管时，偶尔也会有未接种的尿素肉汤管变红色（试验阳性），因而应将未接种肉汤管作为对照。

（2）结果与报告。反应后由于培养基呈碱性，使培养基中的酚红指示剂变红，呈阳性（+），培养基不变色为阴性（-）。

**注意**：如果试验结果呈阴性先不要立即结束试验，应继续培养至第 4 d 再作最终判定。

13. 枸橼酸盐利用试验

（1）接种与培养。将被检菌浓密划线接种于枸橼酸盐培养基上，于 35 ℃培养 1~4 d，每天观察结果。

（2）结果与报告。培养基中的溴麝香草酚蓝指示剂由淡绿色变为深蓝色，则试验结果为阳性（+）；不能利用枸橼酸盐作为碳源的细菌不能在培养基上生长，培养基不变色，试验结果为阴性（-）。

14. 丙二酸盐利用试验

（1）接种与培养。将新鲜的被检菌接种到培养基中，35 ℃培养 24~48 h 后观察结果。因偶尔会出现未接种的丙二酸盐肉汤在存放期间变蓝（阳性反应）的现象，所以应有未接种的丙二酸盐肉汤管作对照。

（2）结果与报告。培养基中有微生物生长并且变为蓝色，表示该微生物可利用丙二酸盐，为阳性结果（+）。如果测定培养基未变色（呈淡绿色），而空白对照培养基生长，则为阴性结果（-），即被检菌不利用丙二酸盐。

15. 醋酸钠利用试验

（1）样品稀释。将待测新鲜培养物制成菌悬液，接种于醋酸盐培养基的斜面上，于（36±1）℃培养 7 d，逐日观察结果。

（2）结果与报告。斜面上生长有菌落，培养基变为蓝色为阳性（+）。

16. 氧化酶试验

（1）检测。用铂金丝、玻璃棒、牙签或一次性无菌接种环挑取待检细菌的平板菌落或斜面菌苔，涂布于事先用一滴无菌水或生理盐水润湿的滤纸条上，加氧化酶试剂 1 滴，观察颜色变化，10 s 后再加 α-萘酚溶液 1 滴。为保证结果的准确性，分别以铜绿假单胞菌和大肠埃希氏菌作为阳性和阴性对照。

也可将上述试剂直接滴加到可疑菌落上，若要分离该菌时，应在菌落变紫黑前立即移植，否则细菌容易死亡。

**注意**：如果用铁、镍铬丝等制成的接种针或接种环来挑取菌苔，铁、镍铬丝等金属可催化二甲基对苯二胺呈红色反应，导致试验结果出现假阳性；在滤纸上滴加试剂，以刚刚打湿滤纸为最优，过湿的话会阻止空气与菌苔的充分接触，延长试验的反应时间，导致试验结果出现假阴性。

（2）结果与报告。当使用二甲基对苯二胺为氧化酶试剂时，细菌与试剂接触立即变粉红色，并逐渐加深，10 s 内呈深紫色，滴加 $\alpha$-萘酚溶液后，在 30 s 内呈现鲜蓝色，则为氧化酶阳性反应（+）；无色且滴加 $\alpha$-萘酚溶液后 2 min 内不变色，则为氧化酶阴性反应（－）。

若采用直接滴加到菌落上的方法，如果菌落不久变为红色，经淡紫黑色最后为紫黑色者为氧化酶阳性反应。

17. 过氧化氢酶试验

（1）检测。取适量菌落于洁净的试管内或载玻片上，加数滴 3% 过氧化氢溶液，或直接滴加 3% 过氧化氢溶液到不含血液的细菌培养物中，立即观察结果。

**注意**：3% $H_2O_2$ 溶液要现用现配。取对数生长期的细菌。不宜用血琼脂平板上生长的菌落，因为过氧化氢酶是一种以正铁血红素为辅基的酶，如果培养基中含有血红素或红细胞可导致假阳性反应。

（2）结果与报告。如果 30 s 内有大量气泡产生，则试验结果为阳性（+）；不产生气泡者为阴性（－）。

18. 血浆凝固酶试验

（1）检测。

①玻片法。取兔血浆和生理盐水各 1 滴，分别置于洁净的玻片上，挑取适量被检菌分别与兔血浆和生理盐水充分混合。

②试管法。取试管 1 支，加入 0.5 mL 兔血浆，挑取适量被检菌加入兔血浆中后混匀，或在试管中加入 0.5 mL 被检菌的肉汤培养物，置于（36±1）℃培养，定时（每 30 min）观察是否有凝块形成，至少观察 6 h，试验中需同时做已知阳性和阴性的对照。

**注意**：玻片法为筛选试验，阳性、阴性均需进行试管法测定。血浆必须新鲜。应选用使用肝素作抗凝剂抗凝的血浆，不要选用使用非枸橼酸盐的。本试验也可用胶乳凝集试验试剂盒测定。

（2）结果与报告。玻片法以血浆中有明显的颗粒出现而盐水中无自凝现象判为阳性（+），无明显变化为阴性反应（－）；试管法以内容物完全凝固，使试管倒置或倾斜时不流动者为阳性（+），无明显变化为阴性反应（－）。

19. 硝酸盐还原试验

（1）接种与培养。将被检菌接种于硝酸盐培养基中，于（36±1）℃培养 24 h。

（2）检测。将甲、乙液等量混合后（约 0.1 mL）加入培养基内，立即观察结果。

（3）结果与报告。加入试剂 15 min 内出现红色为阳性反应（+），若加入试剂后无颜色反应，可能原因：硝酸盐没有被还原，试验阴性；硝酸盐已经被还原为氨和氮等其他产物，导致假阴性结果。这时需在试管内加入少量锌粉，放置 10 min，如果出现红色则表明试验确实为阴性（－）；若仍不产生红色，表示试验为假阴性（+）。若要检查是否有氮气产生，可在培养基管内加 1 个杜氏小管，如果杜氏小管内有气泡产生表示有氮气生成。

用 α-萘胺进行试验时，阳性反应的红色消退很快，故加入后应立即判定结果。进行试验时必须有未接种的培养基管作为阴性对照。α-萘胺具有致癌性，故使用时应加以注意。

20. 杆菌肽敏感试验

（1）接种与培养。在无菌操作的条件下，用棉拭子将待检菌均匀接种于血琼脂平板上，并贴上一张 0.04 U/片的杆菌肽纸片，于 35 ℃培养 18~24 h，观察结果。

（2）结果与报告。抑菌环直径大于 10 mm 则试验结果为阳性（+），小于或等于 10 mm 为阴性（−）。

21. 氰化钾试验

（1）接种与培养。将被检菌琼脂培养物接种于蛋白胨水中制成稀释菌液，再挑取一环接种于氰化钾培养基中，并另挑取一环接种未加氰化钾的空白培养基中，在（36±1）℃温度下培养 24~48 h，观察生长情况。

**注意**：氰化钾是剧毒药品，操作时必须小心，切勿沾染，以免中毒。试验失败的主要原因是封口不严，氰化钾逐渐分解，产生氢氰酸气体逸出，以致药物浓度降低，细菌生长，因而造成假阳性反应。试验时对每一环节都要特别注意。培养基用完后，每管加几粒硫酸亚铁和 0.5 mL 20%氢氧化钾溶液解毒，然后清洗。

（2）结果与报告。培养基上能够长出菌落的，试验结果为阳性（+）；测定菌在空白培养基上能生长，在含氰化钾的测定培养基上不生长，试验结果为阴性（−）。如果在测定培养基和空白培养基上都没有长出菌落，则表示空白培养基的营养成分不适于被检菌的生长，必须换用其他合适的培养基重新进行试验。

22. 三糖铁试验

（1）接种与培养。以接种针挑取待试菌可疑菌落或纯培养物，先穿刺接种到 TSI 深层，距管底 3~5 mm 为止，再从原路退回，在斜面上自下而上划线，置（36±1）℃培养 18~24 h，观察结果。

（2）结果与报告。如果产生黑色沉淀则表明产生了 $H_2S$；如果整个培养基呈现黄色则表示微生物可以发酵乳糖或蔗糖；如果斜面变红，底部仍保持黄色，则表示微生物是只能利用葡萄糖的细菌（图 2-1-3）。

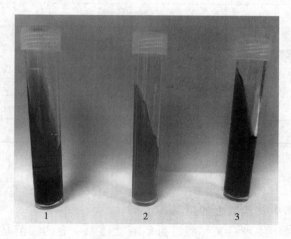

图 2-1-3　三糖铁试验结果
1—产生黑色沉淀　试管 2—底层和斜面都呈黄色试管
3—底层和斜面都呈红色

三糖铁试验结果

## 五、实验数据处理与分析

按照表2-1-2记录试验现象（用"–"表示阴性，"+"表示阳性）并进行分析得出结论。

表2-1-2　实验结果记录表

| 试验 | 1 | 2 | 对照 |
|---|---|---|---|
| 乳糖发酵试验 | | | |
| 葡萄糖代谢类型鉴别试验 | | | |
| 甲基红试验 | | | |
| 乙酰甲基甲醇试验 | | | |
| β-半乳糖苷酶试验 | | | |
| 淀粉水解试验 | | | |
| 硫化氢试验 | | | |
| 吲哚试验 | | | |
| 苯丙氨酸脱氨酶试验 | | | |
| 氨基酸脱羧酶试验 | | | |
| 精氨酸双水解酶试验 | | | |
| 尿素酶试验 | | | |
| 枸橼酸盐利用试验 | | | |
| 丙二酸盐利用试验 | | | |
| 醋酸钠利用试验 | | | |
| 氧化酶试验 | | | |
| 过氧化氢酶试验 | | | |
| 血浆凝固酶试验 | | | |
| 硝酸盐还原试验 | | | |
| 杆菌肽敏感试验 | | | |
| 氰化钾试验 | | | |
| 三糖铁试验 | | | |

## 六、思考题

（1）讨论生理生化试验在食品微生物检验上的意义。

（2）说明硝酸盐还原试验对细菌的生理意义。能进行硝酸盐还原反应的细菌是化能自养菌还是化能异养菌？它们是进行有氧呼吸还是无氧呼吸或发酵？

（3）解释细菌培养中吲哚检测的化学原理，在这个试验中为什么要将吲哚的存在作为色氨酸酶活性的指示剂，而不用丙酮酸？

（4）为什么大肠杆菌的甲基红试验呈阳性，而产气肠杆菌为阴性？这个试验与 VP 试验的最初底物与最终产物有何异同？为什么会出现不同？

## 七、知识应用与拓展

生理生化试验是进行菌种鉴定的常规手段，但是由于试验项目多、使用到的培养基、试剂多，使鉴定变的烦琐、耗时。为了快速完成微生物的生理生化试验，学者们设计出了生化鉴定试剂盒。生化鉴定试剂盒是集合了一系列生化试验的检测系统，试剂盒中包含了预制的检测用试剂、培养基，大大减少了实验前的准备工作。生化鉴定试剂盒通常包含生化鉴定微孔板、辅助试剂、结果诠释表和标准菌种表。一个生化鉴定卡上集成了 12 种或 24 种生化试验，将反应后的显色结果与"结果诠释表""菌种标准表"比对后，从而对菌种作出鉴定。具体操作流程如下。

图 2-1-4　生化鉴定微孔板

（1）准备接种液。待测菌株需要先分离纯化。只有纯化的菌株才能用于检测。可用普通培养基如营养琼脂培养基或适合的鉴别培养基分离菌株。挑取单个菌落，接种到 5 mL 脑心浸出液肉汤中，在 37 ℃下培养 4~6 h，直到菌液浊度（$OD_{600}$）大于 0.1 或达到试剂盒要求。

（2）接种。无菌条件下打开试剂盒，撕去密封箔。在生化鉴定微孔板（图 2-1-4）的每孔中加 50 μL 上述接种液。

（3）培养。按照试剂盒要求在适当温度下培养。

（4）试剂。培养后按照试剂盒说明书，向个别微孔中加入相应试剂。

（5）读取结果。观察并记录每个微孔的颜色变化。将读取结果与"结果诠释表"比对，确定是否存在阳性反应。再根据"菌种标准表"完成鉴定或用试剂盒配套生化鉴定系统鉴定。

# 实验项目 2-2　血清学试验

## 一、实验目的

（1）理解凝集试验、琼脂扩散试验、酶联免疫吸附试验的基本原理，观察细菌与其相应抗体结合所出现的凝集现象。

（2）掌握常见血清学试验的方法，能够对试验结果进行分析、判定。

（3）培养严谨认真的科学态度及独立思考与分析问题的能力。

## 二、实验原理

### 1. 凝集试验

凝集反应是指在电解质的参与下，颗粒性抗原（凝集原，包括完整的细菌细胞或血细胞等）与其相应的抗体（凝集素）结合，产生肉眼可见的凝集现象。凝集反应通常分为直接凝集反应和间接凝集反应两类。直接凝集反应，即颗粒性的抗原（如细菌和红细胞等）与其相应的抗体直接结合所致的凝集反应。间接凝集反应则是先将可溶性抗原吸附于与免疫性无关的载体表面，然后再与相应抗体结合的凝集反应。常用的抗原载体有红细胞、细菌、白陶土、离子交换树脂和火棉胶颗粒等（用鞣酸处理过的羊红细胞的应用更广泛）。

在直接凝集反应中，常用的有载玻片和试管两种试验方法。前者是将含有已知抗体的血清与待测抗原在载玻片上混合，若两者是特异的，则在最佳反应条件下，数分钟后即可在载玻片上呈现片状凝集团。此法具有灵敏、快速和操作简便等优点，常用于鉴定菌种和测定血型等定性工作中。试管法可用于测定抗原或抗体的效价等定量试验，它是将不同稀释度的抗血清与等体积的抗原溶液在试管中混匀，在适宜的反应条件下，观察试管中出现凝集的情况。如果某一抗血清在最高稀释度下仍有明显的凝集现象，那么此稀释度即为该免疫血清的效价值。

血清学反应通常放在 37 ℃或 50 ℃水浴中进行，以加快其反应速度。但温度不可超过 60 ℃，否则会引起抗原和抗体蛋白变性而失败。

### 2. 琼脂扩散试验

抗原、抗体在凝胶中扩散，并进行沉淀反应，称为免疫扩散反应。将抗原与其相应抗体放在凝胶（如琼脂）平板中的邻近孔内，使它们沿浓度梯度互相扩散，当扩散至两者相遇且浓度比例合适的部位时，即出现乳白色的沉淀线，该试验称为双向琼脂免疫扩散试验。其原理：将 1%离子浓度的琼脂制成凝胶后，其内部形成多孔的网状结构，可允许分子质量小于 200 ku 的抗原和抗体自由扩散，若抗原与抗体相对应，且二者比例合适，则形成较大的抗原抗体复合物沉淀颗粒，即不能再扩散而出现白色沉淀线。

双向琼脂免疫扩散试验不仅用于定性鉴定抗原或抗体、定量测定抗体的效价，还可用于抗原或抗体的纯度分析及分析比较两种不同来源的抗原或抗体所含成分的异同。

每对抗原、抗体可形成一条沉淀线，若在两孔内有两对或两对以上的抗原、抗体系统，就能产生相应数量的分离沉淀线。因此，利用此法可进行抗原、抗体的纯度分析。沉淀线形成的位置与抗原、抗体浓度有关，抗原浓度越大，形成的沉淀线距离抗原孔越远，抗体浓度越大，形成的沉淀线距离抗体孔越远。因此，固定抗体的浓度，稀释抗原，可根据已知浓度的抗原沉淀线的位置，测定未知抗原的浓度；反之，固定抗原的浓度，亦可测定抗体的效价。

此外，两个邻近孔的抗原与抗体所形成的两条线是交叉还是相连，可用来判定两抗原是否有共同成分。因抗原抗体复合物所生成的沉淀物对形成它的抗原和抗体是不可透过的，而对于其他的抗原和抗体则是可透过的。因此，对于分别放于邻近孔的抗原和对应的抗体，有一条沉淀线生成；假如同样的纯抗原 a 放在两个邻近的孔中，对应抗体放在中央孔中，两条沉淀线在其相邻的末端会相互联结和融合；若换成两个不同的抗原 a 和 b，则两线相互交叉；若两个抗原是有部分相同成分的 a 和 ab，则两线除有相连部分以外还有一伸出部分（图 2-2-1）。

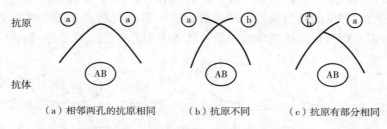

（a）相邻两孔的抗原相同　　（b）抗原不同　　（c）抗原有部分相同

图 2-2-1　双向免疫扩散平板中沉淀线的类型

3. 酶联免疫吸附试验

酶联免疫吸附试验（enzyme-linked immunosorbent assay，ELISA）是酶联免疫技术的一种，是将抗原抗体反应的特异性与酶反应的敏感性相结合而建立的一种新技术。

ELISA 的技术原理：将酶分子与抗体（或抗原）结合，形成稳定的酶标抗体（或抗原）结合物，当酶标抗体（或抗原）与固相载体上的相应抗原（或抗体）结合时，即可在底物溶液参与下，产生肉眼可见的颜色反应，颜色的深浅与抗原或抗体的量呈比例关系，使用 ELISA 检测仪即酶标测定仪，测定其吸收值可做定量分析。酶标记的抗原或抗体既保留其免疫学活性，又保留酶的活性，由于酶的催化效率很高，间接放大了免疫反应的结果，使测定方法达到高敏感度。此技术具特异、敏感、结果判断客观、简便和安全等优点，日益受到人们的重视，不仅在微生物学中应用广泛，而且也被其他学科广为采用。

## 三、实验器材

（1）抗原。伤寒沙门菌（*Salmonella typhi*）H 菌液（或 O 菌液）、普通变形杆菌（*Proteus vulgaris*）、人血清。

（2）抗体。伤寒沙门菌 H（或 O）诊断血清、变形杆菌抗血清（1∶100）、抗人血清。

（3）培养基。10 g/L 离子琼脂（配方见附录1）。

（4）试剂。0.05 mol/L 巴比妥缓冲液（pH 8.6）、生理盐水、ELISA 试剂盒或 ELISA 试剂（配方见附录2）。

（5）仪器。高压蒸汽灭菌器、恒温水浴锅或恒温培养箱、酶标测定仪等。

（6）其他。细菌标准比浊管、试管、载玻片、1000 μL 微量移液器和相应枪头、血清稀释板、方阵型打孔器（孔径 3 mm）、一次性无菌注射针头、96 孔酶标板等。

## 四、实验步骤

1. 凝集试验

（1）玻片凝集反应法。

①稀释。将伤寒沙门菌 H 诊断血清适当稀释。

②分区。取洁净载玻片 1 块，用记号笔将其划分为 2 个区，标记上 "一" 和 "二" 区。

③加样。在第一区内加生理盐水 1 滴，再与 1 滴抗原混匀，作为对照区；在第二区内先加 1 滴抗体稀释液，再与 1 滴抗原混匀后即为试验区。

④反应。将混匀的载玻片放在湿室中，然后将它放在 37 ℃ 恒温水浴锅中保温 10~20 min，以加快抗原与抗体间的反应。若反应仍不明显，可轻轻晃动载玻片并仔细辨认两区的差异。

⑤结果判断。若抗原与抗体的血清效价较高且相近，则凝集团形成迅速；反之则需等待数分钟后才出现隐约可见的凝集现象；若几分钟后仍不能判断，可再增加晃动次数，或将载玻片置于低倍镜下观察，凡菌体凝集成小块片状者为阳性结果（图 2-2-2）。

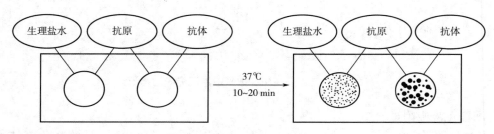

图 2-2-2　玻片凝集反应示意图

（2）试管凝集反应法。

①制备菌悬液。取培养 18 h 的普通变形杆菌斜面 1 支，用生理盐水洗下斜面菌苔，稀释至一定浓度，用标准比浊管法调整其浓度至 $10^9$ 个/mL 细胞。

②准备稀释管。将洁净的 16 支小试管分成 2 排（2 个重复），依次编号。每一小试管内加入 0.5 mL 生理盐水稀释液，备用。

③稀释抗血清。用微量移液器吸取 0.5 mL 变形杆菌抗血清（1:100）加入第一管内，连续吹吸 3 次，使血清中的抗体与生理盐水充分混匀，然后吸取该稀释液 0.5 mL 至下一稀释度的小试管内，依次类推，直至第 7 支试管。从第 7 管中吸取 0.5 mL 弃去。此时自第 1 管至第 7 管内抗血清的稀释倍数分别为 1:200、1:400、1:800、1:1600、1:3200、1:6400 和 1:12800（图 2-2-3），第 8 管中不加抗血清，为对照管。

**注意：** 在抗血清的倍比稀释过程中，应力求精确，并防止因在操作过程中产生气泡而影响实验准确性。

④移加抗原。用 1000 μL 微量移液器吸取适当浓度的变形杆菌菌液，加入第一排各试管中，每管加量为 0.5 mL（从生理盐水对照管开始，依次由后向前移加），此时各管抗血清稀释倍数又分别比原来增加了 1 倍。

⑤反应。将各管抗原与抗体稀释液充分混匀，并置于 37 ℃ 水浴锅中保温 4 h（或 37 ℃ 恒温培养箱中过夜），观察结果。凡能形成明显凝集现象的血清的最高稀释度即为该抗血清的

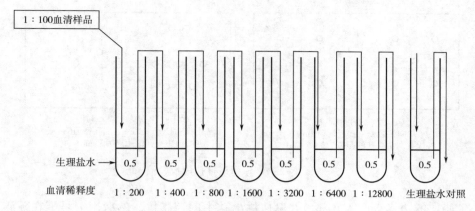

图 2-2-3　血清的倍比稀释法示意图

凝集效价。

**注意：**将进行凝集反应的试管从温水浴中取出时，切忌摇动，以免影响对结果的初次判断与比较。

⑥判断准则。

A. 观察对照管。先不摇动试管，观察对照管底部有无凝集团。通常抗原（菌体）沉于管底，边缘光滑整齐。待观察记录后，再轻轻晃动对照管，此时沉淀菌分散成均匀的浑浊菌液。

B. 观察各试验管。同对照管一样，先不摇动试管，观察比较各试管底部有无凝集及凝集团状物的形态，并与未摇动的对照管比较，观察两者有何不同。通常凝集团的边缘不整齐，试管液体上部澄清、半澄清或浑浊，但浑浊度明显低于对照管。待观察记录后再轻轻晃动各试验管，此时，各试验管底部的凝集团缓缓升起，呈明显的片状或块状。若凝集现象有强弱，则分别记录之。

C. 凝集现象的强弱判断标准。"++++"（很强），表示细菌菌体全部凝集，菌液澄清，经晃动后见大片块状物。"+++"（强），表示细菌细胞大部分凝集，未晃动的试验管的上清液呈轻度浑浊，摇动后凝集团较小。"++"（一般），表示细菌细胞半数凝集，试验管上清液呈半澄清，晃动后的凝集团呈微小颗粒状。"+"（弱），表示仅少量细菌细胞被凝集，试验管菌液呈浑浊，摇动后仅能见少量微粒状凝集团。"-"（阴性），表示无凝集现象产生，试管晃动前后与对照管相比较无异样现象，故为阴性反应。

2. 琼脂扩散试验

（1）融化琼脂。用沸水浴融化 10 g/L 离子琼脂，然后置于 50~60 ℃水浴，保温待用。

（2）制备琼脂薄层板。取两块洁净载玻片置于水平台面上，吸取 3.5~4 mL 上述保温的离子琼脂，在载玻片上铺成琼脂薄层板，务必使载玻片四角也铺满琼脂而又不流失，整个表面平整而无气泡，冷凝后打孔。

（3）琼脂板打孔。琼脂凝固后，按图 2-2-4 所示打孔，每块琼脂板打两个方阵型或梅花型。

**注意：**用 3 mm 的不锈钢打孔器按图中小孔位置依次打孔。打孔时，务必使打孔器垂直于琼脂玻板，使所打的小琼脂块与四周的琼脂完全分离，这样挑出琼脂块时也不会残留小块琼脂。

（4）挑琼脂块。左手拿琼脂薄层玻片，右手持 9 号针头，针孔的斜面朝向琼脂块，让针

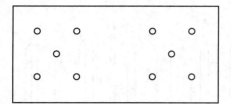
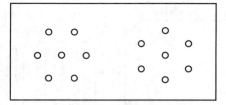

（a）方阵型打孔模板图
（双向扩散模型孔径约为3 mm，
外周孔与中央孔的距离为5~6 mm）

（b）梅花型打孔模板图
（中央孔径为4 mm，外周孔径为6 mm，
与中央孔的距离为3 mm）

图 2-2-4　琼脂板打孔模板

头沿着小琼脂块的边缘直插入底部，并迅速挑出孔中的琼脂块。然后用记号笔在琼脂板的底面将孔编号。

（5）加样。

①方阵型加样。用 1 支微量移液器，在第一方阵型的中间孔加抗体，周围各孔加入不同稀释度的抗原；第二方阵型中间孔加抗原，周围各孔加入不同稀释度的抗体。

②梅花型加样。用 1 支微量移液器，将抗原从低浓度至高浓度，以顺时针方向逐一加入至两组周围的 6 个孔中。另取 1 支微量加样器分别吸取 1：2 和 1：4 的抗体加到两组的中央小孔内，先加低浓度，后加高浓度。每孔的加样量均为 10 μL。

**注意**：所加血清和抗血清不能溢出孔外，以防形成多层次扩散，影响实验结果。抗原、抗体的微量移液器不能混用，用后一定要用生理盐水清洗干净。加样应从低浓度到高浓度以顺时针方向逐孔加入。

（6）保湿与保温。

①保湿。为防止琼脂玻板及样品干燥，应将加样后的载玻片尽快放入湿室培养皿内（即在培养皿中放一个"∩"形玻棒搁架，将琼脂玻板放在搁架上，皿内加少量水或浸湿的棉球）。

②保温。为促使抗原抗体充分扩散和反应，应将湿室置于 37 ℃恒温培养箱中保温，18~24 h 后取出观察结果。

**注意**：扩散时间要适当，时间过短，沉淀带不能出现；时间过长，会使已形成的沉淀带解离或扩散而出现假象。

**3. 酶联免疫吸附试验**

（1）包被抗原。用微量移液器小心吸取用包被液稀释好的抗原，沿孔壁准确加 100 μL 至每个酶标反应板孔中，防止气泡产生，37 ℃放置 4 h 或 4 ℃放置过夜。

抗原的包被量主要决定于抗原的免疫反应性和所要检测抗体的浓度。纯化抗原时一般所需抗原包被量为每孔 20~200 μg，其他抗原量可据此调整。

（2）清洗。快速甩动塑料板倒出包被液。用微量移液器吸取洗涤液，加入板孔中，洗涤液量以加满但不溢出为宜。室温放置 3 min，甩出洗涤液，再加洗涤液，重复上述操作 3 次。

**注意**：洗涤操作不是反应步骤，但却是决定试验成败的关键，目的是洗去反应液中没有与固相抗原或抗体结合的物质，以及在反应过程中非特异性吸附于固相载体的干扰物质。

（3）加血清。小心吸取稀释好的血清，准确加 100 μL 到对应板孔中，第 4 孔加 100 μL 洗涤液，于 37 ℃下放置 10 min。在水池边甩出血清，用洗涤液冲洗 3 次。

（4）加酶标抗体。沿孔壁上部小心准确加入 100 μL 酶标抗体（不能让血清污染吸管），37 ℃下放置 30~60 min，同上倒空，洗涤 3 次。

（5）加底物。按比例加 $H_2O_2$ 到配制的底物溶液中，立即吸取此溶液分别加于板孔中，每孔 100 μL。置于 37 ℃下，显色 5~15 min（经常观察），待阳性对照有明显颜色后，立即加一滴 2 mol/L $H_2SO_4$ 终止反应。

**注意：** 滴加试剂的量要准确，且试剂不可以从一孔流到另一孔中，每一种试剂对应一种吸管，不能混淆。底物溶液中的 $H_2O_2$ 要临用时再加，否则，放置时间过长，底物被氧化为黄色，影响实验结果的判定。

（6）判断结果。肉眼观察，阳性对照孔应呈明显黄色，阴性孔应呈无色或微黄色，待测孔颜色深于阳性对照孔则为阳性；一般以每孔的 $OD$ 值为实验结果进行记录，采用不同的反应底物，测定时的最大吸收峰位置不同，为得到最敏感的检测结果，要求采用测定的最大吸收波长进行测定。若测光密度，酶标测定仪取 $\lambda = 492$ nm，$P/n > 2.1$ 时为阳性，$P/n < 1.5$ 为阴性，$1.5 \leqslant P/n \leqslant 2.1$ 为可疑阳性，应予复查。

$$P/n = \frac{\text{检测孔 } OD \text{ 值}}{\text{阴性孔 } OD \text{ 值}}$$

用空白孔校 $T = 100\%$。

## 五、实验数据处理与分析

1. 凝集试验

（1）将载玻片凝集反应试验的结果记录在表 2-2-1 中。

表 2-2-1　载玻片凝集反应试验结果

| 阳性或阴性 | 第一区（生理盐水+菌液） | 第二区（诊断血清+菌液） |
|---|---|---|
|  |  |  |

（2）将各试管凝集反应的结果记录于表 2-2-2 中。

表 2-2-2　试管凝集反应试验结果

| 血清（1:100） | 1:200 | 1:400 | 1:800 | 1:1600 | 1:3200 | 1:6400 | 1:12800 | 对照 | 效价 |
|---|---|---|---|---|---|---|---|---|---|
|  |  |  |  |  |  |  |  |  |  |

2. 琼脂扩散试验

（1）画出两个方阵型（或梅花型）与所形成的沉淀线。

（2）分别测量两个方阵型（或梅花型）中抗原与沉淀线之间的距离，两者有何区别？

3. 酶联免疫吸附试验

请将选择使用的 ELISA 的反应原理进行绘图展示并写出实验结果。

## 六、思考题

（1）生理盐水中的电解质在凝集反应中起什么作用？

（2）试管凝集反应与玻片凝集反应各有什么优点？

（3）若在抗原与抗体的孔间出现两条以上的沉淀线时，应作何解释？

（4）请比较双向免疫扩散反应与凝集反应所用的抗原与抗体有何不同。

（5）什么是免疫血清的效价？

（6）请分析 ELISA 实验操作过程中需要注意的问题及本实验成功的关键。

## 七、知识应用与拓展

血清学反应常用于疾病的诊断、微生物菌株的鉴定和微量生化物质或抗原成分的检测等。如凝集反应可利用已知抗血清鉴定未知细菌，进行细菌的抗原分析、鉴定及分型，因此该法常用于诊断许多传染病的病原。也可用已知细菌检查未知血清的抗体，可利用已知抗原测定人体内抗体的水平（效价），这是诊断肠道传染病的重要方法，如诊断伤寒、副伤寒的肥达氏（Widal reation）反应为一种定量凝集反应。在一个患者的病程中做几次试验，如其效价是逐步上升的，则表示患者患的是实验中所用微生物所引起的传染病。

双向免疫扩散试验不仅可对抗原或抗体进行定性鉴定和测定其效价，还可对抗原或抗体进行纯度分析，同时对两种不同来源的抗原或抗体进行比较，可分析其所含成分的异同。利用此法可诊断某些疾病（如炭疽、鼠疫等），分析细菌抗原以及进行食品鉴定和法医上的血迹鉴定等。

酶联免疫技术的应用大大提高了检测的敏感性和特异性，现已广泛地应用在病原微生物的检验中。应用酶联免疫技术制造的 mini-Vidas 全自动免疫分析仪利用荧光分析技术，通过固相吸附器用已知抗体来捕捉目标生物体，然后用带荧光的酶联抗体再次结合，经充分冲洗，通过激发光源检测，自动读出发光的阳性标本，其优点是检测灵敏度高，速度快，可以在48 h 的时间内快速鉴定沙门氏菌、大肠杆菌 O157：H7、单核细胞增生李斯特菌以及空肠弯曲杆菌和葡萄球菌肠毒素等。

随着免疫学基本理论研究的深入与飞速发展，不断地建立起各种新的免疫技术，如沉淀反应中常用的琼脂扩散法（单向、双向扩散）与电泳的结合推出了多种免疫技术（如对流免疫电泳、交叉免疫电泳和火箭免疫电泳等），这些免疫技术已广泛地用于抗原、抗体的定性和定量的分析、生物制品纯度的分析及疾病标志物甲胎蛋白的测定等方面。免疫学技术已成为当今医学、生物化学、遗传学和细胞学等科研中极其重要的实验手段。

# 实验项目 2-3　样品的采集与处理

## 一、实验目的

（1）掌握不同类型食品样品的采集方法及处理方法。

（2）能够根据国标规定的抽样方案规范采集样品，并根据检验指标的要求正确处理样品。

（3）培养学生严谨的工作态度，树立准则意识，规范质检行为。

## 二、实验原理

食品样品的采样是指从大量的待检测食品中抽取具有代表性的一部分样品作为分析化验样品。我国采用国际食品微生物规格委员会（international commission of microbiological special-izations on food，ICMSF）的抽样方案，该方案分为二级法和三级法。不同食品的微生物检验指标需采用的抽样方案由该类食品的卫生标准规定。

样品采集应遵循以下原则：根据检验目的、食品特点、批量、检验方法、微生物的危害程度等确定采样方案；应采用随机原则进行采样，确保所采集的样品具有代表性；采样过程遵循无菌操作程序，防止一切可能的外来污染；样品在保存和运输过程中，应采取必要措施防止样品中原有微生物数量的变化，保持样品的原有状态；采样标签应完整、清楚；样品采集和现场测定必须有两人以上参加，通常采集的样品量比分析需要量多。

食品样品处理是指对采集的食品样品进行分取、粉碎、混匀、缩分等处理工作，使检验样品具有均匀性和代表性，是为下一步的检验做好准备。食品样品处理应考虑食品本身性质及后续检测指标需求，要保证处理后的样品中原有微生物的数量无明显变化。

## 三、实验器材

（1）试剂。无菌生理盐水或无菌水。

（2）其他。采样铲、扦样器、双层旋转式取样管、药匙、注射器、剪刀、镊子、开罐器、广口瓶、试管、采样袋、采样杯、记号笔等。

## 四、实验步骤

1. 各类样品的采集

（1）确定采用方案。我国采用的 ICMSF 抽样方案包含二级采样方案和三级采样方案，根据采集样品的种类及检验指标选取规定的抽样方案，进行样品采集。

（2）预包装食品。应采集相同批次、独立包装、适量件数的食品样品，每件样品的采样量应满足微生物指标检验的要求。

①对于独立包装的≤1000 g 的固态食品或≤1000 mL 的液态食品，每件样品可以取相同批次包装的多个样品，确保每件样品总量不少于 250 g（mL）。共取 $n$ 份样品。

**注意**：$n$ 为检验标注中规定的同一批次产品应采集的样品件数。

②独立包装的>1000 mL 的液态食品，应在采样前摇动或用无菌棒搅拌，将其达到均质后

再采集适量样品，放入同一个无菌采样容器内作为一个食品样品；>1000 g 的固态食品，应用无菌采样器从同一包装的不同部位分别采取适量样品，放入同一个无菌采样容器内作为一个食品样品。共取 n 份样品。

（3）散装食品或现场制作食品。用无菌采样工具从 n 个不同部位现场采集样品，分别放入独立无菌采样容器内作为 n 个食品样品。每个样品的采样量应不少于 250 g（mL）。

（4）生产工序监测采样。

①生产用水。生产用自来水样是从车间各水龙头上采集冷却水。取样前先打开水龙头放水约 15 min，用无菌采样容器采集 250 mL 以上的水样为一个样品；汤料等按照散装液体取样方式，在车间容器不同部位，用无菌注射器抽取 250 mL 以上的汤料等为一份样品。

②生产环境空气。当室内面积不超过 30 m² 时，在室内对角线上设里、中、外 3 个采样点，里、外 2 点位置距墙 1 m；当室内面积超过 30 m² 时，设东、西、南、北、中 5 个采样点，周围 4 点距墙 1 m。取含有平板计数琼脂培养基的无菌平板，分别置于采样点离地面约 1 m 高处，打开培养皿盖，使培养基暴露于空气中，5 min 后盖好培养皿盖。同时取 1 个含有平板计数琼脂培养基的无菌平板，同样放在室内离地面约 1 m 高处，不开皿盖放置 5 min。将上述平板一起送检。

③生产用具表面。对于车间台面、工具及加工人员手的卫生监测，通常采用棉签擦拭采样法。将板孔面积为 5 cm² 的 10 孔无菌采样板压在受检物上；每个板孔用一新棉签擦拭多次，共用 10 只棉签，总检测面积 50 cm²（若受检物表面干燥，则用无菌稀释液湿润棉签后擦拭；若表面有水，则用干棉签擦拭）；每支棉签在擦拭后立即剪断或烧断，再投入盛有 50 mL 灭菌水的锥形瓶或大试管中，立即送检。

2. 各类食品样品的处理

（1）液体样品。

①原包装样品或散装中样。用 75% 酒精擦拭容器表面以消毒，将液体混匀后，无菌操作条件下打开包装，吸取 25 mL 加到 225 mL 稀释液中。

②酸/碱性液体食品。吸取 25 mL 样品加到 225 mL 稀释液中，用 1 mol/L NaOH 或 1 mol/L HCl 调节 pH 为中性。

③含二氧化碳的液体样品。开启包装后，在容器口盖上一块消毒纱布，打开一个缝隙并轻轻摇动，使气体溢出后再吸取 25 mL 加到 225 mL 无菌生理盐水或稀释液中。

（2）固体及半固体样品。捣碎均质法：将 100 g 或 100 g 以上样品剪碎混匀，从中取 25 g 放入盛有 225 mL 稀释液的无菌均质杯中，再于 8000～10000 r/min 下均质 1～2 min。或者将 100 g 或 100 g 以上样品剪碎混匀，从中取 25 g 放入盛有 225 mL 稀释液的无菌均质袋中，用拍击式均质器拍打 1～2 min。

剪碎振摇法：将 100 g 或 100 g 以上样品剪碎混匀，从中取 25 g 进一步剪碎，再放入盛有 225 mL 稀释液和玻璃珠的稀释瓶中，用力快速振摇 50 次，振幅不小于 40 cm。

整粒振摇法：直接称取 25 g 整粒样品，放入盛有 225 mL 无菌稀释液和适量玻璃珠的无菌稀释瓶中，盖紧瓶盖，用力快速振摇 50 次，振幅在 40 cm 以上。

研磨法：将 100 g 或 100 g 以上样品剪碎混匀，取 25 g 放入无菌乳钵充分研磨，再放入盛有 225 mL 无菌稀释液的稀释瓶中，盖紧瓶盖，充分摇匀。

**3. 冷冻样品**

将冷冻样品在原容器中解冻，0~4 ℃下解冻不超过 18 h 或 45 ℃下解冻不超过 15 min，无菌操作称取检样 25 g，加入 225 mL 无菌稀释液中，制成 1：10 的悬液。

**4. 粉状或颗粒状样品**

将样品搅拌均匀，无菌操作称取检样 25 g，加入 225 mL 无菌稀释液中溶解、混匀，制成 1：10 的悬液。

## 五、实验数据处理与分析

填写采样单（表 2-3-1），并在组员间或组间交换分析采样过程是否规范。

表 2-3-1　食品安全抽样检验抽样单

编号：

| 被采样单位名称 | | | | |
|---|---|---|---|---|
| 被采样单位地址 | | | | |
| 所在地区 | 省（市、自治区）　　地区（市、州、盟）　　县（市、区）　　乡（镇） | | | |
| 单位类型 | □餐馆（□特大型餐馆　□大型餐馆　□中型餐馆　□小型餐馆）<br>□食堂（□机关食堂　□学校/托幼食堂　□企事业单位食堂　□建筑工地食堂）<br>□小吃店　□快餐店　□饮品店　□集体用餐配送单位　□中央厨房　□其他（　　　　）<br>□农贸市场　□菜市场　□超市　□网购 | | | |
| 被采样单位法人（负责人） | | 电话 | | 邮编 |
| 样品种类（名称） | 如：非发酵豆制品（豆腐干） | | 采样编号 | |
| 样品分类 | 食品大类 | | 食品亚类 | |
| | 食品次亚类 | | 食品细类 | |
| 包装分类 | □散装　□预包装 | 产品类型 | □农产品　□原料　□半成品　□成品　□其他（　　） | |
| 采样环节 | □原材料购置　□加工前贮存　□加工　□加工成品、半成品　□加工后储藏　□服务 | | | |
| 采样方式 | □无菌采样　□非无菌采样 | 采样工具 | | |
| 采样数量 | 如：3 份，250g/份 | 样品形态 | □固体　□半固体　□液体　□半液体　□气体 | |
| 产品来源 | □自制　□外购　□委托生产　□其他 | 加工/购进日期 | 年　　月　　日 | |
| 外购定型包装产品 | 样品规格 | | 样品批号 | |
| | 生产日期 | | 保质期 | |
| | 标识生产企业名称 | | | |
| | 标识生产企业地址 | | | |
| 采样时样品储存条件 | □常温　□冷藏　□冷冻　□避光　□密闭　□其他<br>温度　　　　（℃）　　　　湿度　　　　（%） | | | |
| 采样样品包装 | □玻瓶　□塑料瓶　□塑料袋　□无菌袋　□其他 | | | |
| 备注 | | | | |
| 采样单位名称（加盖公章）： | | 被采样单位公章 | | |
| 采样人员（签字）： | | 被采样单位负责人签字： | | |
| 采样时间：　　　年　　月　　日 | | | | |

## 六、思考题

（1）现需对某食品生产线生产的预包装面条进行取样，请确定抽样方案及样品采集数量、方法。

（2）现需对某类碳酸饮料进行微生物指标检测，请描述如何对其进行样品处理。

## 七、知识应用与拓展

《中华人民共和国食品安全法》《食品安全抽样检验管理办法》等法律法规均对食品抽检抽样工作进行了规定，程序规范、文书准确是食品安全抽检抽样工作的核心。

抽样工作不得预先通知被抽样单位，抽样人员不得少于 2 名。抽样时，抽样人员须主动向被抽样单位出示注明抽检内容的"食品安全抽样检验告知书"和有效身份证件，如工作证等，告知被抽样单位阅读通知书背面的被抽样单位须知，并向被抽样单位告知抽检性质、抽检食品品种等相关信息。承检机构承担抽样工作的，还需出具"食品安全抽样检验任务委托书"或其复印件。要求被抽样单位提供单位营业执照，以及食品生产许可证、食品经营许可证等相关法定资质证书，确认被抽样单位是合法生产经营，并且拟抽取的食品属于被抽样单位法定资质允许生产经营的类别。抽样人员应按实施细则的规定，从食品生产者成品库的代销产品中或从食品经营者仓库的食品中随机抽取样品。

# 实验项目 2-4  食品中菌落总数的检验

## 一、实验目的

（1）掌握食品中菌落总数检验的平板计数法，能够制定食品检验方案并执行检验。
（2）能够进行菌落计数原始数据的记录、处理与结果报告。
（3）培养学生严谨认真的科学态度以及良好的团队协作能力。

## 二、实验原理

菌落（colony）是指细菌在某一种固体培养基上克隆增殖发育成肉眼可见的细菌集团。

菌落总数是指食品检样经过处理，在一定条件下培养后，所得每 g（mL）检样中所形成的微生物菌落总数。通常以 CFU/g（mL）表示，CFU 代表的是 colony forming unit。

菌落总数是判定食品清洁程度（被污染程度）的标记，通常越干净的食品，单位样品的菌落总数越低，反之菌落总数就越高。菌落总数的测定是以每个活细菌能增殖形成一个可见的单独菌落为基础的，但是在实践中除了单个细胞可形成菌落外，两个或两个以上相连的同种细胞也可以形成菌落，所以现在均以菌落总数（而不是活细菌数）或菌落形成单位数表达。由于菌落总数的测定是在 37 ℃有氧条件下培养的结果，厌氧菌、微需氧菌、嗜冷菌和嗜热菌在此条件下不生长，有特殊营养要求的细菌也受到限制。因此，这种方法所得到的结果，实际上只包括一群在普通营养琼脂中发育、嗜中温的需氧和兼性厌氧的细菌菌落总数。但由于在自然界中这类细菌占大多数，其数量的多少能反映出样品中细菌的总数，正因为如此，用该方法来测定食品中的细菌总数已得到了广泛的认可。

## 三、实验器材

（1）培养基。平板计数培养基（PCA）（配方见附录 1）。
（2）试剂。无菌生理盐水或无菌磷酸盐缓冲液（配方见附录 2）。
（3）菌落总数测试片。应符合 GB 4789.28—2013 中平板计数琼脂培养基质量控制要求，且主要营养成分与平板计数琼脂培养基配方一致。
（4）仪器。高压蒸汽灭菌器、恒温振荡培养箱、双人垂直超净工作台、拍打式样品均质器、生化培养箱、冰箱、水浴锅、电子天平、微量移液器。
（5）其他。锥形瓶、培养皿、试管、试管架、酒精灯、精密 pH 试纸、均质袋等。

## 四、实验步骤

### 1. 样品稀释

（1）固体或半固体样品。称取 25 g 样品放入盛有 225 mL 稀释液的无菌均质袋中，用拍击式均质器拍打 1~2 min，制成 1∶10 的样品匀液。
（2）液体样品。以无菌吸管吸取 25 mL 样品放入盛有 225 mL 无菌磷酸盐缓冲液或无菌生理盐水的无菌锥形瓶中，充分混匀，或放入盛有 225 mL 稀释液的无菌均质袋中，用拍击式均质器拍打 1~2 min，制成 1 : 10 的样品匀液。

**注意**：仅处理液体样品时，在缓冲液中预置适当数量的无菌玻璃珠，帮助混匀；处理固体样品时，不可加入玻璃珠以免损坏均质器。

（3）用 1 mL 无菌吸头吸取 1 : 10 样品匀液 1 mL，延管壁缓慢注入盛有 9 mL 稀释液的无菌试管中，在振荡器上振荡混匀，制成 1 : 100 的样品匀液。

**注意**：注意吸管或吸头尖端不要触及稀释液面。

（4）按照上述操作，制备 10 倍系列稀释样品匀液。

**注意**：每递增稀释一次，换用新的无菌吸头。

（5）根据对样品污染状况的估计，选择 1~3 个适宜稀释度的样品匀液（液体样品可包括原液），在进行 10 倍递增稀释时，吸取 1 mL 样品匀液于无菌培养皿内，每个稀释度做两个培养皿。同时，分别吸取 1 mL 空白稀释液加入两个无菌培养皿内作空白对照。

（6）将 15~20 mL 冷却至 46~50 ℃的平板计数琼脂培养基倾注到培养皿中，并转动培养皿使其混合均匀。

**注意**：培养基需提前 2 h 放置于（48±2）℃水浴锅或培养箱中恒温。若实验样品为颗粒状食品，为防止食品碎屑影响计数，通常在琼脂中添加一定量的 0.5% TTC（氯化三苯四氮唑），培养后，若为细菌菌落，则变为红色；若为食品颗粒，则无颜色变化。

2. 培养

（1）水平放置待琼脂凝固后，将平板翻转，于（36±1）℃培养（48±2）h。水产品于（30±1）℃培养（72±3）h。

（2）如使用菌落总数测试片，应按照测试片所提供的相关技术规程操作。

**注意**：如果样品中可能含有在琼脂培养基表面生长的菌落时，可在凝固后的琼脂表面覆盖一薄层琼脂培养基（约 4 mL），凝固后翻转平板，按上述条件进行培养。

3. 菌落计数

（1）可用肉眼观察，必要时用放大镜或菌落计数器，记录稀释倍数和相应的菌落数量。菌落计数以菌落形成单位（CFU）表示。

（2）选取菌落数在 30~300 CFU、无蔓延菌落生长的平板计数菌落总数。低于 30 CFU 的平板记录具体菌落数，大于 300 CFU 的可记录为多不可计。每个稀释度的菌落数应采用两个平板的平均数。

（3）其中一个平板有较大片状菌落生长时，则不宜采用，而应以无片状菌落生长的平板作为该稀释度的菌落数计数板，若片状菌落不到平板的一半，而其余一半中菌落分布又很均匀，即可计算半个平板的菌落数后乘以 2，代表一个平板菌落数。

（4）当平板上出现菌落间无明显界线的链状生长时，则将每条单链作为一个菌落计数。

4. 结果与报告

（1）菌落总数的计算方法。

①若只有一个稀释度平板上的菌落数在适宜计数范围内，计算两个平板菌落数的平均值，再将平均值乘以相应稀释倍数，作为每 g（mL）样品中菌落总数的结果。

②若有两个连续稀释度的平板菌落数在适宜计数范围内时，按下列公式计算：

$$N = \frac{\sum C}{(n_1 + 0.1n_2)d}$$

式中：$N$——样品中菌落数；

$C$——平板（含适宜范围菌落数的平板）菌落数之和；

$n_1$——第一稀释度（低稀释倍数）平板个数；

$n_2$——第二稀释度（高稀释倍数）平板个数；

$d$——稀释因子（第一稀释度）。

③若所有稀释度的平板上菌落数均大于 300 CFU，则对稀释度最高的平板进行计数，其他平板可记录为多不可计，结果按平均菌落数乘以最高稀释倍数计算。

④若所有稀释度的平板菌落数均小于 30 CFU，则应按稀释度最低的平均菌落数乘以稀释倍数计算。

⑤若所有稀释度（包括液体样品原液）平板上均无菌落生长，则以小于 1 乘以最低稀释倍数计算。

⑥若所有稀释度的平板菌落数均不在 30~300 CFU，其中一部分小于 30 CFU 或大于 300 CFU 时，则以最接近 30 CFU 或 300 CFU 的平均菌落数乘以稀释倍数计算。

（2）菌落总数的报告。

①菌落数小于 100 CFU 时，按"四舍五入"原则修约，以整数报告。

②菌落数大于或等于 100 CFU 时，第 3 位数字采用"四舍五入"原则修约后，取前 2 位数字，后面用 0 代替位数；也可用 10 的指数形式来表示，按"四舍五入"原则修约后，采用两位有效数字。

③若空白对照上有菌落生长，则此次检测结果无效。

④称重取样以 CFU/g 为单位，体积取样以 CFU/mL 为单位。

## 五、实验数据处理与分析

记录实验结果，完成计算并填写下列菌落总数检验原始记录单（表 2-4-1）。

表 2-4-1　菌落总数检验原始记录单

| 样品编号 | | | 样品名称 | | | 样品性状 | | |
|---|---|---|---|---|---|---|---|---|
| 检测环境 | 温度（℃）：<br>湿度（%）： | | | | 检测日期 | | | |
| 检测地点 | | | | | | | | |
| 检测项目及依据 | | | | | | | | |
| 检测仪器<br>（名称、型号） | | | | | | | | |
| 样品件数<br>（$n$） | 取样量 | 稀释度/菌落个数（CFU/g） | | | | | 计算结果<br>[CFU/g<br>（mL）] | 结果报告<br>[CFU/g<br>（mL）] |
| | | | | | | 空白 | | |
| 1 | | | | | | | | |
| 2 | | | | | | | | |
| 3 | | | | | | | | |

续表

| 样品件数 (n) | 取样量 | 稀释度/菌落个数（CFU/g） | | | 空白 | 计算结果 [CFU/g (mL)] | 结果报告 [CFU/g (mL)] |
|---|---|---|---|---|---|---|---|
| 4 | | | | | | | |
| 5 | | | | | | | |
| 培养温度、时间 | PCA： | | | | | | |
| 备注 | | | | | | | |

检测人：　　　　　　　　　校核人：　　　　　　　　　审查人：

## 六、思考题

（1）是否有必要用不同培养基、培养条件进行选择性培养计数菌落总数？

（2）若平板上的菌落生长一半较均匀，另一半呈片生长，该平板是否可以用于计数？如何计数菌落数？

（3）试分析影响菌落总数结果准确性的因素有哪些？

## 七、知识应用与拓展

除了常规的平板检测法，目前还有几种快速检测菌落总数的方法，如试管斜面计数法、测试片法、MTT 法、ATP 法等。其中，测试片法因操作简便、不易受污染、检测成本较低且结果与国标中的平板计数法一致而应用广泛。

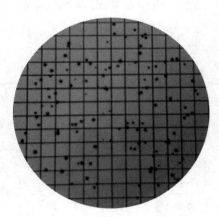

菌落总数测试片由上下两层薄膜组成，上层为聚丙烯薄膜，含有黏合剂、指示剂及冷水可溶性凝胶；下层为聚乙烯薄膜，含有细菌生长所需的营养琼脂培养基。使用时，将测试片置于水平桌面上，揭开上层膜，在测试片中央垂直滴加 1 mL 处理后的样品稀释液，再缓缓落下上层膜，轻压上层膜使样液均匀分布在圆形接种区，静置 1 min 使胶凝固，再将测试片置于适宜条件下培养。当细菌在测试片上生长时，细胞代谢产物与上层的指示剂 TTC 发生氧化还原反应，将指示剂还原成红色非溶解性产物三苯甲，从而使细菌着色，故测试片上红色菌落判断为菌落总数（图 2-4-1）。

图 2-4-1　菌落总数测试片检测结果

# 实验项目 2-5　食品中大肠菌群的检验

## 一、实验目的

（1）掌握食品中大肠菌群检验的 MPN 法和平板计数法，能够针对食品选择正确的检验方法并执行检验。

（2）能够正确记录、处理检验数据并进行结果报告。

（3）培养学生的食品安全意识、社会责任感和职业使命感。

## 二、实验原理

大肠菌群指在一定培养条件下能发酵乳糖、产酸产气的需氧和兼性厌氧革兰氏阴性无芽孢杆菌，包括大肠埃希氏杆菌属、柠檬酸杆菌属、阴沟肠杆菌属等。

食品中大肠菌群的检测方法分为最近似数法（most probable number，MPN，基于泊松分布的一种间接计数方法）和平板计数法。MPN 法是统计学和微生物学相结合的一种定量检测法，适用于大肠菌群含量较低的食品中大肠菌群的计数。待测样品经系列稀释并培养后，根据其未生长的最低稀释度和生长的最高稀释度，应用统计学概率论推算出待测样品中大肠菌群的最大可能数。平板计数法适用于大肠菌群含量较高的食品中大肠菌群的定量检测。大肠菌群在固体培养基中发酵乳糖产酸，在指示剂的作用下形成可计数的红色或紫色、带有或不带有沉淀环的菌落，再进一步利用证实实验进行验证。

## 三、实验器材

（1）培养基。月桂基硫酸盐胰蛋白胨（lauryl sulfate tryptose broth，LST）肉汤、煌绿乳糖胆盐（brilliant green lactase bile broth，BGLB）肉汤、结晶紫中性红胆盐琼脂（violet red bile agar，VRBA）（配方见附录 1）。

（2）试剂。无菌磷酸盐缓冲液（配方见附录 2）或无菌生理盐水、1 mol/L NaOH、1 mol/L HCl。

（3）仪器。高压蒸汽灭菌器、恒温振荡培养箱、双人垂直超净工作台、拍打式样品均质器、生化培养箱、冰箱、水浴锅、电子天平、微量移液器。

（4）其他。锥形瓶、培养皿、试管、试管架、酒精灯、精密 pH 试纸、均质袋等。

## 四、实验步骤

1. MPN 法

（1）样品的稀释。

①固体和半固体样品。称取 25 g 样品，放入盛有 225 mL 磷酸盐缓冲液或生理盐水的无菌均质杯内，8000~10000 r/min 均质 1~2 min，或放入盛有 225 mL 磷酸盐缓冲液或生理盐水的无菌均质袋中，用拍击式均质器拍打 1~2 min，制成 1∶10 的样品匀液。

②液体样品。以无菌吸管吸取 25 mL 样品放入盛有 225 mL 磷酸盐缓冲液或生理盐水的无

菌锥形瓶（瓶内预置适当数量的无菌玻璃珠）或其他无菌容器中，充分振摇或置于机械振荡器中振摇，充分混匀，制成1:10的样品匀液。

③样品匀液的 pH 应在 6.5~7.5，必要时分别用 1 mol/L NaOH 或 1 mol/L HCl 调节。

④用 1 mL 无菌吸管或微量移液器吸取 1:10 样品匀液 1 mL，沿管壁缓缓注入 9 mL 磷酸盐缓冲液或生理盐水的无菌试管中（注意吸管或吸头尖端不要触及稀释液面），振摇试管或换用 1 支 1 mL 无菌吸管反复吹打，使其混合均匀，制成 1:100 的样品匀液。

⑤根据对样品污染状况的估计，按上述操作，依次制成 10 倍递增系列稀释样品匀液。每递增稀释 1 次，换用 1 支新的 1 mL 无菌吸管或吸头。

**注意**：样品稀释需在无菌条件下进行；从制备样品匀液至样品接种完毕，全过程不得超过 15 min。

（2）初发酵试验。每个样品选择 3 个适宜的连续稀释度的样品匀液（液体样品可以选择原液），每个稀释度接种 3 管 LST 肉汤，每管接种 1 mL（如接种量超过 1 mL，则用双料 LST 肉汤），（36±1）℃培养（24±2）h，观察倒管内是否有气泡产生，（24±2 h）产气者进行复发酵试验（证实试验）；如未产气则继续培养至（48±2）h，产气者进行复发酵试验，未产气者为大肠菌群阴性。

**注意**：双料 LST 肉汤指除蒸馏水外，其他成分加倍。

（3）复发酵试验（证实试验）。用接种环从产气的 LST 肉汤管中分别取培养物 1 环，移种于 BGLB 管中，于（36±1）℃培养（48±2）h，观察产气情况。产气者计为大肠菌群阳性管。

（4）大肠菌群最可能数（MPN）的报告。按上一步确证的大肠菌群 BGLB 阳性管数，检索 MPN 表（附录3），报告每 g（mL）样品中大肠菌群的 MPN 值。

2. 平板计数法

（1）样品稀释。操作同 MPN 法。

（2）平板计数。

①选取 2~3 个适宜的连续稀释度，每个稀释度接种 2 个无菌培养皿，每皿接种 1 mL，同时取 1 mL 生理盐水加入无菌培养皿作空白对照。

②将 15~20 mL 融化并恒温至 46 ℃的 VRBA 倾注于每个培养皿中。小心旋转培养皿，将培养基与样液充分混匀，待琼脂凝固后，再加 3~4 mL VRBA 覆盖平板表层。翻转平板，置于（36±1）℃培养 18~24 h。

（3）平板菌落数的选择。选取菌落数在 15~150 CFU 的平板，分别计数平板上出现的典型和可疑大肠菌群菌落（如菌落直径较典型菌落小）。典型菌落为紫红色，菌落周围有红色的胆盐沉淀环，菌落直径为 0.5 mm 或更大，最低稀释度平板上的菌落数低于 15 CFU 的记录具体菌落数。

（4）证实试验。从 VRBA 平板上挑取 10 个不同类型的典型和可疑菌落，少于 10 个菌落的挑取全部典型和可疑菌落。分别移种于 BGLB 肉汤管内，于（36±1）℃培养 24~48 h，观察产气情况。凡 BGLB 肉汤管产气的，即可报告为大肠菌群阳性。

（5）大肠菌群平板计数的报告。经最后证实为大肠菌群阳性的试管比例乘以计数的平板菌落数，再乘以稀释倍数，即为每 g（mL）样品中的大肠菌群数。如 $10^{-4}$ 样品稀释液 1 mL，在 VRBA 平板上有 100 个典型和可疑菌落，挑取其中 10 个接种于 BGLB 肉汤管，证实有 6 个阳性管，则该样品的大肠菌群数为：$100×6/10×10^4/g$（mL）＝ $6.0×10^5$ CFU/g（mL）。若所有稀释度（包括液体样品原液）下的平板均无菌落生长，则以小于 1 乘以最低稀释倍数计算。

## 五、实验数据处理与分析

记录实验结果，完成计算并填写下列大肠菌群检验原始记录单（表 2-5-1）。

表 2-5-1　大肠菌群检验原始记录单

| 样品编号 | | | 样品名称 | | | 样品性状 | |
|---|---|---|---|---|---|---|---|
| 检测环境 | 温度（℃）：<br>湿度（%）： | | | | 检测日期 | | |
| 检测地点 | | | | | | | |
| 检测项目及依据 | | | | | | | |
| 检测仪器<br>（名称、型号） | | | | | | | |

| 样品件数<br>（n） | 取样量 | 稀释度 | 典型菌落数<br>（VRBA） | BGLB 产气<br>管数 | 计算 | 空白 | 结果报告<br>［CFU/g（mL）］ |
|---|---|---|---|---|---|---|---|
| 1 | | | | | | | |
| 2 | | | | | | | |
| 3 | | | | | | | |
| 4 | | | | | | | |
| 5 | | | | | | | |
| 培养温度、时间 | VRBA：<br>BGLB： | | | | | | |
| 备注 | | | | | | | |

检测人：　　　　　　　　校核人：　　　　　　　　审查人：

## 六、思考题

（1）依据相关食品安全国家标准，某固体食品的大肠菌群的采样方案及限量：$n = 5$，$c = 2$，$m = 3.6$ MPN/g，请根据国标要求设计该类食品中大肠菌群的检测方案。

（2）如果某检样 3 个稀释度（$10^{-1}$、$10^{-2}$、$10^{-3}$）检测结果都是阴性时，MPN 值是多少？

（3）大肠菌群检验培养时为什么要添加煌绿和胆盐？

## 七、知识应用与拓展（思政案例）

大肠菌群是检测食品污染的常用指示菌之一。若食品中大肠菌群超标，则被致病菌污染的可能性较大，可能会引起食用者腹泻、肠胃感染。食品中大肠菌群超标主要发生于生产加工过程，可能是产品原料、包材、生产人员、设备、环境受到污染或灭菌不彻底等原因导致。2022 年 4 月，法国巴黎检察官检查了位于法国北部科德里的一家比萨冷冻厂，法国卫生局认为近期陆续报道的感染大肠杆菌疑似病例可能与食用雀巢法国旗下某品牌的冷冻比萨有关。因此对雀巢法国总部和冷冻比萨工厂进行了突击检查，相关部门检查发现工厂内有啮齿动物，内部的卫生条件和管理存在严重问题，导致该工厂生产的比萨存在严重的大肠菌群超标。最终这次食品安全事件导致法国 70 多人感染大肠杆菌，其中一名 1 岁婴儿和一个 18 岁青年可能因感染死亡。

食品安全问题与人们的身体健康和生命安全息息相关，作为未来的食品行业从业者应具备社会责任感，利用专业知识捍卫消费者健康；自觉监督、落实各项食品安全管理制度，形成良好的职业道德。

# 实验项目 2-6　食品中霉菌、酵母菌的检验

## 一、实验目的

（1）掌握食品中霉菌、酵母菌总数检验的平板计数法，能够制定食品检验方案并执行检验。

（2）能够进行典型菌落计数原始数据的记录、处理与结果报告。

（3）培养学生严谨认真的科学态度以及良好的团队协作能力。

## 二、实验原理

在适宜的条件下，单个微生物细胞能在固体培养基上形成一个肉眼可见的菌落，选用具有选择性的适合于真菌生长的马铃薯葡萄糖琼脂培养基或孟加拉红培养基，并在 28 ℃下培养，形成抑制细菌生长，利于霉菌和酵母菌生长的环境。用于霉菌和酵母菌计数的马铃薯葡萄糖琼脂培养基添加了氯霉素，可以抑制细菌的生长。孟加拉红培养基中添加的孟加拉红成分可抑制细菌的生长，也可限制繁殖快的霉菌菌落的大小，此外还作为着色剂，霉菌或酵母菌吸收后便于菌落的观察；同时添加的氯霉素作为抗生素，进一步抑制了细菌的生长。两种培养基均可用于霉菌、酵母菌的检验。

此外，酵母菌和霉菌具有独特的菌落特征。酵母菌菌落与细菌相似，但较大而厚，呈不透明、灰白、乳白或红色。霉菌菌落与细菌差距明显，其菌落大，呈棉絮状或绒毛状、疏松、有的蔓延不成形，无色或有各种颜色。基于以上菌落特征，可以对食品中霉菌、酵母菌进行检验计数。

## 三、实验器材

（1）培养基。马铃薯葡萄糖琼脂培养基（含氯霉素）、孟加拉红琼脂（配方见附录 1）。

（2）试剂。无菌磷酸盐缓冲液（配方见附录 2）、生理盐水或蒸馏水。

（3）仪器。高压蒸汽灭菌器、恒温振荡培养箱、双人垂直超净工作台、拍打式样品均质器、霉菌实验箱、冰箱、水浴锅、微量移液器、电子天平。

（4）其他。锥形瓶、培养皿、试管、试管架、酒精灯、精密 pH 试纸、均质袋等。

## 四、实验步骤

### 1. 样品稀释

（1）固体和半固体样品。称取 25 g 样品于无菌均质袋中，加入 225 mL 无菌稀释液（蒸馏水、生理盐水或磷酸盐缓冲液），用均质器拍打 1~2 min，制成 1∶10 的样品匀液。

（2）液体样品。以无菌吸管吸取 25 mL 样品至盛有 225 mL 无菌稀释液（蒸馏水、生理盐水或磷酸盐缓冲液）的锥形瓶中（瓶内预置适当数量的无菌玻璃珠），充分振摇，制成 1∶10 的样品匀液。

（3）取 1 mL 1∶10 的样品匀液注入含有 9 mL 无菌稀释液的试管中，另换一支无菌吸头

反复吹打混匀，此液为 1∶100 的样品匀液。

（4）按上述操作，制备 10 倍递增系列稀释样品匀液。每递增稀释一次，换用一支 1 mL 无菌吸头。

（5）根据对样品污染状况的估计，选择 2~3 个适宜稀释度的样品匀液（液体样品可包括原液），在进行 10 倍递增稀释的同时，每个稀释度分别吸取 1 mL 样品匀液于 2 个无菌培养皿内，同时分别取 1 mL 无菌稀释液加入 2 个无菌培养皿中作空白对照。

（6）将 20~25 mL 冷却至 46 ℃ 的马铃薯葡萄糖琼脂或孟加拉红琼脂倾注到培养皿中，转动培养皿使其与样品匀液混合均匀，置于水平台面待培养基完全凝固。

**注意：**样品稀释需在无菌条件下进行。

2. 培养

琼脂凝固后，正置平板，再置于（28±1）℃培养箱中培养，观察并记录培养至第五天的结果。

3. 菌落计数

用肉眼观察，必要时可用放大镜或低倍镜，记录稀释倍数和相应的霉菌和酵母菌落数，以菌落形成单位 CFU 表示。

选取菌落数在 10~150 CFU 的平板，根据菌落形态分别计数霉菌和酵母。霉菌蔓延生长覆盖整个平板的可记为菌落蔓延。

**注意：**对霉菌进行菌落计数时注意防止孢子飘散，污染环境，同时注意做好自身防护。

4. 结果与报告

（1）结果。

①计算同一稀释度的两个平板菌落数之和，再将平均值乘以相应稀释倍数。

②若有两个稀释度平板上的菌落数均在 10~150 CFU，则参考实验项目 2-4 中方法进行计算。

③若有平板上的菌落数大于 150 CFU，则对稀释度最高的平板进行计数，其他平板可记为多不可计，结果按平均菌落数乘以最高稀释倍数计算。

④若所有平板上的菌落数均小于 10 CFU，则应按稀释度最低的平均菌落数乘以稀释倍数计算。

⑤若所有稀释度（包括液体样品原液）平板均无菌落生长，则以小于 1 乘以最低稀释倍数计算。

⑥若所有稀释度的平均菌落数不在 10~150 CFU，其中一部分小于 10 CFU 或大于 150 CFU，则以最接近 10 CFU 或 150 CFU 的平均菌落数乘以稀释倍数计算。

（2）报告。

①菌落数按"四舍五入"原则修约，菌落数在 10 以内时，采用一位有效数字，菌落数在 10~100 时，采用两位有效数字。

②菌落数大于或等于 100 时，前第三位数字采用"四舍五入"原则修约后，取前两位数字，后面用 0 代替位数来表示结果，也可以用 10 的指数形式来表示，此时也按"四舍五入"的原则进行修约，采用两位有效数字。

③若空白对照平板上有菌落出现，则此次检验结果无效。

④称重取样以 CFU/g 为单位，体积取样以 CFU/mL 为单位。

## 五、实验数据处理与分析

记录实验结果，分别计算并填写下列表 2-6-1。

表 2-6-1　霉菌、酵母菌检验原始记录单

| 检测依据 | | | 培养温度 | | |
|---|---|---|---|---|---|
| 检测地点 | | | 检测日期 | | |
| 检测仪器<br>（名称、型号） | | | | | |
| 检测环境 | 温度（℃）：<br>湿度（%）： | | | | |
| 样品编号 | 样品名称 | 稀释度/霉菌菌落个数［CFU/g（mL）］ | | | 结果报告<br>［CFU/g（mL）］ |
| | | | | | |
| | | | | | |
| | | | | | |
| | | | | | |
| | | | | | |
| 样品编号 | 样品名称 | 稀释度/酵母菌菌落个数［CFU/g（mL）］ | | | 结果报告<br>［CFU/g（mL）］ |
| | | | | | |
| | | | | | |
| | | | | | |
| | | | | | |
| 培养温度、时间 | PDA：<br>孟加拉红平板： | | | | |
| 备注 | | | | | |

## 六、思考题

（1）霉菌检测中可能出现什么情况影响最终计数？如何预防？

（2）试比较 2010 版和 2016 版 GB 4789.15 中霉菌和酵母平板计数法的区别，并分析修改原因。

## 七、知识应用与拓展

酵母菌一直被认为是一种有益微生物，是生产及家庭生活中应用最为广泛的微生物，但

是酵母菌超标也会对食用者的健康和产品品质带来负面影响或危害。在生活中，如果人体摄入过多的酵母菌，会引发人的急性腹泻等疾病，严重的还会引起皮肤、黏膜、呼吸道、消化道等多种疾病。

在生产中，酵母菌超标后容易引起瓶装饮料食品胀罐，产生絮状物，引发饮料变质等严重问题，对企业生产造成影响和经济损失。饮料加工过程中，酵母菌的污染主要通过以下途径发生：①原材料以及水源污染，由于水果本身就有可能携带酵母菌，原材料的杀毒灭菌不彻底会导致酵母菌的大量繁殖。②设备污染，用于饮料生产的设备、容器使用过程中易附着沉积物，非常容易滋生微生物，而且密封程度大，对消毒灭菌来说有一定的难度。③空气污染，加工过程中空气中的细菌进入饮料中，因此加工过程中应做好空间消毒工作防止微生物污染，做好空间消毒工作。④包装材料的污染，包装材料一定要及时消毒灭菌处理。⑤人员的灭菌工作，饮料生产人员平时要做好消毒灭菌，操作期间也应经常进行手部消毒。进车间必须穿戴工作帽、工作鞋和工作服。

# 实验项目 2-7 食品中乳酸菌的检验

## 一、实验目的

（1）了解乳酸菌的生物学特性，掌握食品中乳酸菌及乳酸菌总数的检验方法。

（2）具备乳酸菌检验方案设计及执行能力，能够正确记录、处理检验数据并进行结果报告。

（3）培养学生独立分析问题、解决问题的能力。

## 二、实验原理

乳酸菌不是分类学名词，是一类可发酵糖且主要产生大量乳酸的细菌的通称，其生物学特性是革兰氏阳性、无芽孢、无运动、不能液化明胶、不产生吲哚、色素氧化酶阴性。乳酸菌具有重要的生理功能、有助于人类健康，因此有些国家将活性发酵乳制品中乳酸菌的活菌数含量作为产品分类和质量检测的依据。本实验检测乳酸菌主要为乳杆菌属（*Lactobacillus*）、双歧杆菌属（*Bifidobacterium*）和嗜热链球菌属（*Streptococcus thermophilus*）。其中乳杆菌属菌体形态多样，呈长杆状或短杆状［图 2-7-1（a）］，而双歧杆菌呈短杆状、纤细杆状或球形，可形成各种分支或分叉等多种形态，不抗酸、无动力［图 2-7-1（b）］。嗜热链球菌菌体呈现球形、卵圆形，呈链状排列［图 2-7-1（c）］。

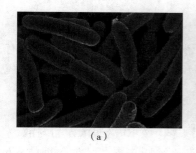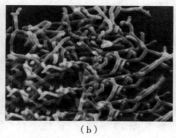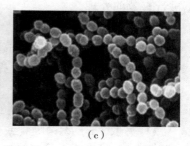

（a）　　　　　　　　　（b）　　　　　　　　　（c）

图 2-7-1 乳酸菌菌体形态图片

MC 培养基主要用于嗜热链球菌的计数，其含有 pH 指示剂中性红；乳酸菌发酵糖产酸使指示剂变色，从而使菌落呈红色。MRS 琼脂培养基主要用于乳杆菌计数，当乳酸菌生长代谢产乳酸后，会使 pH 下降而使颜色由绿变为黄绿，由于 pH 降低及厌氧培养，所以一般的微生物不容易在 MRS 琼脂培养基上生长。莫匹罗星锂盐和半胱氨酸盐酸盐改良 MRS 琼脂培养基主要用于双歧杆菌计数。莫匹罗星锂盐是一种抗生素，主要用于杀灭革兰氏阳性球菌及一些革兰氏阴性细菌，因此可以抑制乳杆菌和嗜热链球菌等非目标菌的生长。半胱氨酸是目前已知的唯一具有还原性巯基（–SH）基团的氨基酸，可以使培养基维持较低的氧化还原电位，促进厌氧性双歧杆菌的生长。正是基于 3 种选择性培养的特性实现了对乳杆菌属、双歧杆菌属和嗜热链球菌属的分别计数。

### 三、实验器材

（1）培养基。MRS 琼脂培养基、莫匹罗星锂盐和半胱氨酸盐酸盐改良 MRS 琼脂培养基、MC 培养基琼脂培养基（配方见附录 1）。

（2）试剂。无菌生理盐水、革兰氏染色液（配方见附录 2）等。

（3）仪器。高压蒸汽灭菌器、恒温振荡培养箱、双人垂直超净工作台、拍打式样品均质器、生化培养箱、冰箱、水浴锅、电子天平、微量移液器。

（4）其他。锥形瓶、培养皿、试管、试管架、酒精灯、精密 pH 试纸、均质袋等。

### 四、实验步骤

1. 样品制备

（1）冷冻样品。先在 2~5 ℃条件下解冻，时间不超过 18 h，也可在温度不超过 45 ℃的条件下解冻，时间不超过 15 min。

（2）固体和半固体食品。以无菌操作称取 25 g 样品，置于装有 225 mL 稀释液的无菌均质杯内，于 8000~10000 r/min 均质 1~2 min，制成 1∶10 的样品匀液；或置于 225 mL 生理盐水的无菌均质袋中，用拍击式均质器拍打 1~2 min 制成 1∶10 的样品匀液。

（3）液体样品。先将其充分摇匀后，用无菌吸管吸取样品 25 mL 放入装有 225 mL 稀释液的无菌锥形瓶（瓶内预置适当数量的无菌玻璃珠）中，充分振摇，制成 1∶10 的样品匀液。

**注意**：样品制备需在无菌条件下进行；稀释液使用前需提前在（36±1）℃条件下充分预热 15~30 min；经特殊技术（如包埋技术）处理的含乳酸菌食品样品应在相应技术/工艺要求下进行有效前处理。

2. 样品稀释

（1）用 1 mL 无菌吸管或微量移液器吸取 1∶10 的样品匀液 1 mL，沿管壁缓慢注于装有 9 mL 生理盐水的无菌试管中，振摇试管或换用 1 支无菌吸管反复吹打使其混合均匀，制成 1∶100 的样品匀液。

**注意**：注意吸管尖端不要触及稀释液。

（2）另取 1 mL 无菌吸管或微量移液器吸头，按上述操作顺序，做 10 倍递增样品匀液。

**注意**：每递增稀释一次，即换用 1 次 1 mL 灭菌吸管或吸头；经特殊技术（如包埋技术）处理的含乳酸菌食品样品应在相应技术/工艺要求下进行稀释。

3. 乳酸菌计数

（1）双歧杆菌计数。根据对待检样品中双歧杆菌含量的估计，选择 2~3 个连续的适宜稀释度，每个稀释度吸取 1 mL 样品匀液于灭菌培养皿内，每个稀释度做两个培养皿。稀释液移入培养皿后，将冷却至 48~50 ℃的莫匹罗星锂盐和半胱氨酸盐酸盐改良的 MRS 琼脂培养基倾注 15~20 mL 到培养皿中，转动培养皿使二者混合均匀。于（36±1）℃厌氧倒置培养 48 h，观察菌落生长情况；若无菌落生长或生长较小，可选择培养至 72 h，培养后计数平板上的所有菌落数。

**注意**：从样品稀释到平板倾注要求在 15 min 内完成。

（2）嗜热链球菌计数。根据对待检样品嗜热链球菌活菌数的估计，选择 2~3 个连续的适宜稀释度，吸取 1 mL 样品稀释匀液于灭菌培养皿内，每个稀释度做两个培养皿。稀释液移入培养皿后，将冷却至 48~50 ℃的 MC 培养基倾注 15~20 mL 到培养皿中，转动培养皿使二者混合均匀。于（36±1）℃厌氧倒置培养 48 h，观察菌落生长情况；若无菌落生长或生长较小，可选择培养至 72 h。嗜热链球菌在 MC 琼脂平板上的菌落特征为菌落中等偏小，边缘整齐光滑，呈红色，直径为（2±1）mm，菌落背面为粉红色。

**注意：** 从样品稀释到平板倾注要求在 15 min 内完成。

（3）乳杆菌计数。根据对待检样品活菌总数的估计，选择 2~3 个连续的适宜稀释度，每个稀释度吸取 1 mL 样品匀液于灭菌培养皿内，每个稀释度做两个培养皿。稀释液移入培养皿后，将冷却至 48~50 ℃的 MRS 琼脂培养基倾注 15~20 mL 到培养皿中，转动培养皿使二者混合均匀。于（36±1）℃厌氧倒置培养 48 h，观察菌落生长情况；若无菌落生长或生长较小可选择培养至 72 h。

**注意：** 从样品稀释到平板倾注要求在 15 min 内完成。

（4）乳酸菌总数。

①若样品中仅包含双歧杆菌，则样品中的乳酸菌总数等于双歧杆菌总数，用上述"双歧杆菌计数"方法对样品进行计数检测。

②若样品中仅包含嗜热链球菌，则样品中的乳酸菌总数等于嗜热链球菌总数，用上述"嗜热链球菌计数"方法对样品进行计数检测。

③若样品中仅包含乳杆菌，则样品中的乳酸菌总数等于乳杆菌总数，用上述"乳杆菌计数"方法对样品进行计数检测。

④若样品中同时包含双歧杆菌和嗜热链球菌，则仅需按照"双歧杆菌计数"和"嗜热链球菌计数"方法分别对样品进行计数检测，二者结果之和即为乳酸菌总数。

⑤若样品中同时包含双歧杆菌和乳杆菌，则仅需按照"乳杆菌计数"方法对样品进行计数检测，结果即为样品中的乳酸菌总数。

⑥若样品中同时包含嗜热链球菌和乳杆菌，则仅需按照"嗜热链球菌计数"和"乳杆菌计数"方法分别对样品进行计数检测，二者结果之和即为乳酸菌总数。

⑦若样品中同时包含双歧杆菌、嗜热链球菌和乳杆菌，则仅需按照"嗜热链球菌计数"和"乳杆菌计数"方法分别对样品进行计数检测，二者结果之和即为乳酸菌总数。

4. 菌落计数

可先用肉眼观察，必要时用放大镜或菌落计数器，记录稀释倍数和相应的菌落数量。菌落计数以菌落形成单位（CFU）表示。

（1）选取菌落数在 30~300 CFU、无蔓延菌落生长的平板计数菌落总数。低于 30 CFU 的平板记录具体菌落数，大于 300 CFU 的可记录为多不可计。每个稀释度的菌落数应采用两个平板的平均数。

（2）若平板有较大片状菌落生长时，则不宜采用，而应以无片状菌落生长的平板作为该稀释度的菌落数计数平板；若片状菌落不到平板的一半，而另一半平板中菌落分布又很均匀，即可计算半个平板后乘以 2，代表一个平板菌落数。

（3）当平板上出现菌落间无明显界线的链状生长时，则将每条单链作为一个菌落计数。

5. 结果计算

（1）若只有一个稀释度平板上的菌落数在适宜计数范围内，计算两个平板菌落数的平均值，再将平均值乘以相应稀释倍数，作为每克或每毫升样品中菌落总数的结果。

（2）若有两个连续稀释度的平板菌落数在适宜计数范围内时，按如下公式计算：

$$N = \frac{\sum c}{(n_1 + 0.1n_2)d}$$

式中：$N$——样品中的菌落数；

$\sum c$——平板（含适宜范围菌落数的平板）菌落数之和；

$n_1$——第一稀释度（低稀释倍数）平板个数；

$n_2$——第二稀释度（高稀释倍数）平板个数；

$d$——稀释因子（第一稀释度）。

（3）若所有稀释度的平板上菌落数均大于 300 CFU，则对稀释度最高的平板进行计数，其他平板可记录为多不可计，结果按平均菌落数乘以最高稀释倍数计算。

（4）若所有稀释度的平板上菌落数均小于 30 CFU，则应按稀释度最低的平均菌落数乘以稀释倍数计算。

（5）若所有稀释度（包括液体样品原液）的平板上均无菌落生长，则以小于 1 乘以最低稀释倍数计算。

（6）若所有稀释度的平板的菌落数均不在 30~300 CFU，其中一部分小于 30 CFU 或大于 300 CFU 时，则以最接近 30 CFU 或 300 CFU 的平均菌落数乘以稀释倍数计算。

6. 菌落数的报告

（1）菌落数小于 100 CFU 时，按"四舍五入"原则修约，以整数报告。

（2）菌落数大于或等于 100 CFU 时，第 3 位数字采用"四舍五入"原则修约后，取前 2 位数字，后面用 0 代替位数；也可用 10 的指数形式来表示，按"四舍五入"原则修约后，采用两位有效数字。

（3）称重取样以 CFU/g 为单位，体积取样以 CFU/mL 为单位。

7. 结果与报告

根据菌落计数结果填写报告，报告中的单位以 CFU/g（mL）表示。

## 五、实验数据处理与分析

记录实验结果，完成计算并填写下列乳酸菌检验原始记录单（表 2-7-1）。

表 2-7-1  乳酸菌检验原始记录单

| 样品名称/编号 | | | 检测依据 | |
|---|---|---|---|---|
| 检测地点 | | | 检测日期 | |
| 检测仪器<br>（名称、型号） | | | | |
| 检测环境 | 温度（℃）：<br>湿度（%）： | | | |
| 检测项目 | 稀释度/菌落个数 [CFU/g（mL）] | | | 结果报告<br>[CFU/g（mL）] |
| | | | | |
| 双歧杆菌 | | | | |
| 嗜热链球菌 | | | | |

续表

| 检测项目 | 稀释度/菌落个数 [CFU/g (mL)] | | | 结果报告<br>[CFU/g (mL)] |
|---|---|---|---|---|
| 乳杆菌 | | | | |
| 乳酸菌总数 | | | | |
| 培养温度、时间 | 改良 MRS 琼脂平板：<br>MC 琼脂平板：<br>MRS 琼脂平板： | | | |
| 备注 | | | | |

检测人：　　　　　　　　　校核人：　　　　　　　　　审查人：

## 六、思考题

（1）请分析并阐述为什么样品中同时包含双歧杆菌和乳杆菌时，仅需检测乳杆菌数即得到样品中的乳酸菌总数？

（2）已知某发酵乳由双歧杆菌和嗜热链球菌发酵而成，请设计实验方案检测该发酵乳中的乳酸菌总数。

## 七、知识应用与拓展

因为乳酸菌的种类众多，有时还需在计数的基础上进行进一步的菌种鉴定，以确定具体种属。生化试验是常规的鉴定方法，但是生化反应鉴定需要进行一系列的生化反应试验，试验操作相对烦琐，每个试验都需要一定的培养周期，因此需要较长鉴定时间。此外，生化鉴定由于结果判读存在的误差，可能导致结果的不准确性。因此，在最新版本乳酸菌检验标准（GB 4789.35—2023）中引入了实时荧光 PCR 法，该方法可以在 2~3 h 内完成干酪乳杆菌（*Lactobacillus casei*）、德氏乳杆菌保加利亚亚种（*Lactobacillus delbrueckii* subsp. *bulgaricus*）、嗜酸乳杆菌（*Lactobacillus acidophilus*）、罗伊氏乳杆菌（*Lactobacillus reuteri*）、鼠李糖乳杆菌（*Lactobacillus rhamnosus*）、植物乳杆菌（*Lactobacillus plantarum*）、嗜热链球菌（*Streptococcus thermophilus*）等常见乳酸菌的鉴定，并且由于核酸序列的专一性，大大提高了鉴定的准确度。

# 实验项目 2-8　食品中沙门氏菌的检验

## 一、实验目的

（1）掌握食品中沙门氏菌检验的操作方法和技术，并能执行检验。

（2）掌握沙门氏菌检验的生化和血清学试验方法，并能够独立进行结果分析判断。

（3）培养学生的生物安全意识和规范操作意识。

## 二、实验原理

沙门氏菌属是一类寄生于人类和动物肠道中，生化反应和抗原构造相似的革兰氏阴性杆菌。菌体大小为（0.7~1.5）$\mu m \times$（2.0~5.0）$\mu m$，无芽孢、荚膜，大多周生鞭毛，兼性厌氧。部分种类对人致病，主要引起伤寒、副伤寒、食物中毒或败血症。在世界各地的食物中毒事件中，沙门氏菌引起的食物中毒事件数量常占首位或第二位。

在食品加工过程中，沙门氏菌常常受到损伤而处于濒死状态。因此，经过加工的食品在进行沙门氏菌检验时应先进行预增菌，即用不加任何抑菌剂的缓冲蛋白胨水培养基进行培养，使濒死状态的沙门氏菌恢复活力。沙门氏菌在多种选择性培养基上可产生特征性菌落。如沙门氏菌能将亚硫酸铋（BS）琼脂中的亚硫酸盐还原成硫化物并与硫酸亚铁反应使菌落呈黑色，此外还可以把铋离子还原成金属铋，使菌落呈现金属光泽。木糖赖氨酸脱氧胆盐（XLD）琼脂以木糖、乳糖和蔗糖为碳源，沙门氏菌发酵木糖产酸，形成的酸性环境有利于该菌产生脱羧酶，使赖氨酸脱羧，从而使培养基的 pH 升高。在碱性条件下，硫代硫酸钠、柠檬酸铁铵与沙门氏菌产生的硫化氢反应，使菌落呈黑色。HE 琼脂中的溴麝香草酚兰和酸性品红为酸碱指示剂，能把发酵糖类和不发酵糖类的细菌区别开，前者为橘黄色菌落，后者为淡蓝绿色菌落；柠檬酸铁铵及硫代硫酸钠分别作为产硫化氢的指示剂和底物，能产硫化氢但不发酵糖类的沙门氏菌的菌落边缘呈无色半透明，中心呈黑色。

沙门氏菌的鉴定主要基于生化实验结果，沙门氏菌的生化反应较为复杂，首先通过三糖铁实验和赖氨酸脱羧酶实验进行初步筛选，区分可疑沙门氏菌属和非沙门氏菌；再结合靛基质实验、尿素酶实验、氰化钾实验及补充生化实验鉴别甲型副伤寒沙门氏菌、沙门氏菌Ⅳ或Ⅴ、沙门氏菌个别变体。最终结果还需经过血清学实验进一步验证。

## 三、实验器材

（1）培养基。缓冲蛋白胨水（BPW）培养基、四硫磺酸钠煌绿（TTB）增菌液、亚硒酸盐胱氨酸（SC）增菌液、亚硫酸铋（BS）琼脂培养基、HE 琼脂培养基、木糖赖氨酸脱氧胆盐（XLD）琼脂培养基、沙门氏菌属显色培养基、三糖铁（TSI）琼脂培养基、蛋白胨水、尿素琼脂（pH 7.2）培养基、氰化钾（KCN）培养基、赖氨酸脱羧酶试验培养基、糖发酵管、邻硝基酚 $\beta$-D 半乳糖苷（ONPG）培养基、半固体琼脂培养基、丙二酸钠培养基（配方见附录1）。

（2）试剂。生化鉴定试剂（配方见附录2）或生化鉴定试剂盒，沙门氏菌 O、H 和 Vi 诊断血清。

（3）仪器。高压蒸汽灭菌器、恒温振荡培养箱、双人垂直超净工作台、拍打式样品均质器、生化培养箱、冰箱、水浴锅、电子天平、微量移液器。

（4）其他。锥形瓶、培养皿、试管、试管架、酒精、精密 pH 试纸、均质袋等。

## 四、实验步骤

### 1. 预增菌

无菌操作称取 25 g（mL）样品，置于盛有 225 mL BPW 的无菌均质杯或合适容器内，以 8000~10000 r/min 均质 1~2 min，或置于盛有 225 mL BPW 的无菌均质袋中，用拍击式均质器拍打 1~2 min。若样品为液态，则不需要均质，振荡混匀即可。如需调整 pH，用 1 mol/mL 的无菌 NaOH 或 HCl 调 pH 至（6.8±0.2）。无菌操作条件下将样品转至 500 mL 锥形瓶或其他合适容器内（如均质杯本身具有无孔盖，可不转移样品），如使用均质袋，可直接进行培养，于（36±1）℃培养 8~18 h。如为冷冻产品，应在 45 ℃以下解冻不超过 15 min 或 2~5 ℃下解冻不超过 18 h。

### 2. 增菌

轻轻摇动培养过的样品混合物，移取 1 mL，转种于 10 mL TTB 内，于（42±1）℃培养 18~24 h。同时，另取 1 mL 转种于 10 mL SC 内，于（36±1）℃培养 18~24 h。

### 3. 分离

分别用接种环取增菌液 1 环，划线接种于一个 BS 琼脂平板和一个 XLD 琼脂平板（或 HE 琼脂平板或沙门氏菌属显色培养基平板）上，于（36±1）℃分别培养 40~48 h（BS 琼脂平板）或 18~24 h（XLD 琼脂平板、HE 琼脂平板、沙门氏菌属显色培养基平板），观察各个平板上生长的菌落，各个平板上的菌落特征见表 2-8-1。

表 2-8-1　沙门氏菌属在不同选择性琼脂平板上的菌落特征

| 选择性琼脂平板 | 沙门氏菌 |
| --- | --- |
| BS 琼脂 | 菌落为黑色、棕褐色或灰色，有金属光泽，菌落周围培养基呈黑色或棕色；有些菌株形成灰绿色的菌落，周围培养基不变 |
| HE 琼脂 | 菌落呈蓝绿色或蓝色，多数菌落中心为黑色或几乎全黑色；有些菌株为黄色，中心为黑色或几乎全黑色 |
| XLD 琼脂 | 菌落呈粉红色，带或不带黑色中心，有些菌株有大的、带光泽的黑色中心，或呈现全部黑色的菌落；有些菌株为黄色菌落，带或不带黑色中心 |
| 沙门氏菌属显色培 | 按照显色培养基的说明进行判定 |

### 4. 初步生化试验

自选择性琼脂平板上分别挑取 2 个以上典型或可疑菌落，接种到三糖铁琼脂培养基上，先在斜面划线，再于底层穿刺；接种针不要灭菌，直接接种到赖氨酸脱羧酶试验培养基和营养琼脂平板，于（36±1）℃培养 18~24 h，必要时可延长至 48 h。在三糖铁琼脂和赖氨酸脱羧酶试验培养基内，沙门氏菌属的反应结果见表 2-8-2。

表 2-8-2　沙门氏菌属在三糖铁琼脂和赖氨酸脱羧酶试验培养基内的反应结果

| 三糖铁琼脂 | | | | 赖氨酸脱羧酶试验培养基 | 初步判断 |
|---|---|---|---|---|---|
| 斜面 | 底层 | 产气 | 硫化氢 | | |
| K | A | +（-） | +（-） | + | 可疑沙门氏菌属 |
| K | A | +（-） | +（-） | - | 可疑沙门氏菌属 |
| A | A | +（-） | +（-） | + | 可疑沙门氏菌属 |
| A | A | +/- | +/- | - | 非沙门氏菌属 |
| K | K | +/- | +/- | +/- | 非沙门氏菌属 |

注　K：产碱，A：产酸；+：阳性，-：阴性；+（-）：多数阳性，少数阴性；+/-：阳性或阴性。

接种三糖铁琼脂和赖氨酸脱羧酶试验培养基的同时，可直接接种蛋白胨水（供做靛基质试验）、尿素琼脂（pH 7.2）、氰化钾（KCN）培养基，也可在初步判断结果后从营养琼脂平板上挑取可疑菌落接种。于（36±1）℃培养 18~24 h，必要时可延长至 48 h，按表 2-8-3 判定结果。将已挑菌落的平板储存于 2~5 ℃或室温下保留至少 24 h，以备必要时复查。

表 2-8-3　沙门氏菌属生化反应初步鉴别表

| 反应序号 | 硫化氢 | 靛基质 | 尿素 pH 7.2 | 氰化钾 | 赖氨酸脱羧酶 |
|---|---|---|---|---|---|
| A1 | + | - | - | - | + |
| A2 | + | + | - | - | + |
| A3 | - | - | - | - | +/- |

注　+为阳性；-为阴性；+/-为阳性或阴性。

（1）反应序号 A1。典型反应判定为沙门氏菌属。如尿素、KCN 和赖氨酸脱羧酶 3 项中有 1 项异常，按表 2-8-4 可判定为沙门氏菌。如有 2 项异常为非沙门氏菌。

表 2-8-4　沙门氏菌属生化反应初步鉴别表

| 尿素 pH7.2 | 氰化钾 | 赖氨酸脱羧酶 | 判断结果 |
|---|---|---|---|
| - | - | - | 甲型副伤寒沙门氏菌（要求血清学鉴定结果） |
| - | + | + | 沙门氏菌Ⅳ或Ⅴ（要求符合本群生化特性） |
| + | - | + | 沙门氏菌个别变体（要求血清学鉴定结果） |

注　+为阳性；-为阴性。

（2）反应序号 A2。补做甘露醇和山梨醇试验，沙门氏菌靛基质阳性变体两项试验结果均为阳性，但需要结合血清学鉴定结果进行判定。

（3）反应序号 A3。补做 ONPG。ONPG 阴性为沙门氏菌，同时赖氨酸脱羧酶阳性，甲型副伤寒沙门氏菌为赖氨酸脱羧酶阴性。

（4）必要时按表 2-8-5 进行沙门氏菌生化群的鉴别。

表 2-8-5　沙门氏菌属各生化群的鉴别

| 项目 | I | II | III | IV | V | VI |
|------|---|----|----|----|----|----|
| 卫矛醇 | + | + | − | − | + | − |
| 山梨醇 | + | + | + | + | + | + |
| 水杨苷 | − | − | − | + | − | − |
| ONPG | − | − | + | − | + | − |
| 丙二酸盐 | − | + | + | − | − | − |
| KCN | − | − | − | + | + | − |

注　+表示阳性；−表示阴性。

（5）如选择生化鉴定试剂盒或全自动微生物生化鉴定系统，可根据初步生化试验结果，从营养琼脂平板上挑取可疑菌落，与生理盐水混合制备成浊度适当的菌悬液，使用生化鉴定试剂盒或全自动微生物生化鉴定系统进行鉴定。

5. 血清学鉴定

（1）检查培养物有无自凝性。一般采用 1.2%~1.5% 琼脂培养物作为玻片凝集试验用的抗原。首先排除自凝集反应，在洁净的玻片上滴加一滴生理盐水，将待试培养物混合于生理盐水滴内，使成为均一性的浑浊悬液，将玻片轻轻摇动 30~60 s，在黑色背景下观察反应（必要时用放大镜观察），若出现可见的菌体凝集，即认为有自凝性，反之无自凝性。对无自凝的培养物参照下面方法进行血清学鉴定。

（2）多价菌体抗原（O）的鉴定。在玻片上划出 2 个约 1 cm×2 cm 的区域，挑取 1 环待测菌，各放 1/2 环于玻片上的每一区域上部，在其中一个区域下部加 1 滴多价菌体（O）抗血清，在另一区域下部加入 1 滴生理盐水，作为对照。再用无菌的接种环或针分别将两个区域内的菌苔研成乳状液。将玻片倾斜摇动混合 1 min，并对着黑暗背景进行观察，任何程度的凝集现象皆为阳性反应。O 血清不凝集时，将菌株接种在琼脂量较高的（如 2%~3%）培养基上再检查；如果是由于 Vi 抗原的存在而阻止了 O 凝集反应时，可挑取菌苔到 1 mL 生理盐水中制成浓菌液，于酒精灯火焰上煮沸后再检查。

（3）多价鞭毛抗原（H）的鉴定。操作方法同多价菌体抗原（O）的鉴定。H 抗原发育不良时，将菌株接种在 0.55%~0.65% 半固体琼脂平板的中央，待菌落蔓延生长时，在其边缘部分取菌检查；或将菌株接种到装有 0.3%~0.4% 半固体琼脂的小玻管内（1~2 次），自远端取菌培养后再检查。

## 五、实验数据处理与分析

综合以上生化试验和血清学分型鉴定的结果判定菌型，并报告结果。

## 六、思考题

（1）如何提高沙门氏菌的检出率？

（2）沙门氏菌在三糖铁培养基上的反应结果如何？为什么？

（3）食品中能否允许有个别沙门氏菌存在？为什么？

## 七、知识应用与拓展（思政案例）

2022年3月27日，英国向世界卫生组织（WHO）通报了单相鼠伤寒沙门氏菌序列34型感染的聚集性病例。调查显示，此次疫情源头产品被确定为2021年12月和2022年1月在比利时费列罗公司（Ferrero Corporate）工厂生产的健达牌（Kinder）巧克力系列产品。这些巧克力已经销往至少113个国家和地区，其中包括中国。截至4月25日，已有比利时、法国、德国、爱尔兰、卢森堡、荷兰、挪威、西班牙、瑞典、英国和美国共11个国家报告了151例疑似与食用受污染巧克力产品有关的沙门氏菌感染病例。感染者中89%为10岁以下儿童，至少9名感染者住院，许多病例出现血性腹泻症状。

此次事故原因是比利时费列罗工厂的乳制品黄油罐中的过滤器有病菌，从而导致整个工厂产品的污染。受此影响工厂全面停产2周，把整个工厂涉及的1万个机器零部件，全部拆解进行清洗消毒。同时公司宣布会聘请外部独立实验室对产品进行检查，确保产品质量不能单纯依赖工厂内部的检测。

由此可见，食品加工过程中一个微小的疏忽也可以带来严重的食品安全事故。而且，食品安全问题不仅发生在一些小型食品企业，也发生在一些历史悠久的知名企业。因此，作为一名食品从业人员，应该警钟长鸣，时刻保持安全意识；作为食品企业，应该严格把控安全生产，不松懈。

# 实验项目 2-9　食品中志贺氏菌的检验

## 一、实验目的

(1) 掌握食品中志贺氏菌检验的操作方法和技术，并能执行检验。

(2) 掌握志贺氏菌检验的血清学试验方法，并能够独立进行结果分析判断。

(3) 帮助学生树立生物安全意识，培养严密的逻辑思维。

## 二、实验原理

志贺氏菌属细菌，又称痢疾杆菌，为革兰氏阴性短杆菌，大小为（0.5~0.7）μm×（2~3）μm，无芽孢、荚膜，无鞭毛、有菌毛、不运动；需氧或兼性厌氧，对营养要求不高，在普通培养基上也能生长；最适生长温度为35~37 ℃，适宜pH为6.4~7.8。志贺氏菌属分为4个群：A群（痢疾志贺氏菌）、B群（福氏志贺氏菌）、C群（鲍氏志贺氏菌）、D群（宋内氏志贺氏菌）。

与肠杆菌科各属细菌相比较，志贺氏菌的主要鉴别特征为不运动，对各种糖的利用能力较差，并且在含糖的培养基内一般不形成可见气体。志贺氏菌无法利用麦康凯琼脂培养基（MAC）中的乳糖，因此在该平板上其菌落呈无色。此外，多数志贺氏菌不能发酵木糖，因此菌落在木糖赖氨酸去氧胆酸盐（XLD）琼脂平板上呈无色，这可将志贺氏菌与其他菌株区别开来。志贺氏菌的进一步鉴定和分群、分型依赖于生化试验和血清学试验。

## 三、实验器材

(1) 培养基。志贺氏菌增菌肉汤（含新生霉素）、麦康凯（MAC）琼脂、木糖赖氨酸脱氧胆酸盐（XLD）琼脂、志贺氏菌显色培养基、蛋白胨水、三糖铁（TSI）琼脂、营养琼脂、半固体琼脂、葡萄糖胺培养基、尿素琼脂、氨基酸脱羧酶试验培养基、糖发酵管、西蒙氏柠檬酸盐培养基、粘液酸盐培养基（配方见附录1）。

(2) 试剂。生化鉴定试剂（配方见附录2）或生化鉴定试剂盒、志贺氏菌属诊断血清。

(3) 仪器。高压蒸汽灭菌器、恒温振荡培养箱、双人垂直超净工作台、拍打式样品均质器、生化培养箱、冰箱、水浴锅、显微镜、膜过滤系统、厌氧培养装、电子天平、微量移液器。

(4) 其他。锥形瓶、培养皿、试管、发酵管、试管架、酒精灯、精密pH试纸、均质袋等。

## 四、实验步骤

1. 增菌

以无菌操作取检样25 g（mL），加到装有已灭菌的225 mL志贺氏菌增菌肉汤的均质杯中，用旋转刀片式均质器均质（8000~10000 r/min）；或加到装有225 mL志贺氏菌增菌肉汤的均质袋中，用拍击式均质器连续均质1~2 min，液体样品振荡混匀即可。于（41.5±1）℃厌氧培养16~20 h。

2. 分离

将增菌后的志贺氏增菌液分别划线接种于 XLD 琼脂平板和 MAC 琼脂平板或志贺氏菌显色培养基平板上，于（36±1）℃培养 20~24 h，观察各个平板上生长的菌落形态。宋内氏志贺氏菌的单个菌落直径大于其他志贺氏菌。若出现的菌落不典型或菌落较小不易观察，则继续培养至 48 h 再进行观察。志贺氏菌在不同选择性琼脂平板上的菌落特征见表 2-9-1。

表 2-9-1 志贺氏菌在不同选择性琼脂平板上的菌落特征

| 选择性琼脂平板 | 志贺氏菌的菌落特征 |
| --- | --- |
| MAC 琼脂 | 无色至浅粉红色，半透明、光滑、湿润、圆形、边缘整齐或不齐 |
| XLD 琼脂 | 粉红色至无色，半透明、光滑、湿润、圆形、边缘整齐或不齐 |
| 志贺氏菌显色培养基 | 按照显色培养基的说明进行判定 |

3. 初步生化试验

（1）自选择性琼脂平板上分别挑取 2 个以上典型或可疑菌落，分别接种 TSI、半固体和营养琼脂斜面各一管，于（36±1）℃培养 20~24 h，分别观察结果。

（2）凡是三糖铁琼脂中斜面产碱、底层产酸（发酵葡萄糖，不发酵乳糖，蔗糖）、不产气（福氏志贺氏菌 6 型可产生少量气体）、不产硫化氢、半固体管中无动力的菌株，挑取其在（1）中已培养的营养琼脂斜面上生长的菌苔，进行生化试验和血清学分型。

4. 生化试验及附加生化试验

（1）生化试验。用 3.（1）中已培养的营养琼脂斜面上生长的菌苔进行生化试验，即 $\beta$-半乳糖苷酶、尿素、赖氨酸脱羧酶、鸟氨酸脱羧酶以及水杨苷和七叶苷的分解试验。除宋内氏志贺氏菌和鲍氏志贺氏菌 13 型的鸟氨酸为阳性、宋内氏、痢疾志贺氏菌 1 型和鲍氏志贺氏菌 13 型的 $\beta$-半乳糖苷酶为阳性以外，其余生化试验中志贺氏菌属的培养物均为阴性结果。另外，由于福氏志贺氏菌 6 型的生化特性和痢疾志贺氏菌或鲍氏志贺氏菌相似，必要时还需加做靛基质、甘露醇、棉子糖、甘油试验，也可做革兰氏染色检查和氧化酶试验，应为氧化酶阴性的革兰氏阴性杆菌。生化反应不符合的菌株，即使能与某种志贺氏菌分型血清发生凝集，仍不得判定为志贺氏菌属。志贺氏菌属的生化特性见表 2-9-2。

表 2-9-2 志贺氏菌属四个群的生化特征

| 生化反应 | A 群：痢疾志贺氏菌 | B 群：福氏志贺氏菌 | C 群：鲍氏志贺氏菌 | D 群：宋内氏志贺氏菌 |
| --- | --- | --- | --- | --- |
| $\beta$-半乳糖苷酶 | -[a] | - | -[a] | + |
| 尿素 | - | - | - | - |
| 赖氨酸脱羧酶 | - | - | - | - |
| 鸟氨酸脱羧酶 | - | - | -[b] | + |
| 水杨苷 | - | - | - | - |
| 七叶苷 | - | - | - | - |
| 靛基质 | -/+ | (+) | -/+ | - |
| 甘露醇 | - | +[c] | + | + |

续表

| 生化反应 | A 群：痢疾<br>志贺氏菌 | B 群：福氏<br>志贺氏菌 | C 群：鲍氏<br>志贺氏菌 | D 群：宋内氏<br>志贺氏菌 |
|---|---|---|---|---|
| 棉子糖 | − | + | − | + |
| 甘油 | (+) | − | (+) | d |

注　+表示阳性；−表示阴性；−/+表示多数阴性；+/−表示多数阳性；（+）表示迟缓阳性；d 表示有不同生化型。a 表示痢疾志贺 1 型和鲍氏 13 型为阳性；b 表示鲍氏 13 型为鸟氨酸阳性；c 表示福氏 4 型和 6 型常见甘露醇阴性变种。

（2）附加生化试验。由于某些不活泼的大肠埃希氏菌（anaerogenic *E. coli*）、A-D（Alka-lescens-D isparbiotypes 碱性-异型）菌的部分生化特征与志贺氏菌相似，并能与某种志贺氏菌分型血清发生凝集；因此，在前面的生化试验中，符合志贺氏菌属生化特性的培养物还需加做葡萄糖胺、西蒙氏柠檬酸盐、粘液酸盐试验（36 ℃培养 24~48 h）。志贺氏菌属和不活泼大肠埃希氏菌、A-D 菌的生化特性区别见表 2-9-3。

（3）如选择生化鉴定试剂盒或全自动微生物生化鉴定系统，可根据生化试验的初步判断结果，用初步生化试验中已培养的营养琼脂斜面上生长的菌苔，使用生化鉴定试剂盒或全自动微生物生化鉴定系统进行鉴定。

表 2-9-3　志贺氏菌属和不活泼大肠埃希氏菌、A-D 菌的生化特性区别

| 生化反应 | A 群：痢疾<br>志贺氏菌 | B 群：福氏<br>志贺氏菌 | C 群：鲍<br>氏志贺氏菌 | D 群：宋内<br>氏志贺氏菌 | 大肠埃希<br>氏菌 | A-D 菌 |
|---|---|---|---|---|---|---|
| 葡萄糖胺 | − | − | − | − | + | + |
| 西蒙氏柠檬酸盐 | − | − | − | − | d | d |
| 粘液酸盐 | − | − | − | d | + | d |

注　+表示阳性；−表示阴性；d 表示有不同生化型。

5. 血清学鉴定

（1）抗原的准备。志贺氏菌属没有动力，所以没有鞭毛抗原。志贺氏菌属主要有菌体（O）抗原。菌体 O 抗原又可分为型和群的特异性抗原。

一般采用 1.2%~1.5%琼脂培养物作为玻片凝集试验用的抗原。

**注意 1**：当一些志贺氏菌因为 K 抗原的存在而不出现凝集反应时，可挑取菌苔到 1 mL 生理盐水制成浓菌液，100 ℃煮沸 15~60 min 去除 K 抗原后再检查。

**注意 2**：D 群宋内志贺氏菌既有光滑型菌株也有粗糙型菌株，与其他志贺氏菌群抗原不存在交叉反应。与肠杆菌科不同，宋内氏志贺氏菌的粗糙型菌株不一定会自凝。宋内氏志贺氏菌没有 K 抗原。

（2）凝集反应。在玻片上划出 2 个约 1 cm×2 cm 的区域，挑取一环待测菌，各放 1/2 环于玻片上的每一区域上部，在其中一个区域下部加 1 滴抗血清，在另一区域下部加入 1 滴生理盐水，作为对照。再用无菌的接种环或针分别将两个区域内的菌落研成乳状液。将玻片倾斜摇动混合 1 min，并对着黑色背景进行观察，如果抗血清中出现凝结成块的颗粒，而且生理盐水中没有发生自凝现象，那么凝集反应为阳性。如果生理盐水中出现凝集，视作为自凝。

这时，应挑取同一培养基上的其他菌落继续进行试验。如果待测菌的生化特征符合志贺氏菌属的生化特征，而其血清学试验为阴性的话，则按"抗原的准备"中的注意1进行试验。

（3）血清学分型（选做项目）。先用4种志贺氏菌多价血清检查，如果呈现凝集，则再用相应各群多价血清分别试验。先用B群福氏志贺氏菌多价血清进行实验，如呈现凝集，再用其群和型因子血清分别检查。如果B群多价血清不凝集，则用D群宋内氏志贺氏菌血清进行实验，如呈现凝集，则用其Ⅰ相和Ⅱ相血清检查；如果B、D群多价血清都不凝集，则用A群痢疾志贺氏菌多价血清及1~12各型因子血清检查，如果上述3种多价血清都不凝集，可用C群鲍氏志贺氏菌多价检查，并进一步用1~18各型因子血清检查。福氏志贺氏菌各型和亚型的型抗原和群抗原鉴别见表2-9-4。

表2-9-4　福氏志贺氏菌各型和亚型的型抗原和群抗原的鉴别表

| 型和亚型 | 型抗原 | 群抗原 | 在群因子血清中的凝集 | | |
|---|---|---|---|---|---|
| | | | 3，4 | 6 | 7，8 |
| 1a | Ⅰ | 4 | + | − | − |
| 1b | Ⅰ | （4），6 | （+） | + | − |
| 2a | Ⅱ | 3，4 | + | − | − |
| 2b | Ⅱ | 7，8 | − | − | + |
| 3a | Ⅲ | （3，4），6，7，8 | （+） | + | + |
| 3b | Ⅲ | （3，4），6 | （+） | + | − |
| 4a | Ⅳ | 3，4 | + | − | − |
| 4b | Ⅳ | 6 | − | + | − |
| 4c | Ⅳ | 7，8 | − | − | + |
| 5a | Ⅴ | （3，4） | （+） | − | − |
| 5b | Ⅴ | 7，8 | − | − | + |
| 6 | Ⅵ | 4 | + | − | − |
| X | − | 7，8 | − | − | + |
| Y | − | 3，4 | + | − | − |

注　+表示凝集；−表示不凝集；（）表示有或无。

6. 结果报告

综合以上生化试验和血清学鉴定的结果，报告25 g（mL）样品中检出或未检出志贺氏菌。

## 五、实验数据处理与分析

根据实验过程详细记录样品和对照菌种的各项结果，并作出结论报告。

## 六、思考题

（1）如何检测肉制品中的志贺氏菌？

（2）根据分离培养和生化试验结果，能否判断检出志贺氏菌？

（3）志贺氏菌检验有哪些基本步骤？每步操作的目的是什么？

## 七、知识应用与拓展

志贺氏菌主要感染途径是粪—口污染，通常情况下，人们只需摄入 100 个左右的病原菌即可感染发病。志贺氏菌导致的痢疾主要是由于肠道上皮黏膜被破坏（特别是盲肠和直肠）。一些志贺氏杆菌可以产生肠毒素和志贺氏毒素，与大肠杆菌的细菌外毒素类似。志贺氏毒素和细菌外毒素均可导致溶血尿毒综合征。感染志贺氏菌最常见的症状是腹泻（水腹泻）、发烧、恶心、呕吐、胃抽筋、肠胃气胀和便秘。大便可能包含血液、黏液或脓。在极少数情况下年幼的儿童感染此菌后可能会发生癫痫。

# 实验项目 2-10　食品中金黄色葡萄球菌的检验

## 一、实验目的

（1）掌握金黄色葡萄球菌检验的定性法、平板计数法和 MPN 法。

（2）具备金黄色葡萄球菌检验方案的设计及执行能力，能够正确处理检验数据并进行结果报告。

（3）培养学生独立分析问题、解决问题的能力。

## 二、实验原理

金黄色葡萄球菌可产生多种毒素和酶。在血平板上生长时，可产生金黄色色素使菌落呈金黄色；还可产生溶血素使菌落周围形成大而透明的溶血圈。金黄色葡萄球菌在 Baird-Parker 琼脂平板上生长时，可将亚碲酸钾还原成碲酸钾使菌落呈灰黑色，可产生脂酶使菌落周围有一浑浊带，可产生蛋白水解酶使其菌落外层有一透明带。在肉汤中生长时，菌体可生成血浆凝固酶并释放到培养基中（叫作游离凝固酶）。此酶类似凝血酶原物质，不直接作用到血浆纤维蛋白原上，而是被血浆中的致活剂（即凝固酶致活因子）激活后，变成耐热的凝血酶样物质，此物质可使血浆中的液态纤维蛋白原变成固态纤维蛋白，血浆因而成凝固状态。

## 三、实验器材

（1）培养基。7.5%氯化钠肉汤培养基、血琼脂培养基、Baird-Parker 琼脂培养基、脑心浸出液肉汤（brian heart infusion，BHI）培养基、营养琼脂培养基（配方见附录1）。

（2）试剂。兔血浆、磷酸盐缓冲液、革兰氏染色液、无菌生理盐水（配方见附录2）。

（3）仪器。高压蒸汽灭菌器、恒温振荡培养箱、双人垂直超净工作台、拍打式样品均质器、生化培养箱、冰箱、显微镜、电子天平、微量移液器。

（4）其他。载玻片、盖玻片、锥形瓶、培养皿、试管、试管架、酒精灯、精密 pH 试纸、均质袋等。

## 四、实验步骤

1. 定性检验方法

（1）样品处理。称取 25 g 样品至盛有 225 mL 7.5%氯化钠肉汤的无菌均质袋中，用拍击式均质器拍打 1~2 min。若样品为液态，吸取 25 mL 样品至盛有 225 mL 7.5%氯化钠肉汤的无菌锥形瓶（瓶内预置适当数量的无菌玻璃珠）中，振荡混匀。

（2）增菌。将上述样品匀液于（36±1）℃培养 18~24 h。金黄色葡萄球菌在 7.5%氯化钠肉汤中呈浑浊生长。

（3）分离。将增菌后的培养物，分别划线接种到 Baird-Parker 平板和血平板上。血平板于（36±1）℃培养 18~24 h，Baird-Parker 平板于（36±1）℃培养 24~48 h。

（4）初步鉴定。金黄色葡萄球菌在 Baird-Parker 平板上呈圆形，表面光滑、凸起、湿润、菌落直径为 2~3 mm，颜色呈灰黑色至黑色，有光泽，常有浅色（非白色）的边缘，周围绕有不透明圈（沉淀），其外常有一清晰带，当用接种针触及菌落时具有黄油样黏稠感。有时可见到不分解脂肪的金黄色葡萄球菌菌株，除没有不透明圈和清晰带外，其他外观基本相同。从长期贮存的冷冻或脱水食品中分离的金黄色葡萄球菌，其菌落呈黑色且常较典型菌落浅些，外观可能较粗糙，质地较干燥。金黄色葡萄球菌在血平板上形成的菌落较大，圆形、光滑凸起、湿润、金黄色（有时为白色），菌落周围可见完全透明溶血圈。挑取上述可疑菌落进行革兰氏染色镜检及血浆凝固酶试验。

（5）确证鉴定。

①染色镜检。金黄色葡萄球菌为革兰氏阳性球菌，排列呈葡萄球状，无芽孢，无荚膜，直径为 0.5~1 μm。

②血浆凝固酶试验。挑取 Baird-Parker 平板或血平板上至少 5 个可疑菌落（小于 5 个全选），分别接种到 5 mL BHI 和营养琼脂小斜面上，于（36±1）℃培养 18~24 h。

取新鲜配制的兔血浆 0.5 mL，放入小试管中，再加入 BHI 培养物 0.2~0.3 mL，振荡摇匀，置于（36±1）℃温箱或水浴箱内，每 30 min 观察一次，观察 6 h，如呈现凝固（即将试管倾斜或倒置时，呈现凝块）或凝固体积大于原体积的一半，可判定为阳性结果。同时以血浆凝固酶试验阳性和阴性葡萄球菌菌株的肉汤培养物作为对照。也可用商品化的试剂，按说明书操作，进行血浆凝固酶试验。

结果如可疑，挑取营养琼脂小斜面的菌落到 5 mL BHI 上，于（36±1）℃培养 18~48 h，重复试验。

**注意：** BHI 应为新鲜培养物，实验过程中应设置阳性、阴性对照，在进行结果观察时不得振荡，而是倾斜或倒置观察，如果超过 6 h 凝固，则不算作阳性结果。

（6）结果与报告。

①结果判定。符合初步验证和确证验证，可判定为金黄色葡萄球菌。

②结果报告。在 25 g（mL）样品中检出或未检出金黄色葡萄球菌。

2. 平板计数法

（1）样品的稀释。

①固体和半固体样品。称取 25 g 样品置于盛有 225 mL 磷酸盐缓冲液或生理盐水的无菌均质杯内，在 8000~10000 r/min 下均质 1~2 min，或置于盛有 225 mL 稀释液的无菌均质袋中，用拍击式均质器拍打 1~2 min，制成 1:10 的样品匀液。

②液体样品。以无菌吸管吸取 25 mL 样品置于盛有 225 mL 磷酸盐缓冲液或生理盐水的无菌锥形瓶（瓶内预置适当数量的无菌玻璃珠）中，充分混匀，制成 1:10 的样品匀液。

③用 1 mL 无菌吸管或微量移液器吸取 1:10 的样品匀液 1 mL，沿管壁缓慢注于盛有 9 mL 磷酸盐缓冲液或生理盐水的无菌试管中，振摇试管或换用 1 支 1 mL 无菌吸管反复吹打使其混合均匀，制成 1:100 的样品匀液。

**注意：** 注意吸管或吸头尖端不要触及稀释液面。

④按上述操作程序，制备 10 倍系列稀释样品匀液。每递增稀释一次，换用 1 次 1 mL 无菌吸管或吸头。

（2）样品的接种。根据对样品污染状况的估计，选择 2~3 个适宜稀释度的样品匀液（液体样品可包括原液），在进行 10 倍递增稀释的同时，每个稀释度分别吸取 1 mL 样品匀液以 0.3 mL、0.3 mL、0.4 mL 的接种量分别加到 3 块 Baird-Parker 平板上，然后用无菌涂布棒涂布整个平板，注意不要触及平板边缘。使用前，如 Baird-Parker 平板表面有水珠，可放在 25~50 ℃的培养箱里干燥，直到平板表面的水珠消失。

（3）培养。通常情况下，涂布后将平板静置 10 min，如样液不易吸收，可将平板放在培养箱中［（36±1）℃］培养 1 h，等样品匀液吸收后翻转平板，倒置并于（36±1）℃培养 24~48 h。

（4）典型菌落计数和确认。

①金黄色葡萄球菌在 Baird-Parker 平板上呈圆形，表面光滑、凸起、湿润、菌落直径为 2~3 mm，颜色呈灰黑色至黑色，有光泽，常有浅色（非白色）的边缘，周围绕以不透明圈（沉淀），其外常有一清晰带。当用接种针触及菌落时具有黄油样黏稠感。有时可见到不分解脂肪的菌株，除没有不透明圈和清晰带外，其他外观基本相同。从长期贮存的冷冻或脱水食品中分离的菌落，其黑色常较典型菌落浅些，且外观可能较粗糙，质地较干燥。

②选择有典型的金黄色葡萄球菌菌落且同一稀释度的 3 个平板上所有菌落数合计为 20~200 CFU 平板，计数典型菌落数。

③从典型菌落中至少选 5 个可疑菌落（小于 5 个全选）进行鉴定试验。分别做染色镜检、血浆凝固酶试验，同时划线接种到血平板上，于（36±1）℃培养 18~24 h 后观察菌落形态。金黄色葡萄球菌菌落较大，呈圆形、光滑凸起、湿润、金黄色（有时为白色），菌落周围可见完全透明的溶血圈。

（5）结果计算。

①若只有一个稀释度平板的典型菌落数在 20~200 CFU，计数该稀释度平板上的典型菌落，按式（1）计算。

②若最低稀释度平板的典型菌落数小于 20 CFU，计数该稀释度平板上的典型菌落，按式（1）计算。

③若某一稀释度平板的典型菌落数大于 200 CFU，但下一稀释度平板上没有典型菌落，计数该稀释度平板上的典型菌落，按式（1）计算。

④若某一稀释度平板的典型菌落数大于 200 CFU，而下一稀释度平板上虽有典型菌落但不在 20~200 CFU 范围内，应计数该稀释度平板上的典型菌落，按式（1）计算。

⑤若 2 个连续稀释度平板的典型菌落数均在 20~200 CFU，按式（2）计算。

⑥计算公式。

式（1）：

$$T = \frac{AB}{Cd}$$

式中：$T$——样品中金黄色葡萄球菌菌落数；

    $A$——某一稀释度平板上典型菌落的总数；

    $B$——某一稀释度平板上鉴定为阳性的菌落数；

    $C$——某一稀释度平板上用于鉴定试验的菌落数；

    $d$——稀释因子。

式（2）：

$$T = \frac{A_1 B_1 / C_1 + A_2 B_2 / C_2}{1.1d}$$

式中：$T$——样品中金黄色葡萄球菌菌落数；

　　　$A_1$——第一稀释度（低稀释倍数）平板上典型菌落的总数；

　　　$B_1$——第一稀释度（低稀释倍数）平板上鉴定为阳性的菌落数；

　　　$C_1$——第一稀释度（低稀释倍数）平板上用于鉴定试验的菌落数；

　　　$A_2$——第二稀释度（高稀释倍数）平板上典型菌落的总数；

　　　$B_2$——第二稀释度（高稀释倍数）平板上鉴定为阳性的菌落数；

　　　$C_2$——第二稀释度（高稀释倍数）平板上用于鉴定试验的菌落数；

　　　1.1——计算系数；

　　　$d$——稀释因子（第一稀释度）。

（6）报告。根据上述公式计算结果，得出每 g（mL）样品中金黄色葡萄球菌的数量，以 CFU/g（mL）表示；如 $T$ 值为 0，则以小于 1 乘以最低稀释倍数。

3. MPN 计数法

（1）样品的稀释。按平板计数法中的方法进行。

（2）接种和培养。

①根据对样品污染状况的估计，选择 3 个适宜稀释度的样品匀液（液体样品可包括原液），在进行 10 倍递增稀释的同时，每个稀释度分别接种 1 mL 样品匀液至 7.5%氯化钠肉汤管中（如接种量超过 1 mL，则用双料 7.5%氯化钠肉汤），每个稀释度接种 3 管，将上述接种物（36±1）℃培养 18~24 h。

**注意**：双料 7.5%氯化钠肉汤指除蒸馏水外，其他成分加倍。

②用接种环分别从培养后的 7.5%氯化钠肉汤管中取培养物 1 环，移种于 Baird-Parker 平板（36±1）℃培养 24~48 h。

（3）典型菌落确认。按平板计数法中的方法进行。

（4）结果与报告。根据证实为金黄色葡萄球菌阳性的试管管数，查 MPN 检索表（附录3），报告每 g（mL）样品中金黄色葡萄球菌的最可能数，以 MPN/g（mL）表示。

## 五、实验数据处理与分析

记录实验结果，完成计算并填写下列金黄色葡萄球菌检验原始记录单（表2-10-1）。

表 2-10-1　金黄色葡萄球菌检验原始记录单

| 样品编号 | | | 样品名称 | | 样品性状 | |
|---|---|---|---|---|---|---|
| 检测环境 | 温度（℃）：<br>湿度（%）： | | | | 检测日期 | |
| 检测地点 | | | | | | |
| 检测项目及依据 | | | | | | |
| 检测仪器 | | | | | | |

| 样品件数（n） | 取样量 | 稀释因子（d） | BP 平板菌落数 | 用于血浆凝固酶的菌落数 | 血浆凝固酶阳性菌落数 | 计算 | 阳性对照 | 阴性对照 | 结果［CFU/g（mL）］ |
|---|---|---|---|---|---|---|---|---|---|
| 1 | | | | | | | | | |
| 2 | | | | | | | | | |
| 3 | | | | | | | | | |
| 4 | | | | | | | | | |
| 5 | | | | | | | | | |
| 培养温度、时间 | Baird-Parker 平板：<br>血平板：<br>血浆凝固酶试验： | | | | | | | | |
| 备注 | "+" 代表血浆凝固酶阳性　　"−" 代表血浆凝固酶阴性 | | | | | | | | |

检测人：　　　　　　　　　　　校核人：　　　　　　　　　　　审查人：

## 六、思考题

（1）金黄色葡萄球菌定性检验时为什么需要进行增菌培养？

（2）为什么采用血浆凝固酶试验来决定金黄色葡萄球菌致病或不致病？

（3）冰淇淋中金黄色葡萄球菌的检验标准为 $c=5$，$n=1$，$m=100$ CFU/mL，$M=1000$ CFU/mL，请设计实验方案并完成冰淇淋中金黄色葡萄球菌的检测。

## 七、知识应用与扩展

金黄色葡萄球菌（*Staphylococcus aureus*）隶属于葡萄球菌属，为革兰氏阳性菌，是一种常见的食源性致病微生物。该菌最适宜生长温度为 37 ℃，pH 为 7.4，耐高盐，可在盐浓度接近 10% 的环境中生长。金黄色葡萄球菌常寄生于人和动物的皮肤、鼻腔、咽喉、肠胃、痈、化脓疮口中，空气、污水等环境中也无处不在，其在适当条件下，能够产生肠毒素，引起食物中毒。

容易携带金色葡萄球菌的食物有水产类、奶制品、蛋类、禽类、肉类等，其中比较适合金色葡萄球菌繁殖和产生肠毒素的食品主要是乳制品。由金黄色葡萄球菌引起的食物中毒占食源性微生物食物中毒事件的 25% 左右，这使其成为仅次于沙门氏菌和副溶血杆菌的第三大微生物致病菌。

# 实验项目 2-11　食品中副溶血性弧菌的检验

## 一、实验目的

（1）了解副溶血性弧菌的生物学特性与检验意义。
（2）掌握食品中副溶血性弧菌检验的操作方法和技术，并能执行检验。
（3）培养学生严格遵守操作规范的微生物检验从业人员基本素养。

## 二、实验原理

副溶血性弧菌（*Vibrio Parahaemolyticus*）是一种嗜盐性革兰氏阴性细菌，呈弧状、杆状、丝状等多种形状，无芽孢。副溶血性弧菌食物中毒是进食含有该菌的食物所致，主要有海产品，如墨鱼、海鱼、海虾、海蟹、海蜇，以及含盐分较高的腌制食品，如咸菜、腌肉等。该菌存活能力强，在抹布和砧板上能生存 1 个月以上，海水中可存活 47 天。临床上以急性起病、腹痛、呕吐、腹泻及水样便为主要症状。副溶性弧菌食物中毒多在夏秋季发生于沿海地区，常造成集体发病。由于海鲜空运，内地城市的病例也渐增多。

副溶血性弧菌检测首先利用硫代硫酸盐—柠檬酸盐—胆盐—蔗糖琼脂培养基（thiosulfate citrate bile salts sucrose agar culture medium，TCBS）进行选择性分离，TCBS 琼脂培养基含有较高浓度的氯化钠，可满足弧菌嗜盐生长的需要，添加的枸橼酸钠、硫代硫酸钠及强碱性环境抑制了肠道菌的生长，牛胆粉、牛胆酸钠主要抑制革兰氏阳性菌的生长。此外，在该平板上生长的细菌如果能利用蔗糖产酸，则会使培养基中的混合指示剂（溴麝香草酚兰和麝香草酚兰）的颜色变成黄色，从而形成典型副溶血性弧菌菌落。对于疑似菌落，则进一步利用革兰氏染色及生化试验进行验证。

## 三、实验器材

（1）培养基。TCBS 琼脂培养基、3%氯化钠胰蛋白胨大豆琼脂培养基、3%氯化钠三糖铁琼脂培养基、嗜盐性试验培养基、3%氯化钠甘露醇试验培养基、3%氯化钠赖氨酸脱羧酶试验培养基、3%氯化钠 MR-VP 培养基、我妻氏血琼脂培养基、弧菌显色培养基（配方见附录1）。

（2）试剂。3%氯化钠溶液、氧化酶试剂、革兰氏染色液、ONPG 试剂、voges-proskauer（V-P）试剂、生化鉴定试剂盒等（配方见附录2）。

（3）仪器。高压蒸汽灭菌器、恒温振荡培养箱、双人垂直超净工作台、拍打式样品均质器、生化培养箱、冰箱、水浴锅、电子天平、微量移液器。

（4）其他。锥形瓶、培养皿、试管、发酵管、试管架、酒精灯、精密 pH 试纸、均质袋、手术剪、镊子等。

## 四、实验步骤

1. 样品制备

（1）非冷冻样品采集后应立即置于 7~10 ℃冰箱中保存，尽可能及早检验；冷冻样品在

45 ℃以下解冻不超过 15 min 或在 2~5 ℃解冻不超过 18 h。

（2）鱼类和头足类动物取表面组织、肠或鳃。贝类取全部内容物，包括贝肉和体液；甲壳类取整个动物，或者动物的中心部分，包括肠和鳃。带壳贝类或甲壳类取样的，应先在自来水中洗刷外壳并甩干表面水分，然后以无菌操作打开外壳，按上述要求取相应部分。

（3）以无菌操作取样品 25 g（mL），加到 225 mL3%氯化钠碱性蛋白胨水中，用旋转刀片式均质器在 8000 r/min 下均质 1 min，或用拍击式均质器拍击 2 min，制备成 1∶10 的样品匀液。若无均质器，则将样品放入无菌乳钵，自 225 mL 3%氯化钠碱性蛋白胨水中取少量稀释液加入无菌乳钵，样品磨碎后放入 500 mL 无菌锥形瓶，再用少量稀释液冲洗乳钵中的残留样品 1~2 次，洗液放入锥形瓶，最后将剩余稀释液全部放入锥形瓶，充分振荡，制备 1∶10 的样品匀液。

2. 增菌

（1）定性检测。将制备的 1∶10 样品匀液于（36±1）℃培养 8~18 h。

（2）定量检测。用无菌吸管吸取 1∶10 的样品匀液 1 mL，注入含有 9 mL 3%氯化钠碱性蛋白胨水的试管内，振摇试管以混匀，制备 1∶100 的样品匀液。

另取 1 mL 无菌吸管，按上述操作程序，依次制备 10 倍系列稀释样品匀液，每递增稀释一次，换用一支 1 mL 无菌吸管。

根据对检样污染情况的估计，选择 3 个适宜的连续稀释度，每个稀释度接种 3 支含有 9 mL 3%氯化钠碱性蛋白胨水的试管，每管接种 1 mL，再置于（36±1）℃恒温箱内，培养 8~18 h。

3. 分离

（1）对所有显示生长的增菌液，用接种环在距离液面以下 1 cm 内沾取一环增菌液，于 TCBS 平板或弧菌显色培养基平板上划线分离，一支试管划线一块平板，划线后于（36±1）℃培养 18~24 h。

（2）典型的副溶血性弧菌在 TCBS 上为圆形、半透明、表面光滑的绿色菌落，用接种环轻触，有类似口香糖的质感，直径为 2~3 mm。从培养箱取出 TCBS 平板后，应尽快（不超过 1 h）挑取菌落或标记要挑取的菌落。典型的副溶血性弧菌在弧菌显色培养基上的特征应按照产品说明进行判定。

4. 纯培养

挑取 3 个或以上可疑菌落，划线接种到 3%氯化钠胰蛋白胨大豆琼脂平板上，再于（36±1）℃培养 18~24 h。

5. 初步鉴定

（1）氧化酶试验。挑选纯培养的单个菌落进行氧化酶试验，副溶血性弧菌为氧化酶阳性。

（2）涂片镜检。将可疑菌落涂片，进行革兰氏染色，再镜检观察形态。副溶血性弧菌为革兰氏阴性，呈棒状、弧状、卵圆状等多形态，无芽孢，有鞭毛。

（3）挑取纯培养的单个可疑菌落，转种到 3%氯化钠三糖铁琼脂斜面上并穿刺底层，于（36±1）℃培养 24 h 后观察结果。副溶血性弧菌在 3%氯化钠三糖铁琼脂中的反应为底层变黄不变黑，无气泡，斜面颜色不变或红色加深，有动力。

（4）嗜盐性试验。挑取纯培养的单个可疑菌落，分别接种到不含或含 6%、8% 和 10%氯化钠的胰胨水中，于（36±1）℃培养 24 h，观察液体浑浊情况。副溶血性弧菌在无氯化钠和

10%氯化钠的胰胨水中不生长或微弱生长，在6%氯化钠和8%氯化钠的胰胨水中生长旺盛。

6. 确定鉴定

取纯培养物分别接种到3%氯化钠甘露醇试验培养基、赖氨酸脱羧酶试验培养基、MR-VP培养基上，于（36±1）℃培养24~48 h后观察结果；将3%氯化钠三糖铁琼脂隔夜培养物进行ONPG试验。可选择生化鉴定试剂盒或全自动微生物生化鉴定系统。

7. 血清学分型、神奈川试验（选做项目）

参考 GB 4789.7—2013。

8. 结果与报告

根据检出的可疑菌落的生化性状，得出25 g（mL）样品中检出副溶血性弧菌。如果进行定量检测，根据证实为副溶血性弧菌阳性的试管管数，查最可能数（MPN）检索表（附录3），得出每 g（mL）样品中副溶血性弧菌的 MPN 值。副溶血性弧菌菌落生化性状与其他弧菌的鉴别情况分别见表2-11-1和表2-11-2。

表 2-11-1　副溶血性弧菌的生化特性

| 项目 | 结果 |
| --- | --- |
| 革兰氏染色镜检 | 阴性，无芽孢 |
| 氧化酶 | + |
| 动力 | + |
| 蔗糖 | - |
| 葡萄糖 | + |
| 甘露醇 | + |
| 乳糖 | - |
| 硫化氢 | - |
| 赖氨酸脱羧酶 | + |
| V-P | - |
| ONPG | - |

注　+表示阳性；-表示阴性。

表 2-11-2　副溶血性弧菌主要性状与其他弧菌的鉴别

| 名称 | 氧化酶 | 赖氨酸 | 精氨酸 | 鸟氨酸 | 明胶 | 脲酶 | V-P | 42℃生长 | 蔗糖 | D-纤维二糖 | 乳糖 | 阿拉伯糖 | D-甘露糖 | D-甘露醇 | ONPG | 嗜盐性试验 氯化钠含量（%） | | | | |
| --- | --- | --- | --- | --- | --- | --- | --- | --- | --- | --- | --- | --- | --- | --- | --- | --- | --- | --- | --- | --- |
| | | | | | | | | | | | | | | | | 0 | 3 | 6 | 8 | 10 |
| 副溶血性弧菌 | + | + | - | + | + | V | - | + | - | V | - | + | + | + | - | - | + | + | + | - |
| 创伤弧菌 | + | + | - | + | + | - | - | + | - | + | + | - | + | V | + | - | + | + | - | - |
| 溶藻弧菌 | + | + | - | + | + | - | - | + | + | - | - | - | + | + | + | - | + | + | + | + |
| 霍乱弧菌 | + | + | - | + | + | - | V | + | + | - | + | - | + | + | + | + | + | - | - | - |
| 拟态弧菌 | + | + | - | + | + | - | - | + | - | - | + | - | + | + | + | + | + | + | - | - |
| 河弧菌 | + | - | + | - | + | - | - | V | + | - | + | + | + | - | + | - | + | + | V | - |

续表

| 名称 | 氧化酶 | 赖氨酸 | 精氨酸 | 鸟氨酸 | 明胶 | 脲酶 | V-P | 42℃生长 | 蔗糖 | D-纤维二糖 | 乳糖 | 阿拉伯糖 | D-甘露糖 | D-甘露醇 | ONPG | 嗜盐性试验 氯化钠含量（%） | | | | |
|---|---|---|---|---|---|---|---|---|---|---|---|---|---|---|---|---|---|---|---|---|
| | | | | | | | | | | | | | | | | 0 | 3 | 6 | 8 | 10 |
| 弗氏弧菌 | + | - | + | - | + | - | - | | + | - | - | + | + | + | + | - | + | + | + | |
| 梅氏弧菌 | - | + | + | + | + | - | + | V | + | - | - | - | + | + | + | - | + | + | V | - |
| 霍利斯弧菌 | + | - | - | | | | | nd | | - | | + | + | - | + | | + | + | + | |

注　+表示阳性；−表示阴性；nd 表示未试验；V 表示可变。

## 五、实验数据处理与分析

按照表 2-11-3 记录实验数据并计算结果，得出副溶血性弧菌的 MPN 值。

表 2-11-3　实验数据记录表

| 项目 | $10^{-n}$ | … | … | 备注 |
|---|---|---|---|---|
| 1 | | | | |
| 2 | | | | |
| 3 | | | | |

## 六、思考题

某工厂生产的冷冻熟虾产品疑似副溶血性弧菌超标，请根据产品相关卫生标准要求，设计取样、检验方案，验证产品是否副溶血性弧菌含量超标？

## 七、知识应用与拓展

2020 年 6 月，广东发生了一起 48 人集体中毒的公共卫生事件，患者多出现腹痛、发烧、呕吐和腹泻等症状，经过检查，导致本次中毒的"真凶"就是副溶血性弧菌。我国华东地区沿岸海水的副溶血性弧菌检出率为 47.5%～66.5%，海产鱼虾的平均带菌率为 45.6%～48.7%，夏季可高达 90% 以上。该菌是引起我国食源性疾病事件最多的致病菌之一。

副溶血性弧菌不耐热也不耐酸，56 ℃加热 5 min 或 90 ℃加热 1 min 即可将其杀灭，在食醋中 5 min 就会死亡。因此应对加工海产品的器具严格清洗、消毒；加工过程中生熟用具分开，家庭厨房案板、菜刀要生熟分开；水产品等应放在凉爽通风处或保存在冰箱内；贝类食品煮开后继续煮沸 5 min 左右，就可以有效防止副溶血性弧菌引起的食物中毒。

# 实验项目 2-12  食品中肉毒梭菌及肉毒毒素的检验

## 一、实验目的

（1）了解肉毒梭菌及肉毒毒素的生物学特性与检验意义。

（2）掌握食品中肉毒梭菌及肉毒毒素检验的操作方法和技术，并能执行检验。

（3）培养学生严格遵守操作规范的微生物检验从业人员基本素养。

## 二、实验原理

肉毒梭菌（*Clostridium botulinum*）为严格厌氧的革兰氏阳性芽孢杆菌，大小为（0.9~1.2）μm×（4.0~6.0）μm；周生鞭毛，能运动；芽孢呈椭圆形，位于次极端，使细菌呈匙形或网球拍状。其最适生长温度约为35℃，在厌氧条件下能产生极其强烈的外毒素——肉毒毒素。肉毒梭菌的检验主要是检验其产生的外毒素，不论食品中的肉毒毒素检验还是肉毒梭菌检验，均以毒素的检测及定型实验为判定的主要依据。

肉毒梭菌检验主要通过增菌、分离和鉴定完成。肉毒梭菌在肉汤培养基中生长可导致培养基浑浊（疱肉培养基中A型和B型肉毒梭菌使肉汤变黑）、产气、消化或不消化肉粒、有异臭味。此外，肉毒梭菌可产生卵磷脂酶，在卵黄琼脂平板上可分解卵磷脂，生成不溶性甘油酯，在菌落周围形成不透明的浑浊带。对特征菌落进行革兰氏染色镜检时，可通过菌体形态、是否有芽孢、芽孢的相对比例、芽孢在细胞内的位置进行初步鉴定，再进一步通过聚合酶链式反应（PCR）对毒素基因进行检测。肉毒毒素主要通过动物实验检验。

## 三、实验器材

（1）实验动物。小鼠。

（2）培养基。胰蛋白酶胰蛋白胨葡萄糖酵母膏肉汤（trypticase glucose yeast extract，TP-GYT）、疱肉培养基、卵黄琼脂培养基（配方见附录1）。

（3）试剂。明胶磷酸盐缓冲液、革兰氏染色液、10%胰蛋白酶溶液、磷酸盐缓冲液、1 mol/L氢氧化钠溶液、1 mol/L盐酸溶液、肉毒毒素诊断血清、10 mg/mL溶菌酶溶液、10 mg/mL蛋白酶K溶液、3 mol/L乙酸钠溶液（pH 5.2）、TE缓冲液、引物（10 μmol/L）、PCR mix试剂盒、琼脂糖、核酸染料、TAE或TE缓冲液、DNA marker、6×DNA上样缓冲液等（配方见附录2）。

（4）仪器。高压蒸汽灭菌器、恒温振荡培养箱、双人垂直超净工作台、拍打式样品均质器、离心机、生化培养箱、厌氧培养箱、PCR仪、电泳仪、凝胶成像系统、紫外分光光度计、冰箱、水浴锅、显微镜、电子天平、微量移液器。

（5）其他。锥形瓶、培养皿、试管、离心管、PCR反应管、无菌注射器、酒精灯、无菌吸管、均质袋、手术剪、镊子等。

## 四、实验步骤

1. 样品制备

（1）固态与半固态食品。对于固体或游离液体很少的半固态食品，以无菌操作称取样品

25 g，放入无菌均质袋或无菌乳钵中，块状食品以无菌操作切碎，含水量较高的固态食品加入 25 mL 明胶磷酸盐缓冲液，乳粉、牛肉干等含水量低的食品加入 50 mL 明胶磷酸盐缓冲液，浸泡 30 min，用拍击式均质器拍打 2 min 制备样品匀液，收集备用。

（2）液态食品。将液态食品摇匀，以无菌操作量取 25 mL 检验。

2. 肉毒毒素检测

（1）毒素液制备。取样品匀液约 40 mL 或均匀液体样品 25 mL 放入离心管中，3000 r/min 离心 10~20 min，收集上清液分为两份放入无菌试管中，另一份直接用于毒素检测，一份用胰酶处理后再进行毒素检测。液体样品保留底部沉淀及液体约 12 mL，重悬，制备沉淀悬浮液备用。胰酶处理：用 1mol/L 氢氧化钠或 1mol/L 盐酸调节上清液 pH 至 6.2，按 9 份上清液加 1 份 10%胰酶（活力 1∶250）水溶液，混匀，于 37 ℃孵育 60 min，期间间或轻轻摇动反应液。

（2）检出试验。用 5 号针头注射器分别取离心上清液和胰酶处理上清液腹腔注射小鼠 3 只，每只 0.5 mL，观察和记录小鼠 48 h 内的中毒表现。典型肉毒毒素中毒症状多在 24 h 内出现，通常在 6 h 内发病和死亡，其主要表现为竖毛、四肢瘫软，呼吸困难，呈现风箱式呼吸、腰腹部凹陷、宛如蜂腰，多因呼吸衰竭而死亡，若出现以上现象可初步判定为肉毒毒素所致。若小鼠在 24 h 后发病或死亡，应仔细观察小鼠症状，必要时浓缩上清液重复试验，以排除肉毒毒素中毒。若小鼠出现猝死（30 min 内）导致症状不明显时，应将毒素上清液进行适当稀释，重复试验。

**注意**：毒素检测动物试验应遵循 GB 15193.2—2014《食品安全国家标准　食品毒理学实验室操作规范》的规定。

（3）确证试验。上清液或（和）胰酶处理上清液的毒素试验阳性者，取相应试验液 3 份，每份 0.5 mL，其中第一份加等量多型混合肉毒毒素诊断血清，混匀，于 37 ℃孵育 30 min；第二份加等量明胶磷酸盐缓冲液，混匀后煮沸 10 min；第三份加等量明胶磷酸盐缓冲液，混匀。将三份混合液分别腹腔注射小鼠两只，每只 0.5 mL，观察 96 h 内小鼠的中毒和死亡情况。

结果判定：若注射第一份和第二份混合液的小鼠未死亡，而第三份混合液小鼠发病死亡，并出现肉毒毒素中毒的特有症状，则判定检测样品中检出肉毒毒素。

（4）毒力测定（选做项目）。取确证试验阳性的试验液，用明胶磷酸盐缓冲液稀释制备一定倍数的稀释液，如 10 倍、50 倍、100 倍、500 倍等，分别腹腔注射小鼠两只，每只 0.5 mL，观察和记录小鼠发病与死亡情况至 96 h，计算最低致死剂量（MLD/mL 或 MLD/g），评估样品中肉毒毒素的毒力，MLD 等于小鼠全部死亡的最高稀释倍数乘以样品试验液稀释倍数。如样品稀释两倍制备的上清液，再稀释 100 倍的试验液使小鼠全部死亡，而 500 倍稀释液组存活，则该样品毒力为 200 MLD/g。

（5）定型试验（选做项目）。根据毒力测定结果，用明胶磷酸盐缓冲液将上清液稀释至 10~1000 MLD/mL 以作为定型试验液，分别与各单型肉毒毒素诊断血清等量混合（国产诊断血清一般为冻干血清，用 1 mL 生理盐水溶解），于 37 ℃孵育 30 min，分别腹腔注射小鼠两只，每只 0.5 mL，观察和记录小鼠发病与死亡情况至 96 h。同时，用明胶磷酸盐缓冲液代替诊断血清，与试验液等量混合作为小鼠试验对照。

结果判定：某一单型诊断血清组动物未发病且正常存活，而对照组和其他单型诊断血清组动物发病死亡，则判定样品中所含肉毒毒素为该型肉毒毒素。

**注意**：未经胰酶激活处理的样品上清液的毒素检出试验或确证试验为阳性者，则毒力测定和定型试验可省略胰酶激活处理试验。

3. 肉毒梭菌检验

（1）增菌培养与检出试验。

①取出庖肉培养基 4 支和 TPGY 肉汤管 2 支，隔水煮沸 10~15 min，排除溶解氧，迅速冷却，切勿摇动，在 TPGY 肉汤管中缓慢加入胰酶液至液体石蜡液面下的肉汤中，每支 1 mL，制备成 TPGYT。

②吸取样品匀液或毒素制备过程中的离心沉淀悬浮液 2 mL 并接种至庖肉培养基中，每份样品接种 4 支，2 支直接放置于（35±1）℃厌氧培养 5 d，另 2 支于 80 ℃保温 10 min，再于（35±1）℃厌氧培养 5 d；同样方法接种 2 支 TPGYT 肉汤管，于（28±1）℃厌氧培养 5 d。

**注意**：接种时，用无菌吸管轻轻吸取样品匀液或离心沉淀悬浮液，将吸管口小心插入肉汤管底部，缓缓放出样液至肉汤中，切勿搅动或吹气。

③检查记录增菌培养物的浊度、产气、肉渣颗粒消化情况，并注意气味。肉毒梭菌培养物为产气、肉汤浑浊（庖肉培养基中 A 型和 B 型肉毒梭菌肉汤变黑）、消化或不消化肉粒、有异臭味。

④取增菌培养物进行革兰氏染色镜检，观察菌体形态，注意是否有芽孢、芽孢的相对比例、芽孢在细胞内的位置。

⑤若增菌培养物等 5 d 时无菌生长，应延长培养至等 10 d，观察生长情况。

⑥取增菌培养物阳性管的上清液，按上述方法进行毒素检出和确证试验，必要时进行定型试验，阳性结果可证明样品中有肉毒梭菌存在。

**注意**：TPGYT 增菌液的毒素试验无须添加胰酶处理。

（2）分离与纯化培养。

①增菌液前处理，吸取 1 mL 增菌液至无菌螺旋帽试管中，加入等体积过滤除菌的无水乙醇，混匀，在室温下放置 1 h。

②将增菌培养物和经乙醇处理的增菌液分别划线接种至卵黄琼脂平板上，于（35±1）℃厌氧培养 48 h。

③观察平板培养物的菌落形态，肉毒梭菌菌落隆起或扁平、光滑或粗糙，易成蔓延生长，边缘不规则，在菌落周围形成乳色沉淀晕圈（E 型较宽，A 型和 B 型较窄），在斜视光下观察，菌落表面呈现珍珠样虹彩，这种光泽区可随蔓延生长扩散到不规则边缘区外的晕圈。

④菌株纯化培养，在分离培养平板上选择 5 个肉毒梭菌可疑菌落，分别接种到卵黄琼脂平板上，于（35±1）℃厌氧培养 48 h，观察菌落特征形态及其纯度。

（3）鉴定试验。

①染色镜检。挑取可疑菌落进行涂片、革兰氏染色和镜检，肉毒梭菌菌体形态为革兰氏阳性粗大杆菌、芽孢呈卵圆形、大于菌体、位于次端，菌体呈网球拍状。

②毒素基因检测。

A. 菌株活化。挑取可疑菌落或待鉴定菌株接种到 TPGY 中，于（35±1）℃厌氧培养 24 h。

B. 制备 DNA 模板。吸取 TPGY 培养液 1.4 mL 至无菌离心管中，14000 r/min 离心 2 min，弃上清，加入 1 mL 磷酸盐缓冲液悬浮菌体，14000 r/min 离心 2 min，弃上清，用 400 μL 磷酸盐缓冲液重悬沉淀，加入 10 mg/mL 溶菌酶溶液 100 μL，摇匀，37 ℃水浴 15 min，加入

10 mg/mL 蛋白酶 K 溶液 10 μL，摇匀，60 ℃水浴 1 h，再沸水浴 10 min，14000 r/min 离心 2 min，上清液转移至无菌小离心管中，加入 3 mol/L 乙酸钠溶液 50 μL 和 95%乙醇 1.0 mL，摇匀，−20 ℃下放置 30 min，14000 r/min 离心 10 min，弃去上清液，沉淀干燥后溶于 200 μL TE 缓冲液中，于−20 ℃保存备用。

**注意**：根据实验室实际情况，也可采用常规水煮沸法或商品化试剂盒制备 DNA 模板。

C. 检测核酸质量。利用微量分光光度计检测 DNA 模板浓度与质量。当浓度为 0.34 ~ 340 μg/mL 或 A260/A280 比值为 1.7~1.9 时，适宜于 PCR 扩增。

D. PCR 扩增。分别采用针对各型肉毒梭菌毒素基因设计的特异性引物（见表 2-12-1）进行 PCR 扩增，包括 A 型肉毒毒素（botulinum neurotoxin A，bont/A）、B 型肉毒毒素（botulinum neurotoxin B，bont/B）、E 型肉毒毒素（botulinum neurotoxin E，bont/E）和 F 型肉毒毒素（botulinum neurotoxin F，bont/F），每个 PCR 反应管检测一种型别的肉毒梭菌。用含有已知肉毒梭菌菌株或含肉毒毒素基因的质控品作阳性对照、非肉毒梭菌基因组 DNA 作阴性对照、无菌水作空白对照。

反应体系（50 μL）：10×PCR 缓冲液 5.0 μL、25 mmol/L $MgCl_2$ 5.0 μL、10 mmol/L dNTPs 1.0 μL、10 μmol/L 正反向引物各 2.5 μL、5 U/μL Taq 酶 0.5 μL、DNA 模板 1.0 μL、$ddH_2O$ 32.5 μL。

反应程序：预变性 95 ℃、5 min；循环参数 94 ℃、1 min，60 ℃、1 min，72 ℃、1 min；循环数 40；后延伸 72 ℃、10 min；4 ℃保存备用。

**表 2-12-1　肉毒梭菌毒素基因 PCR 检测的引物序列及其产物**

| 检测肉毒梭菌类型 | 引物序列 | 扩增长度（bp） |
|---|---|---|
| A 型 | F5'-GTGATACAACCAGATGGTAGTTATAG-3'<br>R5'-AAAAAACAAGTCCCAATTATTAACTTT-3' | 983 |
| B 型 | F5'-GAGATGTTTGTGAATATTATGATCCAG-3'<br>R5'-GTTCATGCATTAATATCAAGGCTGG-3' | 492 |
| E 型 | F5'-CCAGGCGGTTGTCAAGAATTTTAT-3'<br>R5'-TCAAATAAATCAGGCTCTGCTCCC-3' | 410 |
| F 型 | F5'-GCTTCATTAAAGAACGGAAGCAGTGCT-3'<br>R5'-GTGGCGCCTTTGTACCTTTTCTAGG-3' | 1137 |

E. 扩增产物检测。采用凝胶电泳检测 PCR 扩增产物，用 0.5×TBE 缓冲液配制 1.2% ~ 1.5%的琼脂糖凝胶，凝胶加热融化后冷却至 60 ℃左右，加入适量核酸染液制备胶块，取 10 μL PCR 扩增产物与 2.0 μL 6×DNA 上样缓冲液混合，点样，其中一孔加入 DNA 分子量标准。0.5×TBE 电泳缓冲液，10 V/cm 恒压电泳，根据溴酚蓝的移动位置确定电泳时间，用紫外检测仪或凝胶成像系统观察和记录结果。

③菌株产毒试验。将 PCR 阳性菌株或可疑肉毒梭菌菌株接种到庖肉培养基或 TPGYT 肉汤（用于 E 型肉毒梭菌）中，于（35±1）℃厌氧培养 5 d，按上述方法进行毒素检测和（或）定型试验，毒素确证试验阳性者，判定为肉毒梭菌，根据定型试验结果判定肉毒梭菌型别。

**注意**：根据 PCR 阳性菌株型别，可直接用相应型别的肉毒毒素诊断血清进行确证试验。

（4）结果报告。

①肉毒毒素检测结果报告。根据肉毒毒素检测试验结果，报告 25 g（mL）样品中检出或未检出肉毒毒素。

根据肉毒毒素检测定型试验结果，报告 25 g（mL）样品中检出某型肉毒毒素。

②肉毒梭菌检验结果报告。根据肉毒梭菌检验各项试验结果，报告样品中检出或未检出肉毒梭菌或检出某型肉毒梭菌。

## 五、实验数据处理与分析

详细记录试验过程和现象，按记录结果报告样品检验结论。

## 六、思考题

（1）肉毒梭菌引起的食物中毒是感染型还是毒素型？两者有何区别？

（2）肉毒梭菌污染食物后需要进行高温加热才能食用，请问以上观点是否正确？

（3）某即食肉制品疑似污染肉毒梭菌，请设计相应取样、检验方案进行检测。

## 七、知识应用与拓展

肉毒梭菌常存在于腊肠、火腿、鱼及鱼制品和罐头食品等食品中。肉毒梭菌食品中毒事件在美国以罐头食品较多，在日本以鱼制品较多，在我国以臭豆腐、豆瓣酱、面酱、豆豉等发酵食品为主。

肉毒毒素是肉毒梭菌产生的含有高分子蛋白的神经毒素，是目前已知化学毒物和生物毒素中毒性最强的，它主要抑制神经末梢释放乙酰胆碱，引起肌肉松弛麻痹，导致呼吸肌麻痹而致死。肉毒毒素口服致死剂量为 8～10 μg，死亡率为 25%～50%。肉毒毒素对酸的抵抗力较强，正常胃液不能将其破坏，但其不耐热，煮沸 1 min 或 75～85℃加热 5～10 min 即可将其破坏。

肉毒梭菌按其所产毒素的抗原特异性分为 A、B、C、D、E、F、G 等 7 个型，除 G 型菌外，其他各型分布相当广泛。我国各地导致肉毒梭菌中毒的主要是 A 型菌和 B 型菌，其次是 E 型菌和 C 型菌，我国尚未见 D 型菌和 F 型菌食物中毒事件。

# 实验项目 2-13　食品中单核细胞增生李斯特氏菌的检验

## 一、实验目的

（1）掌握单核细胞增生李斯特氏菌检验的定性法、平板计数法和 MPN 法。

（2）具备单核细胞增生李斯特氏菌检验的方案设计及执行能力，能够正确处理检验数据并进行结果报告。

（3）培养学生独立分析问题、解决问题的能力。

## 二、实验原理

单核细胞增生李斯特氏菌（*Listeria monocytogenes*）简称单增李斯特菌，为革兰氏阳性小杆菌，大小为（0.4~0.5）μm×（0.5~2）μm，菌体直或稍弯，多数菌体一端较大，似棒状，常呈 V 字型排列，有的呈丝状，偶尔可见双球状。该菌对营养要求不高，兼性厌氧，耐碱不耐酸，在 4~45 ℃均能生长，最适生长温度为 30~37 ℃。

该菌广泛存在于自然界中，能够引起人畜共患的李氏杆菌病，感染后主要表现为败血症、脑膜炎和单核细胞增多。该菌在 4 ℃的环境中仍可生长繁殖，是导致冷藏食品威胁人类健康的主要病原菌之一。

单增李斯特菌在 PALCAM 琼脂平板上能够形成特征性菌落。PALCAM 琼脂培养基含有氯化锂和抗生素，能抑制革兰氏阴性菌和大多数革兰氏阳性菌；同时添加了酚红作为 pH 指示剂，有些李斯特菌可以发酵甘露醇产酸，使酚红指示剂变黄色。但非李斯特菌如葡萄球菌和肠球菌等偶尔也能在该培养基上生长，利用甘露醇产酸，使菌落和其周围的培养基呈黄色。此外，李斯特菌在该培养基上生长时，可水解七叶苷生成 6，7-二羟基香豆素，该物质与培养基中柠檬酸铁铵的铁离子作用生成一种黑色物质，从而使培养基变黑色，并在 PALCAM 琼脂平板上形成小的圆形灰绿色菌落，周围有棕黑色水解圈，有些菌落有黑色凹陷的典型形态。在选择性分离基础上，进一步通过染色镜检、动力试验和生化试验对可疑菌落进行鉴定。

## 三、实验器材

（1）菌株及实验动物。单核细胞增生李斯特氏菌（*Listeria monocytogenes*）标准菌株、英诺克李斯特氏菌（*Listeria innocua*）标准菌株、伊氏李斯特氏菌（*Listeria ivanovii*）标准菌株、斯氏李斯特氏菌（*Listeria seeligeri*）标准菌株、金黄色葡萄球菌（*Staphylococcus aureus*）标准菌株、马红球菌（*Rhodococcus equi*）标准菌株。

（2）培养基。含 0.6%酵母浸膏的胰酪胨大豆肉汤（tryptic soy broth with yeast extract，TSB-YE）、含 0.6%酵母浸膏的胰酪胨大豆琼脂（trypticase soy-yeast extract agar，TSA-YE）、李氏增菌肉汤 LB（LB①、LB②）、SIM 动力培养基、缓冲葡萄糖蛋白胨水、李斯特氏菌显色培养基、10.5%~8%羊血琼脂、PALCAM 琼脂、缓冲蛋白胨水、糖发酵管（配方见附录1）。

（3）试剂。1%盐酸吖啶黄溶液、1%萘啶酮酸钠盐溶液、革兰氏染色液、过氧化氢试剂、生化鉴定试剂盒或全自动微生物鉴定系统（配方见附录2）。

（4）仪器。冰箱、恒温培养箱、均质器、显微镜、电子天平、全自动微生物生化鉴定系统、微量移液器。

（5）其他。锥形瓶、培养皿、试管、离心管、无菌注射器、涂布棒等。

## 四、实验步骤

1. 单核细胞增生李斯特氏菌定性检验

（1）增菌。以无菌操作取样品 25 g（mL）并加到含有 225 mL LB①增菌液的均质袋中，在拍击式均质器上连续均质 1~2 min；或放入盛有 225 mL LB①增菌液的均质杯中，以 8000~10000 r/min 均质 1~2 min。均质后，于（30±1）℃培养（24±2）h，再移取 0.1 mL，转种于 10 mL LB②增菌液内，于（30±1）℃培养（24±2）h。

（2）分离。取 LB②二次增菌液划线接种于李斯特氏菌显色平板和 PALCAM 琼脂平板上，于（36±1）℃培养 24~48 h，观察各个平板上生长的菌落。在李斯特氏菌显色平板上的菌落特征，参照产品说明进行判定。

（3）初筛。自选择性琼脂平板上分别挑取 3~5 个典型或可疑菌落，分别接种于木糖、鼠李糖发酵管中，于（36±1）℃培养（24±2）h，同时在 TSA-YE 平板上划线，于（36±1）℃培养 18~24h，然后选择木糖阴性、鼠李糖阳性的纯培养物继续进行鉴定。

（4）鉴定。

①染色镜检。单增李斯特氏菌为革兰氏阳性短杆菌，大小为（0.4~0.5）μm×（0.5~2）μm；以无菌操作取纯培养物与生理盐水混合制成菌悬液，在油镜或相差显微镜下观察，该菌会出现轻微旋转或翻滚样的运动。

②动力试验。挑取纯培养的单个可疑菌落穿刺接种于半固体或 SIM 动力培养基中，于 25~30℃培养 48 h，单增李斯特氏菌有动力，在半固体或 SIM 培养基上方呈伞状生长，如伞状生长不明显，可继续培养 5 d，再观察结果。

③生化鉴定。挑取纯培养的单个可疑菌落，进行过氧化氢酶试验，过氧化氢酶试验为阳性的菌落继续进行糖发酵试验和 MR-VP 试验。单核细胞增生李斯特氏菌的主要生化特征见表 2-13-1。

**注意**：生化鉴定可选择生化鉴定试剂盒或全自动微生物鉴定系统等。

表 2-13-1　单核细胞增生李斯特氏菌生化特征与其他李斯特氏菌的区别

| 菌种 | 溶血反应 | 葡萄糖 | 麦芽糖 | MR-VP | 甘露醇 | 鼠李糖 | 木糖 | 七叶苷 |
|---|---|---|---|---|---|---|---|---|
| 单核细胞增生李斯特氏菌 | + | + | + | +/+ | - | + | - | + |
| 格氏李斯特氏菌 | - | + | + | +/+ | + | - | - | + |
| 斯氏李斯特氏菌 | + | + | + | +/+ | - | - | + | + |
| 威氏李斯特氏菌 | - | + | + | +/+ | - | V | + | + |
| 伊氏李斯特氏菌 | + | + | + | +/+ | - | - | + | + |
| 英诺克李斯特氏菌 | - | + | + | +/+ | - | V | - | + |

**注**　+阳性；-阴性；V 反应不定。

④溶血试验。将新鲜的羊血琼脂平板底面划分为 20~25 个小格，挑取纯培养的单个可疑菌落刺种到血平板上，每格刺种一个菌落，并刺种阳性对照菌（单增李斯特氏菌、伊氏李斯

特氏菌和斯氏李斯特氏菌）和阴性对照菌（英诺克李斯特氏菌），穿刺时尽量接近底部，但不要触到底面，同时避免琼脂破裂，于（36±1）℃培养24~48 h，再于明亮处观察，单增李斯特氏菌有狭窄、清晰、明亮的溶血圈，斯氏李斯特氏菌在刺种点周围产生弱的透明溶血圈，英诺克李斯特氏菌无溶血圈，伊氏李斯特氏菌产生宽的、轮廓清晰的β-溶血区域，若结果不明显，可置于4 ℃冰箱24~48 h后再观察。

**注意**：也可用划线接种法。

⑤协同溶血试验 cAMP（可选项目）。在羊血琼脂平板上平行划线接种金黄色葡萄球菌和马红球菌，挑取纯培养的单个可疑菌落垂直划线接种于平行线之间，垂直线两端不要触及平行线，距离1~2 mm，同时接种单核细胞增生李斯特氏菌、英诺克李斯特氏菌、伊氏李斯特氏菌和斯氏李斯特氏菌，于（36±1）℃培养24~48 h。单核细胞增生李斯特氏菌在靠近金黄色葡萄球菌处出现2 mm的β-溶血增强区域，斯氏李斯特氏菌也出现微弱的溶血增强区域，伊氏李斯特氏菌在靠近马红球菌处出现5~10 mm的"箭头状"β-溶血增强区域，英诺克李斯特氏菌不产生溶血现象。若结果不明显，可置于4 ℃冰箱24~48 h后再观察。

**注意**：5%~8%的单核细胞增生李斯特氏菌在马红球菌一端有溶血增强现象。

（5）结果与报告。综合以上生化试验和溶血试验的结果，报告25 g（mL）样品中检出或未检出单核细胞增生李斯特氏菌。

**2. 单核细胞增生李斯特氏菌平板计数法**

（1）样品的稀释。

①以无菌操作称取样品25 g（mL），放入盛有225 mL缓冲蛋白胨水或无添加剂的LB肉汤的无菌均质袋内，在拍击式均质器上连续均质1~2 min或以8000~10000 r/min均质1~2 min。对于液体样品，以无菌操作量取样品25 mL，加入装有225 mL营养肉汤的无菌锥形瓶中，振荡混匀，制成1：10的样品匀液。

②用1 mL无菌吸管或微量移液器吸取1：10的样品匀液1 mL，沿管壁缓慢注于盛有9 mL缓冲蛋白胨水或无添加剂的LB肉汤的无菌试管中，振摇试管或换用1支1 mL无菌吸管反复吹打使其混合均匀，制成1：100的样品匀液。

**注意**：吸管或吸头尖端不要触及稀释液面。

③按上述操作程序，制备10倍系列稀释样品匀液。

**注意**：每递增稀释1次，换用1支1 mL无菌吸管或吸头。

（2）样品的接种。根据对样品污染状况的估计，选择2~3个适宜连续稀释度的样品匀液（液体样品可包括原液），每个稀释度的样品匀液分别吸取1 mL，再以0.3 mL、0.3 mL、0.4 mL的接种量分别加到3块李斯特氏菌显色平板上，用无菌涂布棒涂布整个平板。

**注意**：涂布时，涂布棒不要触及平板边缘。使用前，如琼脂平板表面有水珠，可放在25~50 ℃的培养箱里干燥，直到平板表面的水珠消失。

（3）培养。通常情况下，涂布后，将平板静置10 min，如样液不易吸收，可将平板放在培养箱于（36±1）℃培养1 h，等样品匀液吸收后翻转培养皿，倒置于培养箱中，于（36±1）℃培养24~48 h。

（4）典型菌落计数和确认。

①单核细胞增生李斯特氏菌在李斯特氏菌显色平板上的菌落特征以产品说明为准。

②选择有典型单核细胞增生李斯特氏菌菌落且同一稀释度的3个平板上所有菌落数合计

为 15~150 CFU 的平板，计数典型菌落数。

A. 若只有一个稀释度的平板菌落数在 15~150 CFU 且有典型菌落，计数该稀释度平板上的典型菌落。

B. 若所有稀释度的平板菌落数均小于 15 CFU 且有典型菌落，应计数最低稀释度平板上的典型菌落。

C. 若某一稀释度的平板菌落数大于 150 CFU 且有典型菌落，但下一稀释度平板上没有典型菌落，应计数该稀释度平板上的典型菌落。

D. 若所有稀释度的平板菌落数大于 150 CFU 且有典型菌落，应计数最高稀释度平板上的典型菌落。

E. 若所有稀释度的平板菌落数均不在 15~150 CFU 且有典型菌落，其中一部分小于 15 CFU 或大于 150 CFU 时，应计数最接近 15 CFU 或 150 CFU 的稀释度平板上的典型菌落。

以上 5 种情况按式（1）计算。

F. 若 2 个连续稀释度的平板菌落数均在 15~150 CFU，按式（2）计算。

③从典型菌落中任选 5 个菌落（小于 5 个全选），按照"单核细胞增生李斯特氏菌定性检验"中"初筛"和"鉴定"的方法进行验证。

（5）结果计数。

式（1）：

$$T = \frac{AB}{Cd}$$

式中：$T$——样品中单核细胞增生李斯特氏菌菌落数；

　　$A$——某一稀释度平板上典型菌落的总数；

　　$B$——某一稀释度平板上确证为单核细胞增生李斯特氏菌的菌落数；

　　$C$——某一稀释度平板上用于单核细胞增生李斯特氏菌确证试验的菌落数；

　　$d$——稀释因子。

式（2）：

$$T = \frac{A_1 B_1 / C_1 + A_2 B_2 / C_2}{1.1d}$$

式中：$T$——样品中单核细胞增生李斯特氏菌菌落数；

　　$A_1$——第一稀释度（低稀释倍数）平板上典型菌落的总数；

　　$B_1$——第一稀释度（低稀释倍数）平板上确证为单核细胞增生李斯特氏菌的菌落数；

　　$C_1$——第一稀释度（低稀释倍数）平板上用于单核细胞增生李斯特氏菌确证试验的菌落数；

　　$A_2$——第二稀释度（高稀释倍数）平板上典型菌落的总数；

　　$B_2$——第二稀释度（高稀释倍数）平板上确证为单核细胞增生李斯特氏菌的菌落数；

　　$C_2$——第二稀释度（高稀释倍数）平板上用于单核细胞增生李斯特氏菌确证试验的菌落数；

　　1.1——计算系数；

　　$d$——稀释因子（第一稀释度）。

（6）结果报告。计算每 g（mL）样品中单核细胞增生李斯特氏菌的菌数，以 CFU/g（mL）表示；如 $T$ 值为 0，则以小于 1 乘以最低稀释倍数。

3. 单核细胞增生李斯特氏菌 MPN 计数法

（1）样品的稀释。同平板计数法。

（2）接种和培养。

①根据对样品污染状况的估计，选取 3 个适宜连续稀释度的样品匀液（液体样品可包括原液），接种于 10 mL LB①肉汤中，每一稀释度接种 3 管，每管接种 1 mL（如果接种量需要超过 1 mL，则用双料 LB①增菌液），于（30±1）℃培养（24±2）h。每管各移取 0.1 mL，转种于 10 mL LB②增菌液内，于（30±1）℃培养（24±2）h。

②用接种环从各管中移取 1 环，接种到李斯特氏菌显色平板上，于（36±1）℃培养 24~48 h。

（3）确证试验。自每块平板上挑取 5 个典型菌落（5 个以下全选），按照"单核细胞增生李斯特氏菌定性检验"中"初筛"和"鉴定"的方法进行验证。

（4）结果与报告。根据证实为单核细胞增生李斯特氏菌阳性的试管管数，查 MPN 检索表（附录 3），得出每 g（mL）样品中单核细胞增生李斯特氏菌的最可能数，以 MPN/g（mL）表示。

## 五、实验数据处理与分析

根据实验过程详细记录样品和对照菌种的各项结果，并作出结论报告。

## 六、思考题

（1）单核细胞增生李斯特氏菌 MPN 检测法为什么要进行连续两次接种培养？

（2）某固体食品中要求不得检出单核细胞增生李斯特氏菌，请设计实验方案并完成该食品的单核细胞增生李斯特氏菌检测。

## 七、知识应用与拓展

人们习惯把冰箱当成保鲜的代名词，但是把食物放进冰箱保鲜就万无一失了吗？虽然低温可以抑制大部分细菌繁殖，但是有一种被称为"冰箱杀手"的细菌，它既可耐低温生长，又可引起食物中毒，还严重威胁着围产期的母婴健康，它就是单核细胞增生李斯特氏菌。

1981 年，加拿大就发生过因食用被污染的卷心菜引起的李斯特菌病疫情，41 名患者中 34 人是孕妇和新生儿。此外，在美国、法国、加拿大、丹麦等多个国家和地区的奶酪、热狗、猪肉、香瓜等食物中，先后检出单增李斯特菌，有些还引起了较大规模的食物中毒事件。在我国的食品中，单增李斯特菌污染率较高的食品主要为生肉及肉制品，污染率约为 30%，其中生鸡肉、生猪肉位列前两位。

# 实验项目 2-14　食品中致泻大肠埃希氏菌的检验

## 一、实验目的

（1）掌握致泻大肠埃希氏菌的检验方法。

（2）能够独立完成食品中致泻大肠埃希氏菌的检验并正确进行结果报告。

（3）培养学生严格遵守操作规范的微生物检验从业人员基本素养。

## 二、实验原理

致泻大肠埃希氏菌（Diarrheagenic *Escherichia coli*）是一类引起人体以腹泻症状为主的大肠埃希氏菌，可通过污染食物引起人类发病。常见的致泻大肠埃希氏菌主要包括肠道致病性大肠埃希氏菌（Enteropathogenic *Escherichia coli*，EPEC）、肠道侵袭性大肠埃希氏菌（Entero-invasive *Escherichia coli*，EIEC）、产肠毒素大肠埃希氏菌（Enterotoxigenic *Escherichia coli*，ETEC）、产志贺毒素大肠埃希氏菌（Shiga toxin-producing *Escherichia coli*，STEC）[包括肠道出血性大肠埃希氏菌（Enterohemorrhagic *Escherichia coli*，EHEC）]和肠道集聚性大肠埃希氏菌（Enteroaggregative *Escherichia coli*，EAEC）。

致泻大肠埃希氏菌的选择分离主要利用麦康凯琼脂和伊红美蓝琼脂。麦康凯琼脂中的胆盐可抑制革兰氏阳性细菌的生长；利用乳糖发酵导致中性红颜色改变的现象，可把分解乳糖的大肠埃希氏菌和不分解乳糖的细菌区分开。伊红美蓝琼脂则是将伊红和美蓝同时作为抑制剂和指示剂，在酸性条件下致泻大肠埃希氏菌在培养基中产生沉淀，形成具黑色中心有金属光泽或无光泽的菌落。伊红为酸性染料，美蓝为碱性染料，大肠埃希氏菌分解乳糖产酸时，细菌带正电荷，可以与带负电的酸性染料结合即染上了伊红的颜色，细菌产酸量较大时，染料可析出结晶形成金属光泽；如果产碱性物质较多，细菌带负电荷，可与带正电荷的碱性染料美蓝结合而使得菌落呈蓝色。

为进一步鉴定分离到的疑似菌落，通过生化试验验证分离到的纯培养物的生理生化特性；同时利用 PCR 扩增某类致泻大肠埃希氏菌的特征性基因，通过生化结果及是否出现扩增条带判断是否存在致泻大肠埃希氏菌。

## 三、实验器材

（1）培养基。营养肉汤、肠道菌增菌肉汤、麦康凯琼脂（macconkey agar，MAC）、伊红美蓝琼脂（eosin-methylene blue agar，EMB）、三糖铁（TSI）琼脂、蛋白胨水、半固体琼脂、尿素琼脂（pH 7.2）、氰化钾（KCN）培养基、脑心浸出液（BHI）肉汤（配方见附录1）。

（2）试剂。靛基质试剂、氧化酶试剂、革兰氏染色液、福尔马林（含 38%~40% 的甲醛）、生化鉴定试剂盒。大肠埃希氏菌诊断血清、生理盐水、10×PCR 反应缓冲液、25 mmol/L $MgCl_2$、dNTPs（dATP、dTTP、dGTP、dCTP 每种浓度为 2.5 mmol/L）、5U/L Taq 酶、致泻大肠埃希氏菌 PCR 试剂盒、引物、TE（pH 8.0）、50×TAE 电泳缓冲液、琼脂糖、核酸染料、6×上样缓冲液、DNA 分子 Marker（配方见附录2）。

（3）仪器。高压蒸汽灭菌器、冰箱、恒温培养箱、厌氧培养装置、均质器、显微镜、电子天平、pH 计、水浴装置、显微镜、低温高速离心机、PCR 仪、水平电泳仪、凝胶成像仪、全自动微生物生化鉴定系统、微量移液器。

（4）其他。锥形瓶、培养皿、试管、离心管、无菌注射器等。

## 四、实验步骤

1. 样品制备

（1）固态或半固态样品。对于固体或半固态样品，以无菌操作称取检样 25 g，加入装有 225 mL 营养肉汤的均质杯中，用旋转刀片式均质器以 8000~10000 r/min 均质 1~2 min；或加入装有 225 mL 营养肉汤的均质袋中，用拍击式均质器均质 1~2 min。

（2）液态样品。以无菌操作量取检样 25 mL，加入装有 225 mL 营养肉汤的无菌锥形瓶（瓶内可预置适当数量的无菌玻璃珠）中，振荡混匀。

2. 增菌

将样品匀液于（36±1）℃培养 6 h。取 10 μL，接种于 30 mL 肠道菌增菌肉汤管内，于（42±1）℃培养 18 h。

3. 分离

将增菌液划线接种 MAC 和 EMB 琼脂平板，于（36±1）℃培养 18~24 h，观察菌落特征。在 MAC 琼脂平板上，分解乳糖的典型菌落为砖红色至桃红色，不分解乳糖的菌落为无色或淡粉色；在 EMB 琼脂平板上，分解乳糖的典型菌落为中心紫黑色带或不带金属光泽，不分解乳糖的菌落为无色或淡粉色。

4. 生化试验

（1）选取平板上可疑菌落 10~20 个（10 个以下全选），应挑取乳糖发酵、乳糖不发酵和迟缓发酵的菌落，分别接种 TSI 斜面。同时将这些培养物分别接种到蛋白胨水、尿素琼脂和 KCN 肉汤中。于（36±1）℃培养 18~24 h。

（2）TSI 斜面产酸或不产酸，底层产酸，靛基质阳性，$H_2S$ 阴性和尿素酶阴性的培养物为大肠埃希氏菌。TSI 斜面底层不产酸，或 $H_2S$、KCN、尿素有任一项为阳性的培养物，均非大肠埃希氏菌。必要时做革兰氏染色和氧化酶试验。大肠埃希氏菌为革兰氏阴性杆菌，氧化酶试验为阴性。

（3）如选择生化鉴定试剂盒或微生物鉴定系统，可从营养琼脂平板上挑取经纯化的可疑菌落，用无菌稀释液制备成浊度适当的菌悬液，使用生化鉴定试剂盒或微生物鉴定系统进行鉴定。

5. PCR 确认试验

（1）制备模板 DNA。取生化反应符合大肠埃希氏菌特征的菌落进行 PCR 确认试验。

使用 1 μL 接种环刮取营养琼脂平板或斜面上培养 18~24 h 的菌落，悬浮在 200 μL 灭菌生理盐水中，充分打散制成菌悬液，于 13000 r/min 离心 3 min，弃掉上清液。加入 1 mL 灭菌蒸馏水并充分混匀菌体，于 100 ℃水浴或者金属浴维持 10 min；冰浴冷却后，于 13000 r/min 离心 3 min，收集上清液；按 1∶10 的比例用灭菌蒸馏水稀释上清液，取 2 μL 作为 PCR 检测的模板；所有处理后的 DNA 模板直接用于 PCR 反应或置于−20 ℃以下保存备用。

**注意**：可用细菌基因组提取试剂盒提取细菌 DNA，操作方法按照细菌基因组提取试剂盒说明书进行。

（2）设置对照。每次 PCR 反应使用 EPEC、EIEC、ETEC、STEC/EHEC、EAEC 标准菌株作为阳性对照。同时，使用大肠埃希氏菌 ATCC25922 或等效标准菌株作为阴性对照，以灭菌蒸馏水作为空白对照，控制 PCR 体系污染。致泻大肠埃希氏菌的特征性基因见表 2-14-1。

表 2-14-1　五种致泻大肠埃希氏菌特征基因

| 致泻大肠埃希氏菌类别 | 特征性基因 | |
| --- | --- | --- |
| 肠道致病性大肠埃希氏菌 | *escV* 或 *eae*、*bfpB* | |
| 产志贺毒素大肠埃希氏菌/肠道出血性大肠埃希氏菌 | *escV* 或 *eae*、*stx*1、*stx*2 | |
| 肠道侵袭性大肠埃希氏菌 | *invE* 或 *ipaH* | *uidA* |
| 产肠毒素大肠埃希氏菌 | *lt*、*stp*、*sth* | |
| 肠道集聚性大肠埃希氏菌 | *astA*、*aggR*、*pic* | |

（3）配制 PCR 反应体系。每个样品初筛需配置 12 个 PCR 扩增反应体系，对应检测 12 个目标基因，具体操作如下：使用 TE 溶液将合成的引物干粉稀释成 100 μmol/L 储存液，进一步稀释成 10 μmol/L 的正反向引物工作液。每个样品按照下述加液量配制 12 个 25 μL 反应体系，分别使用 12 种目标基因对应的 10×引物工作液。PCR 反应体系：灭菌蒸馏水 13.1 μL、10×PCR 反应缓冲液 2.5 μL、2.5 mmol/L MgCl$_2$ 2.5 μL、2.5 mmol/L dNTPs 2.5 μL、正反向引物工作液各 1 μL、5 U/μL Taq 酶 0.4 μL、DNA 模板（50~100 ng/μL）2.0 μL。

（4）PCR 循环条件。预变性 94 ℃、5 min；变性 94 ℃、30 s，复性 63 ℃、30 s，延伸 72 ℃、1.5 min，30 个循环；72 ℃延伸 5 min。将配制完成的 PCR 反应管放入 PCR 仪中，核查 PCR 反应条件正确后，启动反应程序。

（5）PCR 结果检测。称量 4.0 g 琼脂糖粉，加到 200 mL 的 1×TAE 电泳缓冲液中，充分混匀。使用微波炉反复加热至沸腾，直到琼脂糖粉完全融化形成清亮透明的溶液。待琼脂糖溶液冷却至 60 ℃左右时，加入核酸染色液至终浓度为 0.5 μg/mL，充分混匀后，轻轻倒入已放置好梳子的模具中，凝胶长度要大于 10 cm，厚度宜为 3~5 mm。检查梳齿下或梳齿间有无气泡，用一次性吸头小心排掉琼脂糖凝胶中的气泡。当琼脂糖凝胶完全凝结硬化后，轻轻拔出梳子，小心将胶块和胶床放入电泳槽中，样品孔放置在阴极端。向电泳槽中加入 1×TAE 电泳缓冲液，液面高于胶面 1~2 mm。将 5 μL PCR 产物与 1 μL 6×上样缓冲液混匀后，用微量移液器吸取混合液垂直伸入液面下的胶孔，小心上样于孔中；阳性对照的 PCR 反应产物加入最后一个泳道中；第一个泳道中加入 2 μL 分子量 Marker。接通电泳仪电源，电压为 10V，电泳 30~45 min。电泳结束后，取出凝胶放入凝胶成像仪中观察结果，拍照并记录数据。

（6）结果判定。电泳结果中空白对照应无条带出现，阴性对照仅有目标条带扩增，阳性对照中出现所有目标条带，PCR 试验结果成立。根据电泳图中目标条带的大小，判断目标条带的种类，记录每个泳道中目标条带的种类，在表 2-14-2 中查找不同目标条带种类及组合所对应的致泻大肠埃希氏菌类别。

**注意：**如用商品化 PCR 试剂盒或多重聚合酶链反应试剂盒，应按照试剂盒说明书进行操作。

表 2-14-2　5 种致泻大肠埃希氏菌目标条带与型别对照表

| 致泻大肠埃希氏菌类别 | 目标条带的种类组合 | |
|---|---|---|
| 肠道集聚性大肠埃希氏菌 | $aggR$，$astA$，$pic$ 中一条或一条以上阳性 | |
| 肠道致病性大肠埃希氏菌 | $bfpB$（+/−），$escV^a$（+），$stx1$（−），$stx2$（−） | |
| 产志贺毒素大肠埃希氏菌/<br>肠道出血性大肠埃希氏菌 | $escV^a$（+/−），$stx1$（+），$stx2$（−），$bfpB$（−）<br>$escV^a$（+/−），$stx1$（−），$stx2$（+），$bfpB$（−）<br>$escV^a$（+/−），$stx1$（+），$stx2$（+），$bfpB$（−） | $uidA^c$（+/−） |
| 产肠毒素大肠埃希氏菌 | $lt$，$stp$，$sth$ 中一条或一条以上阳性 | |
| 肠道侵袭性大肠埃希氏菌 | $invE^b$（+） | |

注　a—在判定肠道集聚性大肠埃希氏菌或产志贺毒素大肠埃希氏菌＼肠道出血性大肠埃希氏菌时，$escV$ 与 $eae$ 基因等效。b—在判定肠道侵袭性大肠埃希氏菌时，$invE$ 与 $ipaH$ 基因等效。c—97%以上大肠埃希氏菌为 $uidA$ 阳性。

6. 血清学试验（选做项目）

取 PCR 试验确认为致泻大肠埃希氏菌的菌株进行血清学试验。

（1）O 抗原的鉴定。

①假定试验：挑取经生化试验和 PCR 试验证实为致泻大肠埃希氏菌的营养琼脂平板上的菌落，根据致泻大肠埃希氏菌的类别，选用大肠埃希氏菌单价或多价 O 血清做玻片凝集试验。当与某一种多价 OK 血清凝集时，再与该多价血清所包含的单价 OK 血清做凝集试验。如与某一单价 OK 血清呈现凝集反应，即为假定试验阳性。

②证实试验：用灭菌生理盐水制备 O 抗原悬液，稀释至与 Mac Farland 3 号比浊管相当的浓度。原效价为（1∶160）~（1∶320）的 O 血清，用 0.5%盐水稀释至 1∶40。将稀释血清与抗原悬液于 10 mm×75 mm 试管内等量混合，做单管凝集试验。混匀后放于（50±1）℃水浴箱内，经 16 h 后观察结果。如出现凝集，可证实为 O 抗原。

（2）H 抗原的鉴定。

①取菌株穿刺接种半固体琼脂管，于（36±1）℃培养 18~24 h，取顶部培养物 1 环接种至 BHI 液体培养基中，于（36±1）℃培养 18~24 h。加入福尔马林至终浓度为 0.5%，做玻片凝集或试管凝集试验。

②若待测抗原与血清均无明显凝集，应从首次穿刺培养管中挑取培养物，再进行 2~3 次半固体管穿刺培养，取培养物再次进行试验。

7. 结果报告

（1）根据生化试验、PCR 确认试验的结果，报告 25 g（或 25 mL）样品中检出或未检出某类致泻大肠埃希氏菌。

（2）如果进行血清学试验，根据血清学试验的结果，报告 25 g（或 25 mL）样品中检出的某类致泻大肠埃希氏菌血清的型别。

## 五、实验数据处理与分析

根据实验过程详细记录样品和对照菌种的各项结果，并作出结论报告。

## 六、思考题

（1）为什么经过生化试验及 PCR 试验验证后还需要进行血清学试验验证？

（2）某鲜切水果产品疑似被致泻大肠埃希氏菌污染，请根据产品相关卫生标准要求设计取样、检验方案，并分析如何有效防止此类致病菌的污染？

## 七、知识应用与拓展

肠道致病性大肠埃希氏菌能够引起宿主肠黏膜上皮细胞黏附及擦拭性损伤，且不产生志贺毒素。该菌是婴幼儿腹泻的主要病原菌，有高度传染性，严重者可致死。

肠道侵袭性大肠埃希氏菌能够侵入肠道上皮细胞而引起痢疾样腹泻。该菌无动力、不发生赖氨酸脱羧反应、不发酵乳糖，生化反应和抗原结构均近似痢疾志贺氏菌。侵入上皮细胞的关键基因是侵袭性质粒上的抗原编码基因及其调控基因，如 *ipaH* 基因、*ipaR* 基因。

产肠毒素大肠埃希氏菌能够分泌热稳定性肠毒素或/和热不稳定性肠毒素。该菌可引起婴幼儿腹泻，一般呈轻度水样腹泻，也可呈严重的霍乱样症状，低热或不发热。腹泻常为自限性，一般 2~3 d 即自愈。

产志贺毒素大肠埃希氏菌（又称为肠道出血性大肠埃希氏菌）能够分泌志贺毒素、引起宿主肠黏膜上皮细胞黏附及擦拭性损伤。有些产志贺毒素大肠埃希氏菌在临床上引起人类出血性结肠炎或血性腹泻，并可进一步发展为溶血性尿毒综合征，这类产志贺毒素大肠埃希氏菌为肠道出血性大肠埃希氏菌。

肠道集聚性大肠埃希氏菌不侵入肠道上皮细胞，但能引起肠道液体蓄积。不产生热稳定性肠毒素或热不稳定性肠毒素，也不产生志贺毒素。唯一特征是能对 Hep-2 细胞形成集聚性黏附，也称 Hep-2 细胞黏附性大肠埃希氏菌。

# 实验项目 2-15　食品商业无菌检验

## 一、实验目的

（1）了解商业无菌的概念与检测意义。

（2）掌握商业无菌检验的方法，能够独立分析检验结果得出结论。

（3）培养学生严格遵守操作规范的微生物检验从业人员基本职业素养。

## 二、实验原理

商业无菌是指罐头等密封食品经过适度的热杀菌后，不含有致病性微生物，也不含有在通常温度下能在其中繁殖的非致病性微生物。商业无菌不同于细菌学上所谓的绝对无菌，而是要求在通常的商品流通及贮藏过程中，不会有微生物生长繁殖，也不会引起食品腐败变质或因致病菌的毒素产生而影响人体健康。

我国为了规范罐头食品安全，针对罐头食品的微生物检测制定了专门的检测标准 GB 4789.26—2023《食品安全国家标准　食品微生物学检验　商业无菌检验》。标准中商业无菌检验的原理：将罐头食品在特定温度下分别保温十天。保温过程中，罐头内未被充分杀死的微生物会利用罐头食品本身的营养进行生长繁殖，导致 pH 变化、气体产生、产品感官的变化（外观、色泽、气味等），通过涂片染色镜检可以看到有明显的微生物增殖情况。罐头食品经保温试验出现胖听或泄露，经过感官检查不正常、pH 有明显变化、涂片镜检微生物有明显增殖现象的为非商业无菌。

## 三、实验器材

（1）试剂。无菌生理盐水、结晶紫染色液、二甲苯、4%碘—乙醇溶液。

（2）仪器。高压蒸汽灭菌器、恒温振荡培养箱、双人垂直超净工作台、拍打式样品均质器、生化培养箱、冰箱、水浴锅、电子天平、pH 计、显微镜、微量移液器。

（3）其他。锥形瓶、培养皿、试管、开罐器、试管架、酒精灯、均质袋、手术剪、镊子等。

## 四、实验步骤

1. 食品流通领域商业无菌检验

（1）样品准备。抽取样品后，记录产品名称、编号，并在样品包装表面做好标记，应确保样品外观正常，无损伤、锈蚀（仅对金属容器）、泄漏、胀罐（袋、瓶、杯等）等明显的异常情况。

（2）保温。每个批次取 1 个样品置于 2~5 ℃冰箱中保存作为对照，将其余样品放在（36±1）℃下保温 10 d。保温过程中应每天定时检查，如有胀罐（袋、瓶、杯等）或泄漏现象，应立即取出，开启检查并记录。

（3）开启。

①所有保温的样品，冷却到常温后，按无菌操作开启检验。

②保温过程中如有胀罐（袋、瓶、杯等）或泄漏现象，应立即剔出，严重膨胀样品先置于 2~5 ℃冰箱内冷藏数小时后，再开启食品容器检查。

③待测样品保温结束后，必要时可用温水或洗涤剂清洗待检样品的外表面，水冲洗后用无菌毛巾（布或纸）或消毒棉（含 75%的乙醇溶液）擦干。用含 4%碘—乙醇溶液浸泡（或 75%乙醇溶液）消毒外表面 30 min，再用灭菌毛巾擦干后开启，或在密闭罩内点燃表面残余的碘—乙醇溶液至全部燃烧完后开启（膨胀样品及采用易燃包装材料容器的样品不能灼烧）。

④测试样品应按无菌操作要求开启。开启带汤汁的样品前应适当振摇。对于金属容器样品，使用无菌开罐器或罐头打孔器，在消毒后的罐头光滑面开启一个适当大小的口或者直接拉环开启，开罐时不得伤及卷边结构。每次开罐前，应保证开罐器处于无菌状态，防止交叉污染。对于软包装样品，可以使用灭菌剪刀开启，不得损坏接口处。

**注意：** 严重胀罐（袋、瓶、杯等）样品可能会发生爆喷，喷出有毒物，可采取在样品上盖一条无菌毛巾或者用一个无菌漏斗倒扣在样品上等预防措施，防止这类危险的发生。

（4）留样。开启后，用灭菌吸管或其他适当工具，以无菌操作取出内容物至少 30 mL（g）并移至灭菌容器内，保存在 2~5 ℃冰箱中，在需要时可用于进一步试验，待该批样品得出检验结论后可弃去。

（5）感官检查。在光线充足、空气清洁无异味的检验室中，将样品内容物倾入白色搪瓷盘内，对产品的组织、形态、色泽和气味等进行观察和嗅闻，按压食品检查产品性状，鉴别食品有无腐败变质的迹象，同时观察包装容器内部和外部的情况，并记录。

（6）pH 测定。

①样品处理。液态制品混匀备用，有固相和液相的制品则取混匀的液相部分备用。对于稠厚或半稠厚制品以及难以从中分出汁液的制品（如糖浆、果酱、果冻、油脂等），取一部分样品在均质器或研钵中研磨，如果研磨后的样品仍太稠厚，加入等量的无菌蒸馏水，混匀备用。

②测定。将电极插入被测试样液中，并将 pH 计的温度校正器调节到被测液的温度。如果仪器没有温度校正系统，被测试样液的温度应调到 (20±2)℃的范围之内，采用适合于所用 pH 计的步骤进行测定。当读数稳定后，从仪器的标度上直接读出 pH，精确到 pH 0.05 单位。

同一个制备试样至少进行两次测定。两次测定结果之差应不超过 0.1 pH 单位。取两次测定的算术平均值作为结果，报告精确到 0.05 pH 单位。

③分析结果。与同批中冷藏保存对照样品相比，比较是否有显著差异。pH 相差 0.5 及以上判为显著差异。

（7）涂片染色镜检。

①涂片。取样品内容物进行涂片。带汤汁的样品可用接种环挑取汤汁涂于载玻片上，固态食品可直接涂片或用少量灭菌生理盐水稀释后涂片，待干后用火焰固定。油脂性食品在涂片、自然干燥并用火焰固定后，用二甲苯流洗，再自然干燥。

②染色镜检。用结晶紫染色液对涂片进行单染色，干燥后镜检，至少观察 5 个视野，记录菌体的形态特征以及每个视野的菌数。与同批冷藏保存对照样品相比，判断是否有明显的微生物增殖现象。菌数有百倍或百倍以上的增长则判为明显增殖。

（8）结果判定。

①样品经保温试验未胀罐（袋、瓶、杯等）或未泄漏时，保温后开启，经感官检查、pH 测定、涂片镜检确证无微生物增殖现象，则可报告该样品为商业无菌。

②样品经保温试验未胀罐（袋、瓶、杯等）或未泄漏时，保温后开启，经感官检查、pH测定、涂片镜检确证有微生物增殖现象，则可报告该样品为非商业无菌。

③样品经保温试验发生胀罐（袋、瓶、杯等）且感官异常或泄漏时，直接判定为非商业无菌；若需核查样品出现膨胀、pH 或感官异常、微生物增殖等的原因，可取样品内容物的留样按照 GB 4789.26—2023 附录 B 进行接种培养并报告。

2. 食品生产领域商业无菌检验

（1）样品准备。食品生产加工结束后，生产企业应根据产品特性、企业质量目标、产品的杀菌方式、规格和批量大小等因素，参照相关国家标准，建立合适的抽样方案和接收质量限（acceptance quality limit，AQL）。

根据检验目标，抽取样品后检查并记录，应确保样品外观正常，无损伤、锈蚀（仅对金属容器）、泄漏、胀罐（袋、瓶、杯等）等明显的异常情况。

（2）保温。食品生产企业可参考表 2-15-1 制定适合本企业产品检验的保温方案。对抽取的样品，应按保温方案要求，放在恒温培养室或恒温培养箱中保温，保温过程中应每天定时检查，如有胀罐（袋、瓶、杯等）或泄漏现象，应立即取出，开启检查并记录。

表 2-15-1  样品保温时间和温度推荐方案

| 样品属性 | 种类 | 温度（℃） | 时间（d） |
| --- | --- | --- | --- |
| 低酸性食品、酸化食品 | 乳制品、饮料等液态食品 | 36±1 | 7 |
| | 罐头食品 | 36±1 | 10 |
| | 预定销售时产品贮存温度 40 ℃以上的低酸性食品 | 55±1 | 6±1 |
| 酸性食品 | 罐头食品、饮料 | 30±1 | 10 |

**注意**：恒温培养室温度偏差可为±2 ℃。

（3）开启。方法同"食品流通领域商业无菌检验"。

（4）留样。开启后，用灭菌吸管或其他适当工具，以无菌操作取出内容物至少 30 mL（g）并移至灭菌容器内，保存于 2~5 ℃冰箱中，在需要时可用于进一步试验，待该批样品得出检验结论后可弃去。开启后的样品容器可进行适当的保存，以备日后容器检查时使用。

（5）感官检查。方法同"食品流通领域商业无菌检验"。

（6）pH 测定。生产企业应根据产品的特性，建立该类产品 pH 的正常控制范围。检测方法同"食品流通领域商业无菌检验"。pH 若超过正常控制范围，应进行染色镜检。

（7）涂片染色镜检。

①涂片。认为感官或 pH 检查结果可疑的，以及腐败时 pH 反应不灵敏的（如肉、禽、鱼等）罐头样品，均应进行涂片染色镜检。

涂片方法同"食品流通领域商业无菌检验"。

②染色镜检。用结晶紫染色液对涂片进行单染色，干燥后镜检，至少观察 5 个视野，记录菌体的形态特征以及每个视野的菌数。

生产企业可根据产品特性，建立该类产品微生物明显增殖的判断标准，与判断标准或同批正常样品［如未胀罐（袋、瓶、杯等），感官无异常样品］相比，判断是否有明显的微生物增殖现象。

③接种培养。保温期间出现的胀罐（袋、瓶、杯等）泄漏或开启检查发现 pH、感官质量异常、腐败变质，且进一步镜检发现有异常数量细菌的样品，均可按照 GB 4789.26—2023 附录 B 进行微生物接种培养和异常分析。

（8）结果判定与报告。

①抽取样品经保温试验未胀罐（袋、瓶、杯等）或未泄漏时，经感官检查、pH 检验、染色镜检或接种培养，确证无微生物增殖现象，则报告该样品为商业无菌。

②抽取样品经保温试验未胀罐（袋、瓶、杯等）或未泄漏时，经感官检查、pH 检验、染色镜检或接种培养，确证有微生物增殖现象，则报告该样品为非商业无菌。

③抽取样品经保温试验发生胀罐（袋、瓶、杯等）且感官异常或泄漏时，报告该样品为非商业无菌。

## 五、实验数据处理与分析

根据实验过程详细记录样品和对照样品的各项结果，并作出结论报告。

## 六、思考题

（1）什么类型的食品适合进行商业无菌检测？请举出 1~2 个例子。

（2）请分析商业无菌检测中有哪些注意事项？

## 七、知识应用与拓展

在美国发生了 2 起流传较广的罐头食品中毒事件后，国际食品微生物标准委员会于 1974 年制定了《耐长期保存的罐头食品的抽样方案》文件，该文件阐明了将食物包装在密封容器中并经过适当的热杀菌，将所有的微生物都杀灭或保证存活下来的微生物不会在食品中生长的技术被称为是"商业无菌"，这是较早提出的商业无菌概念的资料。

罐头食品可以分为低酸性罐头食品和酸性罐头食品。低酸性罐头食品指除酒精饮料外，凡杀菌后平衡 pH 大于 4.6、水活性值大于 0.85 的罐头食品，通常包括一些肉类罐头、禽类罐头、水产罐头和大部分蔬菜罐头，但原来是低酸性的水果、蔬菜或蔬菜制品，为加热杀菌的需要而加酸降低 pH 的，属于酸化的低酸性罐头食品。酸性罐头食品指杀菌后平衡 pH 小于或等于 4.6 的罐头食品，包括大部分水果罐头和部分蔬菜罐头，如 pH 小于 4.7 的番茄、梨和菠萝以及由其制成的汁，以及 pH 小于 4.9 的无花果都算作酸性食品。

# 实验项目 2-16　快速测试片法检测食品中的大肠杆菌 O157：H7/NM

## 一、实验目的

（1）了解快速测试片法的检测原理与方法。

（2）能够利用快速测试片法完成食品中大肠埃希氏菌 O157：H7/NM 的检测，并正确进行检验数据的处理及结果报告。

（3）帮助学生树立食品快速检验技术科技创新意识。

## 二、实验原理

快速测试片由上下两层组成，上层的薄膜上通过粘合剂结合了指示剂，并涂覆了冷水可溶性凝胶，下层的纸片上涂覆了改良培养基，并印有方格以便于计数。以每片 1 mL 的加样量将处理后的样品待测液直接加到薄膜中间，盖上含有胶凝剂和指示剂的覆盖膜，培养后细菌在双层膜之间生长繁殖，其代谢产物与显色物质作用并显色，即可直接计数。测试片是一种预制的培养基系统，省略了传统培养法中培养基配置、灭菌、制作平板等步骤，大大节约了检测时间。

## 三、实验器材

（1）试剂。无菌磷酸盐缓冲液（配方见附录 2）或无菌生理盐水、大肠杆菌 O157：H7/NM 测试片。

（2）仪器。高压蒸汽灭菌器、双人垂直超净工作台、拍打式样品均质器、生化培养箱、冰箱、微量移液器。

（3）其他。锥形瓶、酒精灯、均质袋等。

## 四、实验步骤

1. 样品处理

取样品 25 mL（g）放入含有 225 mL 灭菌磷酸缓冲液稀释液或生理盐水的取样罐或均质杯内，制成 1：10 的样品匀液。

2. 接种

将大肠杆菌 O157：H7/NM 测试片置于超净工作台上，揭开上层膜，用无菌吸管吸取 1 mL 样品匀液缓慢均匀地滴加到纸片上，然后再将上层膜缓慢盖下，静置 10 s 左右使培养基凝固，最后用手轻轻地压一下，每个稀释度接种两片，同时做一片空白阴性对照。

3. 培养

将测试片叠在一起放回原自封袋中并封口，透明面朝上，水平置于恒温培养箱内，堆叠片数不超过 12 片。培养温度为（36±1）℃，培养 15~24 h。

4. 结果判读

对测试片进行观察，呈紫红色的菌落为大肠杆菌，呈蓝色的菌落为其他大肠菌群。对于阳性菌落样本，建议用国标法进行复检验证。

5. 报告方式

报告每 25 g（或 25 mL）样品中检出或未检出大肠杆菌。

## 五、实验数据处理与分析

根据实验过程详细记录样品和对照菌种的各项结果，并作出结论报告。

## 六、思考题

试分析比较快速测试片法与现行国标（GB 4789.36）中两种检测方法的优缺点。

## 七、知识应用与拓展（思政案例）

致泻大肠埃希氏菌常见的污染食品为肉及肉制品（尤其是牛肉）、奶及奶制品、蛋及蛋制品、蔬菜、水果和饮料等，工厂、学校的集体食堂是其爆发的常见地点。在夏季，人们喜好生食蔬菜水果和荤素凉菜，这些都是致泻大肠埃希氏菌污染的高风险食品，且夏季气温更接近于大肠埃希氏菌的最适生长温度 37 ℃，因此该季节是感染致泻大肠埃希氏菌的高峰期。

致泻大肠埃希氏菌引起得常见感染症状包括水样便、腹痛、恶心、发热、粪便中有少量黏液和血等，婴幼儿多表现为 2 周以上的持续性腹泻。1999 年江苏省徐州市曾爆发过由大肠埃希氏菌 O157：H7 引起的食物中毒事件，这也是我国历史上由此菌引起的最大规模的食物中毒事件。近年来，国际上由此菌引起的食物中毒事件也时有发生：2011 年德国爆发的由产志贺毒素大肠埃希氏菌 O104：H4 引起的"黄瓜污染事件（最终证实是芽菜污染），约 2200 人发病，数十人死亡；2015 年美国爆发的由产志贺毒素大肠埃希氏菌 O26 引起的"墨西哥卷"事件，约 55 人发病，21 人住院。致泻大肠埃希氏菌食源性疾病的不断爆发说明了食品安全无小事，安全责任重于山。食品安全监测人员要认真做好相关监测，加强日常监督检查，严防食品安全事故，营造一个安全的食品消费环境。

# 实验项目 2-17　PCR-DHPLC 技术检验食品中的致病菌

## 一、实验目的

（1）了解 PCR-DHPLC 技术用于致病菌检测的原理与方法。

（2）能够利用 PCR-DHPLC 技术检测食品中的致病菌，并正确分析检测数据形成结果报告。

（3）培养学生现代食品检验技术科技创新的精神。

## 二、实验原理

聚合酶链式反应-变性高效液相色谱法（polymerase chuin reaction-denaturing high performance liquid chromatography，PCR-DHPLC）是利用目标致病菌引物 PCR 扩增待检测样品 DNA，再通过 DHPLC 技术，将 PCR 扩增后的 DNA 片段与缓冲液三乙胺乙酸混合形成液相，流动相被高压驱动，通过一个 DNA 分离柱——DNA Sep 柱，该柱可对 DNA 片段进行分离和分析。变性温度是影响 DNA 片段分析的一个重要因素，变性温度升高，保留时间缩短。洗脱的核苷酸片段经检测器检测后转换为数字信号记录并储存于计算机中，通过分析是否存在目标峰，判断待检测样品中是否含有目标致病菌。利用 DHPLC 方法进行扩增片段分析，不需要灌胶、上样、电泳等繁琐的操作，该方法快速、自动化，可检测片段长达 1500 bp，且准确率在 96% 以上。

## 三、实验器材

（1）致病菌正反向引物见表 2-17-1。

表 2-17-1　致病菌引物序列

| 致病菌名称 | 引物序列 |
| --- | --- |
| 沙门氏菌 | 5'-GTGAAATTATCGCCACGTTCGGGEAA-3' |
| | 5'-TEATCGCACCGTCAAAGGAACC-3' |
| 志贺氏菌 | 5'-GTTCCTTGACCGCCTTTCCGATACCGTC-3' |
| | 5'-GCCGGTCAGCCACCCTCTGAGAGTAC-3' |
| 金黄色葡萄球菌 | 5'-AAAAAAGCACATAACAAGCG-3' |
| | 5'-GATAAAGAAGAAACCAGCAG-3' |
| 副溶血性弧菌 | 5'-AAAGCGGATTATGCAGAAGCACTG-3' |
| | 5'-GCTACTTTCTAGCATTTTCTCTGC-3' |
| 单增李斯特菌 | 5'-GAATGTAAACTTCGGCGCGAATCAG-3' |
| | 5'-GCCGTCGATGATTTGAACTTCATC-3' |

（2）试剂。SDS、蛋白酶 K、氯化钠、CTAB、苯酚、三氯甲烷、异戊醇、异丙醇、乙醇、TE 溶液（pH 8.0）、细菌 DNA 提取试剂盒；2×Taq PCR mix；DHPLC 缓冲液 A（0.1 mmol/L 三乙胺乙酸）、DHPLC 缓冲液 B（配方见附录 2）。

（3）仪器。PCR 仪、DHPLC 仪、高速冷冻 DANHE 离心机、生物安全柜、高压蒸汽灭菌器、恒温培养箱、微量移液器（量程为 2 μL、10 μL、100 μL、200 μL、1000 μL）、电子天平等。

## 四、实验步骤

1. 样品制备、增菌培养和分离

参照相关国家标准进行增菌和分离培养：

（1）沙门氏菌的样品处理、增菌培养和分离步骤按照实验项目 2-8 进行。

（2）志贺氏菌的样品处理、增菌培养和分离步骤按照实验项目 2-9 进行。

（3）金黄色葡萄球菌的样品处理、增菌培养和分离步骤按照实验项目 2-10 进行。

（4）副溶血性弧菌的样品处理、增菌培养和分离步骤按照实验项目 2-11 进行。

（5）单核李斯特氏菌的样品处理、增菌培养和分离步骤按照实验项目 2-13 进行。

2. 增菌液模板 DNA 的制备

（1）取相应致病菌增菌液（需二次培养的则取二次增菌液）1.5 mL，加到 1.5 mL 无菌离心管中，于 13000 r/min 离心 1 min，取沉淀。

（2）向离心管中加入 567 μL TE 溶液（pH8.0），重悬沉淀，加 30 μL 10% SDS 和 3 μL 蛋白酶 K（20 mg/mL），混匀，于 37 ℃水浴 1 h。

（3）再加 100 μL 5 mol/L 氯化钠，混匀，加 80 μL CTAB/NaCl 溶液（10% CTAB 和 0.7 mol/L 氯化钠），混匀，于 65 ℃水浴 10 min。

（4）之后加入等体积的三氯甲烷/异戊醇（体积比为 24∶1），混匀，于 13000 r/min 离心 10 min，取上清液。

（5）加入等体积的酚/三氯甲烷/异戊醇（体积比为 25∶24∶1），混匀，于 13000 r/min 离心 10 min，取上清液。

（6）加入 0.6 倍体积的异丙醇，轻轻混匀，于 13000 r/min 离心 10 min，取沉淀。

（7）用 70%乙醇清洗 2 次，干燥，加 100 μL TE 溶液（pH 8.0）溶解，即获得模板 DNA 溶液，可保存于-20 ℃备用。

（8）按同样方法制备阳性对照菌株和阴性对照菌株的增菌液模板 DNA。

**注意**：也可使用商业化的 DNA 提取试剂盒并按其说明制备模板 DNA。

3. PCR 扩增

（1）反应体系体积（25 μL）。DNA 模板（50~100 ng/μL）2 μL、正反引物（10 μmol/L）各 1 μL、2×Taq PCR mix 12.5 μL、水 8.5 μL。

（2）反应条件。94 ℃预变性 5 min，94 ℃变性 30 s，50~60 ℃退火 30 s，72 ℃延伸 1 min，循环 35 次，72 ℃终延伸 10 min，在 4 ℃保存。

**注意**：PCR 反应参数可根据基因扩增仪型号的不同进行适当地调整；PCR 仪使用前需提前 10 min 开机预热。

4. DHPLC 检测

（1）DHPLC 分析条件。

①色谱柱。PS-DVB&C18DNASep 色谱柱（4.6 mm×50 mm，粒度为 3 μm）。

②柱温。50 ℃。

③流动相。缓冲溶液 A 浓度为 50.2%，缓冲溶液 B 浓度为 49.8%。

④流速。0.9 mL/min。

⑤分析片断设计。起始碱基数：扩增目标的预期片段减去 100 bp；终止碱基数：扩增目标的预期片段加上 100 bp。

⑥检测器。荧光检测器（光源为 150 W 氙灯；激发谱带宽 15 nm；发射谱带宽 15.3 nm；检测灵敏度在波长 350 nm 积分 2 s）。

⑦上样量。PCR 产物 5~10 μL。

（2）DHPLC 分析步骤。

①将装有 PCR 产物的反应管放置在 DHPLC 金属板的微孔中。

②登录 DHPLC 分析系统，按照"DHPLC 分析条件"设置相应参数，建立检测程序并运行。

5. 质控对照设置

检测过程中应分别设阳性对照和阴性对照。阳性对照为目标致病菌的标准菌株，阴性对照为非目标致病菌的标准菌株。

6. 结果及判断

（1）质控标准。

①阴性对照。无吸收峰出现。

②阳性对照。出现典型的 PCR 产物吸收峰，且峰吸收值大于 3 mV。

③不符合上述对照质控标准的视为无效。

（2）结果判定和报告。以沙门氏菌为例，DHPLC 检测图谱示例（图 2-17-1）。

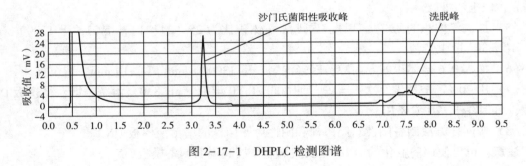

图 2-17-1　DHPLC 检测图谱

①检测样品无扩增吸收峰出现，可判定样品结果为阴性，直接报告未检出×××致病菌。

②检测样品出现典型的 PCR 产物吸收峰，且吸收峰值大于 3 mV 时，可判定该样品中×××致病菌为可疑阳性。

③检测样品出现典型的 PCR 产物吸收峰，但吸收峰值小于 3 mV 时，建议调整 PCR 扩增参数重新进行检测。若重做结果的吸收峰值仍小于 3 mV，则为×××致病菌阴性，否则为×××致病菌可疑阳性。

④对于×××致病菌可疑阳性结果，应采用国标中的经典检测方法做进一步的生化鉴定和报告。

## 五、实验数据处理与分析

观察并记录流出峰峰形及位置（表 2-17-2），根据异常峰形筛查突变样本。

**表 2-17-2　实验数据记录表**

| 项目 | 吸收峰值 | 结果判定 |
|---|---|---|
| 样品 | | |
| 阳性对照 | | |
| 阴性对照 | | |

## 六、思考题

请设计实验方案，利用 PCR-DHPLC 法快速检测食品中是否存在蜡样芽孢杆菌？试分析 PCR-DHPLC 法较国标中蜡样芽孢杆菌检测方法的优势有哪些？

## 七、知识应用与拓展

DHPLC 是近年来发展起来的一项用于分离核苷酸片段、分析检测已知或未知基因突变的技术，除了用于食品中致病菌的检测外，其更多用于医学基因突变病症的的检测。与传统的单链构象多态性（single-strand conformation polymorphism，SSCP）、变性梯度凝胶电泳法（denatured gradient gel electrophoresis，DGGE）等方法相比，DHPLC 有较多的优点。SSCP 的结果受血样质量、提取方法等因素的影响，并且需要跑胶、电泳；DGGE 则需要标记引物，存在放射性污染，这两种方法都比较费时费力。而 DHPLC 高度自动化，可以自动取样，检测每个样品只需要 8 min 左右。DHPLC 与其他检测 DNA 突变方法的最大不同在于，它能够纯化 DNA 片断。当然，只能检测杂合突变是 DHPLC 的不足之处，但是这可以利用混合的方法（即将纯合突变样品和野生型样品混合）来解决。DHPLC 具有高通量检测、自动化程度高、灵敏度和特异性较高、检测 DNA 片段和长度变动范围广、相对价廉等优点，这些优点使其应用范围不断扩展。

# 实验项目 2-18　实时荧光定量 PCR 技术检验食品中的致病菌

## 一、实验目的

（1）了解实时荧光定量 PCR 技术用于致病菌检测的原理与方法。

（2）能够利用实时荧光定量 PCR 技术检测食品中的致病菌，并正确分析检测数据形成结果报告。

（3）培养学生现代食品检验技术科技创新精神。

## 二、实验原理

实时荧光定量 PCR（real-time fluorescent quantitative PCR，qPCR）是 1996 年由美国 Applied Biosystems 公司推出的一种新的定量技术，该技术克服了 PCR 法进入平台期后定量的较大误差问题，实现 DNA/RNA 的精确定量，而且具有敏感度和特异性高、能实现多重反应、自动化程度高、无污染、实时和准确等特点，该技术在医学临床检验及临床医学研究方面都有着重要的意义。

实时荧光定量 PCR 通过对 PCR 扩增反应中每一个循环产物荧光信号的实时检测从而实现对起始模板定量及定性的分析。其原理是在实时荧光定量 PCR 反应中，引入了一种荧光化学物质，随着 PCR 反应的进行，PCR 反应产物不断累计，荧光信号强度也等比例增加。每经过一个循环，收集一个荧光强度信号，这样就可以通过荧光强度变化监测产物量的变化，从而得到一条荧光扩增曲线图。针对要检测的目标致病菌设计特异性引物，进行 qPCR 扩增，当检测到高强度荧光强度信号时，则说明目标致病菌存在于被检测样品中，如果检测不到荧光强度信号，则说明被检测样品中无目标致病菌。基于这一原理可以实现食品中致病菌的快速、高灵敏检测。

## 三、实验器材

（1）培养基。细菌培养用显色培养基、增菌培养基。

（2）引物和探针（表 2-18-1）。

表 2-18-1　致病菌引物及探针序列

| 致病菌名称 | 引物序列 | 探针序列 |
|---|---|---|
| 沙门氏菌 | 5′-GCGGCGTTGGAGAGTGATA-3′ | 5′-CATTTCTTAAACGGCGGTGTCTTTCCCT-3′ |
| | 5′-AGCAATGGAAAAAGCAGGATG-3′ | |
| 志贺氏菌 | 5′-CGCAATACCTCCGGATTCC-3′ | 5′-AACAGGTCGCTGCATGGCTGGAA-3′ |
| | 5′-TCCGCAGAGGCACTGAGTT-3′ | |
| 金黄色葡萄球菌 | 5′-TTCTTCACGACTAAATAAACGCTCA-3′ | 5′-CAGAACACAATGTTTCCGATGCAACGT-3′ |
| | 5′-GGTACTACTAAAGATTATCAAGACGGCT-3′ | |

续表

| 致病菌名称 | 引物序列 | 探针序列 |
|---|---|---|
| 副溶血性弧菌 | 5'-GCGACCTTTCTCTGAAATATTAATTGT-3' | 5'-CGCACAAGGCTCGACGGCTGA-3' |
|  | 5'-CATTCGCGTGGCAAACATC-3' |  |
| 单增李斯特氏菌 | 5'-CTGAATCTCAAGCAAAACCTGGT-3' | 5'-ATACGATAACATCCACGGCTCTGGCTGG-3' |
|  | 5'-CGCGACCGAAGCCAACTA-3' |  |

（3）试剂。Taq DNA 聚合酶、dNTP（dATP、dTTP、dCTP、dGTP）、qPCR 反应试剂盒、细菌 DNA 提取试剂盒、10×PCR 缓冲液（配方见附录2）。

（4）仪器。实时荧光定量 PCR 仪、高速冷冻离心机、涡旋仪、生物安全柜、高压蒸汽灭菌器、恒温培养箱、微量移液器（量程为 10 μL、20 μL、100 μL、200 μL、1000 μL）、核酸蛋白分析仪或紫外分光光度计、恒温水浴锅、电子天平等。

## 四、实验步骤

1. 样品处理、增菌培养和分离

（1）沙门氏菌的样品处理、增菌培养和分离步骤按照实验项目 2-8 进行。

（2）志贺氏菌的样品处理、增菌培养和分离步骤按照实验项目 2-9 进行。

（3）金黄色葡萄球菌的样品处理、增菌培养和分离步骤按照实验项目 2-10 进行。

（4）副溶血性弧菌的样品处理、增菌培养和分离步骤按照实验项目 2-11 进行。

（5）单增李斯特氏菌的样品处理、增菌培养和分离步骤按照实验项目 2-13 进行。

2. 增菌液模板 DNA 的制备

取培养的相应致病菌增菌液 1 mL，加到 1.5 mL 无菌离心管中，于 8000 r/min 离心 5 min，收集沉淀。向沉淀中加入 50 μL DNA 提取液，混匀后沸水浴 5 min，于 12000 r/min 离心 5 min，取上清保存于−20 ℃备用。若使用 DNA 提取试剂盒，则按照试剂盒操作步骤进行。

3. 可疑菌落模板 DNA 的制备

挑取上步中分离到的可疑菌落、菌体或其传代培养液 1.5 mL，按照上述步骤制备模板 DNA 以待检测。也可使用商业化的 DNA 提取试剂盒并按其说明制备模板 DNA。

4. 检测 DNA 模板质量

取适量 DNA 溶液原液，使用微量核酸蛋白分析仪检测 DNA 质量。DNA 浓度≥50 ng/μL，D260/D280 在 1.70～1.90，即可满足后续检验需求。

5. 实时荧光 PCR 检测

（1）实时荧光 PCR 反应体系。反应体系体积为 25 μL：10×PCR 缓冲液 2.5 μL、引物对（10 μmol/L）各 1 μL、探针（10 μmol/L）1 μL、dNTP（10 mmol/L）1 μL、Taq DNA 聚合酶（5 U/μL）0.5 μL、模板 DNA（0.1～2 μg）2 μL，水补足至 25 μL。

**注意 1**：可选用含有 PCR 缓冲液、MgCl$_2$、dNTP 和 Taq 酶等成分的基于 Taqman 探针的实时荧光 PCR 预混液进行实时荧光 PCR 扩增。

**注意 2**：反应体系中各试剂的用量可根据具体情况或不同的反应总体积进行适当调整。

（2）实时荧光 PCR 反应参数。95 ℃预变性 3 min，94 ℃变性 5 s，60 ℃退火延伸 40 s，

同时收集 FAM 荧光，进行 40 个循环，于 4 ℃保存反应产物。

**注意**：PCR 反应参数可根据基因扩增仪型号的不同进行适当的调整。

6. 对照

检测过程中分别设阳性对照、空白对照。阳性对照为扩增片段的阳性克隆分子 DNA 或阳性菌株 DNA，空白对照为无菌水。

7. 结果报告

（1）质控标准。

阳性对照：出现典型的扩增曲线，$Ct$ 值应<30.0；空白对照：无扩增曲线，$Ct$ 值≥40.0；否则，实验视为无效。

（2）结果判定和报告。

$Ct$ 值≥40.0，可判定样品结果为阴性，可直接报告未检出相对应致病菌；

$Ct$ 值≤35.0，可判定该样品结果为阳性；

$Ct$ 值>35.0 且<40.0，建议样本重做。重做结果的 $Ct$ 值≥40.0 者为阴性，否则为阳性。

对于阳性结果，应参见规范性引用文件中的方法或相关的国际权威微生物经典检验方法做进一步的生化鉴定和报告。

## 五、实验数据处理与分析

按照表 2-18-2 记录并处理实验数据。

**表 2-18-2　实验数据记录表**

| 样品 | $Ct$ 值 | 结果判定 |
| --- | --- | --- |
|  |  |  |
|  |  |  |
|  |  |  |

## 六、思考题

（1）如果溶解曲线峰值出现在 70~80 ℃说明什么？如果溶解曲线出现双峰说明什么？

（2）请设计实验方案并采用荧光定量 PCR 法快速检测食品中是否存在霍乱弧菌。

## 七、知识应用与拓展

RT-PCR、qPCR 和 Real-time PCR 有什么区别？

RT-PCR 是逆转录 PCR（reverse transcription PCR）的简称，是聚合酶链式反应（PCR）的一种广泛应用的变形。在 RT-PCR 中，一条 RNA 链被逆转录成为互补 cDNA，再以此为模板通过 PCR 进行 DNA 扩增。real-time-PCR 和 qPCR 都是指实时定量 PCR，指的是 PCR 过程中每个循环都有数据的实时记录，因此可以对起始模板数量进行精确的分析。虽然 real-time PCR（实时荧光定量 PCR）和 reverse transcription PCR（逆转录 PCR）看起来都可以缩写为 RT-PCR，但是，国际上约定俗成的是 RT-PCR 特指逆转录 PCR，而 real-time PCR 一般缩写为 qPCR。

# 实验项目 2-19  环介导等温扩增（LAMP）技术检验食品中的致病菌

## 一、实验目的

（1）了解环介导等温扩增技术用于致病菌检测的原理与方法。

（2）能够利用环介导等温扩增技术检测食品中的致病菌，并正确分析检测数据形成结果报告。

（3）帮助学生树立现代食品检验技术科技创新的信心。

## 二、实验原理

环介导等温扩增技术（loop-mediated isothermal amplification，LAMP）是日本科学家在 2000 年提出的一种新的分子扩增方法，2002 年日本科学家对方法进行了优化。该技术针对靶基因设计 6 条引物，包括外引物（F3 和 B3）、内引物（FIP 和 BIP）和环引物（LF 和 LB），在 $60 \sim 65$ ℃的恒温条件下，利用链置换酶（$Bst$ DNA polymerase）对靶基因进行扩增，短时反应就可以将靶基因扩增 $10^9 \sim 10^{10}$ 倍。

反应过程可以分为两个阶段（图 2-19-1），分别是启动阶段和扩增循环阶段。第 1 阶段为启动阶段，任何一个引物向双链 DNA 的互补部位进行碱基配对延伸时，另一条链就会解离，变成单链。上游内部引物 FIP 的 F2 序列首先与模板 F2c 结合，在链置换型 DNA 聚合酶的作用下向前延伸启动链置换合成。外部引物 F3 与模板 F3c 结合并延伸，置换出完整的 FIP 连接的互补单链。FIP 上的 F1c 与此单链上的 F1 为互补结构。自我碱基配对形成环状结构。以此链为模板。下游引物 BIP 与 B3 先后启动类似于 FIP 和 F3 的合成，形成哑铃状结构的单链。迅速以 3′末端的 F1 区段为起点。以自身为模板，进行 DNA 合成延伸形成茎环状结构。该结构是 LAMP 基因扩增循环的起始结构。

第 2 阶段是扩增循环阶段。以茎环状结构为模板，FIP 与茎环的 F2c 区结合。开始链置换合成，解离出的单链核酸上也会形成环状结构。迅速以 3′末端的 B1 区段为起点，以自身为模板。进行 DNA 合成延伸及链置换，形成长短不一的 2 条新茎环状结构的 DNA，BIP 引物上的 B2 与其杂交。启动新一轮扩增。且产物 DNA 长度增加一倍。在反应体系中添加 2 条环状引物 LF 和 LB，它们也分别与茎环状结构结合启动链置换合成，周而复始。扩增的最后产物是具有不同个数茎环结构、不同长度 DNA 的混合物。且产物 DNA 为扩增靶序列的交替反向重复序列。

由于该方法具有快速、简便、特异性强、灵敏度高等优点，目前已经应用到致病菌检测领域。

## 三、实验器材

（1）培养基。平板计数培养基（PCA）、脑心浸液肉汤（BHI）（配方见附录1）。

（2）LAMP 扩增引物（表 2-19-1）。

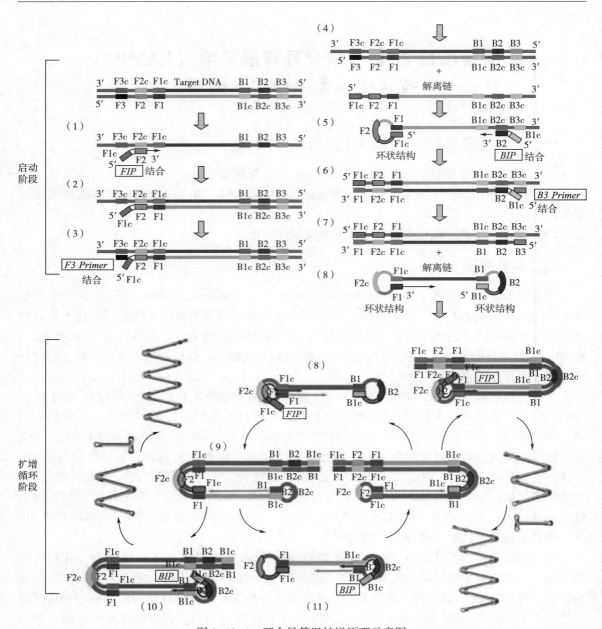

图 2-19-1　环介导等温扩增原理示意图

表 2-19-1　LAMP 引物序列信息

| 菌种 | 目标基因 | 引物 | 序列（5′—3′） |
|------|---------|------|------|
| 大肠杆菌 O157：H7 | rfbE | F3 | AACAGTCTTGTACAAGTCCA |
| | | B3 | GGTGCTTTTGATATTTTTCCG |
| | | FIP | CTCTCTTTCCTCTGCGGTCCGATGTTTTTCACACTTATTGGAT |
| | | BIP | TAAGGAATCACCTTGCAGATAAACTAGTACATTGGCATCGTGT |
| | | LF | CCAGAGTTAAGATTGAT |
| | | LB | CGAAACAAGGCCAGTTTTTTACC |

续表

| 菌种 | 目标基因 | 引物 | 序列（5′—3′） |
|------|---------|------|--------------|
| 金黄色葡萄球菌 | *SAR0395* | F3 | GACGATTGTTTGCTTGTTCT |
| | | B3 | CCAAGAGATAGCCCCTAGA |
| | | FIP | GAGTGTGAATAAATATGGCTGTTCGTAGCAGCAATGCATCCAA |
| | | BIP | AATGGTATTAGTCGCATTACCCGAGCAGAAGAAATTCTAAAACTCA |
| | | LF | AAAGTTACTGTGTTTGGACCTG |
| | | LB | CACTTATTTTAGCTATATTCAATAA |

（3）试剂。*Bst* DNA 聚合酶混合液（含 *Bst* DNA 聚合酶、dNTPs、反应缓冲液）、细菌 DNA 提取试剂盒、琼脂糖、TAE 或 TE 缓冲液、核酸染料、DNA marker、6×上样缓冲液等（试剂配方见附录 2）。

（4）仪器。高压蒸汽灭菌器、低温高速离心机、涡旋仪、生物安全柜、等温扩增荧光检测仪或水浴锅、电泳仪、凝胶成像系统、微量移液器等。

## 四、实验步骤

### 1. 菌株活化及 DNA 的提取

取大肠杆菌 O157∶H7 和金黄色葡萄球菌接种于脑心浸液肉汤中，于 36 ℃培养 24 h，离心收集菌体。用灭菌生理盐水对所得菌体进行重悬，充分混匀后取 1 mL 制备的样品溶液于离心管中，再于 5000 r/min 离心 10 min，收集菌体沉淀并按照细菌 DNA 提取试剂盒操作步骤提取基因组 DNA，于-20 ℃冰箱中保存备用。

### 2. 食源性致病菌 LAMP 检测体系的建立

对每 1 种菌种 LAMP 引物试剂建立相应的 LAMP 检测体系，其中 25 μL 总反应体系中包括 15 μL *Bst* DNA 聚合酶混合液、7 μL 混合引物（其中外引物 F3、B3 各 0.2 μM，内引物 FIP、BIP 各 1.6 μM，环引物 LF、LB 各 0.8 μM）及 3 μL 基因组 DNA。将 LAMP 检测体系置于 65 ℃恒温反应 60 min，之后再于 80 ℃放置 5 min 后结束反应。需设置对照实验，以无菌水为阴性对照，以标准菌株为阳性对照。

### 3. 结果观察与验证

（1）沉淀现象观察。LAMP 反应会产生大量的副产物焦磷酸镁白色沉淀，如果该反应为阳性，将反应管进行离心，然后可以观察到白色沉淀，而阴性反应不会出现白色沉淀。

（2）凝胶电泳检测。2%的琼脂糖凝胶，通过核酸染料染色可以看到 LAMP 扩增的梯形条带。

## 五、实验数据处理与分析

记录并处理实验数据（表 2-19-2）。

表 2-19-2　实验数据记录表

| 项目 | 样品 | 阳性对照 | 阴性对照 |
|------|------|---------|---------|
| 沉淀现象 | | | |
| 电泳条带 | | | |
| 结果 | | | |

## 六、思考题

请设计实验方案，利用环介导等温扩增技术完成志贺氏菌的快速检测？试分析环介导等温扩增检测较国标中志贺氏菌定性检测方法的优势有哪些？

## 七、知识应用与拓展

LAMP 与聚合酶链式反应（PCR）。

聚合酶链式反应（PCR）是最为常用的 DNA 体外扩增技术，其利用耐高温的 DNA 聚合酶（Taq 酶），将模板 DNA、引物、脱氧核苷三磷酸（dNTP）和缓冲液等在不同温度间循环，从而达到双链 DNA 分离，引物连接到模板上的互补区间，最后在 DNA 聚合酶的作用下，脱氧核苷三磷酸逐个添加到新合成的 DNA 链上的过程。相较于 PCR 技术，LAMP 的优势主要体现在扩增效率高，能够在 1h 内有效地扩增 1~10 拷贝的目的基因，扩增效率是普通 PCR 的 10 倍到 100 倍；反应时间短，特异性强，不需要特殊的仪器。但该技术也存在一些劣势：引物要求特别高；扩增产物不能用于克隆测序，只能用于检测判断；由于其敏感性强，特别容易形成气溶胶，易出现假阳性检测结果。

# 第 3 篇　微生物与发酵实验技术

# 实验项目 3–1　生产菌种的诱变育种

## 一、实验目的

（1）学习并掌握紫外线、亚硝基胍等理化因素诱变育种的原理与方法。

（2）观察紫外线、亚硝基胍对枯草芽孢杆菌的诱变效应。

（3）培养学生实验安全意识。

## 二、实验原理

诱变育种是指利用物理或化学因素处理微生物细胞群体，促使少数细胞中遗传物质的结构发生变化，从而引起微生物遗传性状发生变化，而后从中挑选出少数符合育种目的的优良突变株。

紫外线是一种最常用的物理诱变剂，其最有效的波长为 $250 \sim 270$ nm，在 260 nm 左右的紫外线被核酸强烈吸收，引起 DNA 结构变化。它的主要作用是使 DNA 双链之间或同一条链上两个相邻的胸腺嘧啶间形成二聚体，阻碍双链的分开、复制和碱基的正常配对，从而引起突变。紫外线诱变一般采用 15 W 或 30 W 的紫外线灯，照射距离为 $20 \sim 30$ cm，照射时间因菌种而异，一般为 $1 \sim 3$ min，死亡率控制在 $50\% \sim 80\%$ 为宜。特别是经过多次诱变后的高产菌株，更应该控制其死亡率在较低的范围。紫外线照射引起的 DNA 损伤，可由光复活酶进行修复，使胸腺嘧啶二聚体解开恢复原状。因此，为了避免光复活，用紫外线照射处理以及处理后的操作应在暗室或红光下进行，并且培养时应放在暗处，用黑纸或黑布包裹，避免可见光的照射。

亚硝基胍（nitrosoguanidine，NTG）是一种有效的诱变剂，在低致死率的情况下也有很强的诱变作用，故有超诱变剂之称，它的主要作用是引起 DNA 链中核苷酸 GC→AT 的转换。亚硝基胍也是一种致癌因子，在操作中要特别小心，切勿与皮肤直接接触。凡有亚硝基胍的器皿，都要用 1 mol/L 的 NaOH 溶液浸泡，使残余的亚硝基胍被分解破坏，然后清洗。

本实验分别用紫外线和亚硝基胍处理产生淀粉酶的枯草芽孢杆菌，根据试验菌诱变后在淀粉培养基中透明圈直径的大小指示诱变效应。一般来说，透明圈越大，淀粉酶活性越强。

## 三、实验器材

（1）菌株。枯草芽孢杆菌（*Bacillus subtilis*）BF 7658。

（2）培养基。淀粉琼脂培养基、LB 液体培养基（配方见附录1）。

（3）试剂。卢戈氏碘液（配方见附录2）、生理盐水、亚硝基胍等。

（4）设备。显微镜、紫外线灯（15 W）、磁力搅拌器、台式离心机、振荡混合器、培养箱、振荡培养箱等。

（5）其他。吸管（1 mL）、试管、涂布棒、血细胞计数板、黑布或黑纸、红灯等。

## 四、实验步骤

1. 紫外线对枯草芽孢杆菌的诱变效应

（1）菌悬液的制备。

①取 37 ℃培养 48 h 的枯草芽孢杆菌 BF 7658 斜面 4~5 支，用 10 mL 左右的无菌生理盐水将菌苔洗下，倒入一支无菌试管中。将试管在振荡混合器上振荡 30 s，以分散菌体细胞。

②将获得的菌液离心（3000 r/min，15 min），弃去上清液，用无菌生理盐水将菌体洗涤 2~3 次，制成菌悬液。

③用显微镜直接计数法计数，调整细胞浓度为 $10^8$ 个/mL。

（2）制作平板。将淀粉琼脂培养基融化，冷却至 45 ℃时倒平板（27 套），待培养基凝固后备用。

（3）紫外线处理。

①紫外灯预热。所用紫外灯功率为 15 W，照射前开启紫外线灯预热约 20 min，使紫外线强度稳定。

②加入菌悬液。取直径为 6 cm 的无菌培养皿 2 套，分别加入上述调整好细胞浓度的菌悬液 3 mL，放入无菌磁力搅拌棒。

③紫外线照射。将上述 2 套培养皿先后置于磁力搅拌器上，距紫外灯下 30 cm 处，打开皿盖，分别照射 1 min 和 3 min。而后盖上皿盖，关闭紫外灯。

**注意**：照射计时从开盖起，至加盖止。先开磁力搅拌器开关，再打开皿盖，使菌悬液中的细胞接受均等的照射。紫外线对人体的细胞，尤其是人的眼镜和皮肤有伤害，长时间照射紫外线会造成灼伤，因此操作者应戴玻璃眼镜，以防受紫外线的伤害。

（4）稀释菌液、涂布平板。用无菌生理盐水将照射 1 min、3 min 和未照射的菌悬液（对照组）分别稀释成 $10^{-1}$~$10^{-6}$，取 $10^{-4}$、$10^{-5}$ 和 $10^{-6}$ 菌液各 0.1 mL 涂平板，每个稀释度涂 3 个平板。

**注意**：用无菌涂布棒涂匀，每个平板背面需事先注明处理时间、稀释度、组别。从紫外线照射处理开始，至涂布完平板的操作均需在红灯下进行。

（5）培养。将上述平板用黑色的布或纸包好，于 37 ℃倒置培养 48 h。

**注意**：微生物一般具有光解酶（即具光复活作用），因而在采用紫外线处理及后续操作时需在暗室红灯下进行，并将涂布菌液平板用黑纸包扎后培养。但本实验所用的枯草芽孢杆菌，无光解酶，因而上述操作过程可在可见光下进行，培养时也不需要黑纸包扎。

（6）菌落计数及存活率、致死率的计算。取出培养好的平板，进行细菌菌落计数。根据平板上的菌落数分别计算出未处理的对照菌液中的活菌数及经紫外线处理的菌液中的活菌数与致死率。

$$存活率（\%）= \frac{处理后 1 \text{ mL} 菌液中的活菌数}{对照 1 \text{ mL} 菌液中的活菌数} \times 100$$

$$致死率（\%）= \frac{对照 1 \text{ mL} 菌液中的活菌数 - 处理后 1 \text{ mL} 菌液中的活菌数}{对照 1 \text{ mL} 菌液中的活菌数} \times 100$$

（7）观察诱变效应（初筛）。从经紫外线处理后涂布的平板中选取菌落数在 5~6 个的平板，观察诱变效应：分别向平板内加碘液数滴，在菌落周围将出现透明圈。分别测量透明圈直径与菌落直径并计算其比值（HC 比值）。与对照平板相比较，说明诱变效应，并将 HC 比值大的菌落移接到试管斜面上培养。此斜面可作复筛用。

2. 亚硝基胍对枯草芽孢杆菌的诱变效应

（1）菌悬液的制备。

①将试验菌斜面菌种挑取一环接种到含有 5 mL 淀粉培养液的试管中，于 37 ℃ 振荡培养过夜。

②取 0.25 mL 过夜培养液至另一支含 5 mL 淀粉培养液的试管中，于 37 ℃ 振荡培养 6~7 h。

（2）制作平板。将淀粉琼脂培养基融化，倒 10 个平板，凝固后待用。

（3）涂平板。吸取 0.2 mL 上述菌液到 1 个淀粉培养基平板上，用无菌涂布棒将菌液均匀地涂满整个平板表面。

（4）诱变。

①在上述平板稍靠边的一个位点上加少许亚硝基胍结晶，然后将平板倒置，于 37 ℃ 培养箱中培养 24 h。

**注意：** 亚硝基胍平板诱变时，应将少许亚硝基胍结晶放在平板靠边的位置，否则难以区别诱变和对照结果。

②在放亚硝基胍的位置周围将出现抑菌圈（图 3-1-1）。

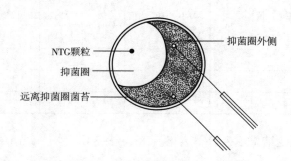

图 3-1-1　亚硝基胍平板诱变

（5）增殖培养。

①挑取紧靠抑菌圈外侧的少许菌苔到盛有 20 mL LB 液体培养基的锥形瓶中，摇匀，制成处理后菌悬液，同时挑取远离抑菌圈的少许菌苔到另一盛有 20 mL LB 液体培养基的锥形瓶中，摇匀，制成对照菌悬液。

②将上述 2 个锥形瓶置于 37 ℃ 下振荡培养过夜。

（6）涂布平板。

分别取上述两种培养过夜的菌悬液 0.1 mL 涂布淀粉培养基平板。处理后菌悬液涂布 6 个平板，对照菌悬液涂布 3 个平板。将涂布后的平板置于 37 ℃ 培养箱中培养 48 h。实际操作中可根据两种菌液的浓度适当地用无菌生理盐水稀释。

**注意：** 每个平板背面做好标记，以区别经处理的和对照的。

（7）观察诱变效应。分别向 CFU 数在 5~6 个的处理后涂布的平板内加碘液数滴，在菌落周围将出现透明圈。分别测量透明圈直径与菌落直径并计算其比值（HC 比值）。与对照平板相比较，说明诱变效应。并将 HC 比值大的菌落移接到试管斜面上培养。此斜面可作复筛用。

**注意**：凡有亚硝基胍的器皿，都要置于通风处并用 1 mol/L NaOH 溶液浸泡，使残余的亚硝基胍被分解破坏，然后清洗。

## 五、实验数据处理与分析

（1）将紫外线诱变结果填入以下 2 个表格（表 3-1-1、表 3-1-2）。

表 3-1-1　菌落数、存活率及致死率

| 处理时间（min） | 平均菌落数/皿 | | | 存活率/% | 致死率/% |
|---|---|---|---|---|---|
| | $10^{-4}$ | $10^{-5}$ | $10^{-6}$ | | |
| 0（对照） | | | | | |
| 1 | | | | | |
| 3 | | | | | |

表 3-1-2　紫外线诱变效应的结果

| 处理时间（min） | 结果 1 | | | 结果 2 | | | 结果 3 | | | 结果 4 | | |
|---|---|---|---|---|---|---|---|---|---|---|---|---|
| | 透明圈（cm） | 菌落大小（cm） | HC 比值 | 透明圈（cm） | 菌落大小（cm） | HC 比值 | 透明圈（cm） | 菌落大小（cm） | HC 比值 | 透明圈（cm） | 菌落大小（cm） | HC 比值 |
| 1 | | | | | | | | | | | | |
| 3 | | | | | | | | | | | | |
| 0（对照） | | | | | | | | | | | | |

（2）将亚硝基胍诱变结果填入以下表格（表 3-1-3）。

表 3-1-3　亚硝基胍诱变效应的结果

| 诱变剂 | HC 比值 | | | | | | |
|---|---|---|---|---|---|---|---|
| | 菌落 1 | 菌落 2 | 菌落 3 | 菌落 4 | 菌落 5 | 菌落 6 | …… |
| NTG | | | | | | | |
| 对照 | | | | | | | |

（3）实验结果分析。试比较在你所用的条件下，紫外线和亚硝基胍的诱变效果是否相同？如果要得到高产突变株，你认为重复使用同一诱变剂或交替使用不同的诱变剂是否会更有效，为什么？

## 六、思考题

（1）用紫外线进行诱变时，为什么要打开皿盖？为什么要在红灯下操作、暗环境下培养？

（2）为什么不能认为诱变育种后 HC 比值最大者是最高产的蛋白酶菌株，而需要挑选一系列比值较大的进行复筛？

（3）本实验中用亚硝基胍处理细胞时应用了一种简易有效的方法，并减少了操作者与亚硝基胍的接触。能否用本实验结果计算亚硝基胍的致死率？为什么？如果不能，你能设计其他能计算致死率的方法吗？

## 七、知识应用与拓展

诱变剂的选择：判断某一诱变剂是否有诱变作用以及诱变作用的强弱，最理想的方法当然是直接测定它诱变某一菌株的实际效果。但在具体工作中，此方法工作量大，且难于简单判断实验结果，因此，经常使用一些简便的操作方法来检测诱变效果，如营养缺陷型的回复突变、抗药性突变、形态突变和溶源细菌的裂解等方法测定。其中将抗药性突变作为筛选诱变剂诱变效应强弱的指标是比较方便的。

在诱变育种中，对诱变剂的要求应该是遗传物质改变较大、难于产生回复突变，这样获得的突变株性状稳定。NTG 或甲基磺酸乙酯（ethyl methyl sulfone，EMS）等烷化剂虽然能引起高频度的变异，但它们多引起碱基对转换突变，得到的突变性状易发生回变；而那些能引起染色体巨大损伤和移码突变的紫外线、γ 射线、烷化剂、吖啶类等诱变剂，确实显示了优越的性能。

尽管如此，目前在实际育种中仍多使用 NTG 或 EMS 等化学诱变剂。据报道，有人用 EMS 处理棒状杆菌和枯草杆菌（处理 18 h），在细胞存活率为 $1.0 \times 10^{-5}$ 时，突变率达 82.7%。用 NTG（浓度 1000 μg/mL）处理谷氨酸产生菌 30 min，营养缺陷型高达 49.6%。

# 实验项目 3-2　生产菌种的复壮技术

## 一、实验目的

（1）学习食品微生物菌种复壮技术。

（2）掌握生产菌种的复壮方法。

（3）培养学生运用理论知识解决实际问题的能力。

## 二、实验原理

生产菌种在长期保藏过程中会发生衰退现象。衰退是指某纯种微生物群体中的个别个体由于发生自发突变，而使该物种原有的一系列生物学性状发生衰退性的量变或质变的现象。菌种的衰退是发生在微生物细胞群中一个由量变到质变的逐步演化过程。开始时，在一个大群体中仅个别细胞发生自发突变（一般均为负变），这时如不及时发现并采取有效措施，而仍一味地移种、传代，则群体中这种负变个体的比例就逐步增大，最后会发展成为优势群体，从而使整个群体表现出严重的衰退。所以，开始时的"纯"菌株实际上早已包含着一定程度的不纯因素，同样，到后来整个群体虽已"衰退"，但也是不纯的，即其中仍有少数尚未衰退的个体。在了解菌种衰退的实质后，就有可能提出防止衰退和进行菌种复壮的对策。

菌种衰退主要表现为以下 5 个方面：原有形态性状变得不典型；生长速率变慢或产生的孢子变少；代谢产物生产能力下降（即出现负变）；致病菌对宿主的侵染力下降；对外界不良条件包括低温、高温或噬菌体侵染等抵抗能力下降等。

狭义的复壮是一种消极措施，是指在菌种已经发生衰退的情况下，通过纯种分离和测定典型性状、生产性能等指标，从已衰退的群体中筛选出少数尚未退化的个体，以达到恢复原菌株固有性状的措施；广义的复壮是一项积极措施，是在菌种的典型特征或生产性状尚未衰退前，就经常有意识地进行纯种分离和生产性状的测定工作，以期从中选择到自发的正变个体。

食品微生物菌种的复壮技术主要采用分离纯化方法，即菌落纯和细胞纯。菌落纯也称为菌种纯，即从种的水平上来说是纯的。如将稀释菌液在琼脂平板上划线分离、表面涂布或先倾注接种平板再与尚未凝固的琼脂培养基混匀等方法获得单菌落。细胞纯也称为菌株纯，是单细胞或单孢子水平上的分离方法，它可达到细胞纯的水平。

## 三、实验器材

（1）待复壮菌种。德氏乳杆菌保加利亚亚种（*Lactobacillus delbrueckii* subsp. *bulgaricus*）、嗜热链球菌（*Streptococcus thermophilus*）脱脂乳试管培养物（要求在冰箱中保藏至少两周），分别以 1 号菌和 2 号菌为代号。

（2）培养基。改良 MRS 琼脂培养基、番茄汁琼脂培养基（配方见附录 1）。

（3）试剂。2%冰醋酸、5 mL 无菌生理盐水、革兰氏染色液、1%甲苯胺蓝染色液（配方见附录 2）。

（4）仪器。恒温培养箱、二氧化碳培养箱、漩涡混合器、拍击式均质器、超净工作台等。

（5）其他。吸管（1 mL、25 mL）、微量移液器头（1 mL）、培养皿、75%乙醇、棉球、金属勺、厌氧产气袋（日本）、落扣式厌氧培养盒、培养皿专用封口膜（进口）、无菌均质袋、微量移液器等。

## 四、实验步骤

### 1. 样品稀释

（1）液体样品。将待复壮菌种培养液在漩涡混合器上混合均匀，用无菌吸管吸取样品 5 mL，移入盛有 45 mL 无菌生理盐水且带有玻璃珠的锥形瓶中，充分振荡，混合均匀，即为 $10^{-1}$ 的样品稀释液。

（2）梯度稀释。另取一支吸管自 $10^{-1}$ 锥形瓶内吸取 1 mL 移入 $10^{-2}$ 试管中，依此方法进行系列稀释至 $10^{-6}$。

### 2. 倾注平板法培养（平板分离）

（1）用 3 支 1 mL 无菌吸管分别吸取 $10^{-4}$、$10^{-5}$、$10^{-6}$ 的稀释液各 0.1 mL 对号注入无菌培养皿中，倒入改良 MRS 琼脂培养基（或番茄汁琼脂培养基）10~15 mL，于水平位置迅速转动培养皿使之混合均匀。

**注意：** 无菌培养皿使用前应编好号，改良 MRS 琼脂培养基（或番茄汁琼脂培养基）应提前融化，冷却至 50 ℃左右再倒平板。

（2）待培养基凝固后倒置于厌氧培养箱中 40 ℃下培养 48 h 或 37 ℃下培养 48~72 h。

### 3. 菌落特征观察

（1）从菌落的大小、形状、表面、边缘情况、隆起程度、透明度、颜色、有无光泽及光滑湿润或粗糙干燥等方面，观察 1 号、2 号乳酸菌的菌落特征。

**注意：** 由于乳酸菌的菌落微小且近于透明，必要时将培养皿直接倒置于体视显微镜或低倍镜下观察，同时降低视野亮度至菌落清晰为止。观察菌落时勿打开皿盖，以防污染。

（2）1 号菌在 MRS 平板和乳清平板上，用低倍镜观察菌落时，表面呈卷发样或菜花样构造，边缘呈不规则状，有的边缘呈假根样；灰白色，半透明至较透明，微隆起，大小为 1~3 mm 的菌落；老龄菌的菌落边缘整齐呈圆形，表面光滑。

2 号菌在 MRS 平板和乳清平板上，用低倍镜观察菌落时，表面呈光滑湿润，边缘为整齐的圆形；灰白色，半透明至较透明，隆起的微小菌落。

### 4. 纯化培养

从上述不同培养基平板中分别挑取 10 个典型的 1 号菌和 2 号菌单菌落，接种于 MRS 液体培养基和脱脂乳试管中。MRS 液体培养基于 40 ℃培养箱中培养 24 h，脱脂乳试管于 37 ℃培养至乳凝固。

### 5. 镜检

挑取上述试管培养物 1 环，进行涂片、革兰氏染色，油镜观察 1 号菌或 2 号菌的个体形态，确定菌种健壮、无杂菌污染后，进行菌种扩大培养。

### 6. 菌种扩大培养

按 1%的接种量，将上述液体试管纯培养物接种于盛有 100 mL 灭菌脱脂乳的锥形瓶中，另以同样方法分别接种具有较高活力的 1 号菌或 2 号菌作为对照。置于 40 ℃培养箱中培养至乳凝固，一般 37 ℃培养过夜至乳凝固后进行菌种活力测定。

7. 菌种活力测定

以凝乳时间、产酸能力、还原刃天青能力、活菌数量判定复壮后的菌种活力，具体测定方法参见实验项目 3-3 生产菌种活力的测定。

## 五、实验结果与报告

描述德氏乳杆菌保加利亚亚种（1 号菌）、嗜热链球菌（2 号菌）的菌落形态，并绘图说明它们的个体形态。根据凝乳时间最短、酸度最高、还原刃天青时间最短、活菌数最高的特性，挑选出优良菌株。

## 六、思考题

某乳品企业生产酸乳的菌种活力下降了（出现产酸慢的情况），请设计简明实验方案以解决。

## 七、知识应用与拓展

除了纯种分离法外，目前还有通过宿主体内复壮、淘汰已衰退个体的复壮方法。对于因长期在人工培养基上移种传代而衰退的病原菌，可接种到相应的昆虫或动、植物宿主体中，通过这种特殊的活"选择培养基"的多次选择，就可从典型的病灶部位分离到恢复原始毒力的复壮菌株。如经长期人工培养的苏云金芽孢杆菌会发生毒力减退和杀虫效率降低等衰退现象。这时，就可用已衰退的菌株感染菜青虫等的幼虫，然后再从最早、最严重罹病的虫体内重新分离出产毒菌株。

# 实验项目 3-3　生产菌种环境耐受力的测定

## 一、实验目的

（1）了解温度、pH、渗透压、氧气和有机试剂影响微生物生长的原理。
（2）学会独立设计实验并测试生产菌种对一些环境因子的耐受力。
（3）培养学生严谨认真的科学态度及良好的团队协作能力。

## 二、实验原理

微生物的生长繁殖除营养因素起主导作用外，常受许多环境因素的影响，其中温度的影响最为明显。温度对微生物细胞生物大分子（蛋白质及核酸等）的稳定性、酶的活性、细胞膜的流动性和完整性等方面有重要影响，温度过高会导致蛋白质（酶）及核酸变性失活、细胞膜破坏等，而温度过低会使酶活性受抑制、细胞新陈代谢活动减弱，如会导致细胞膜凝固，引起物质运送困难。因此，每种微生物只能在一定温度范围内生长，都具有自己的最低、最适和最高生长温度。根据微生物生长的最适温度范围，可分为高温菌、中温菌和低温菌，自然界中绝大部分微生物属中温菌。低温菌的最高生长温度不超过 20 ℃，中温菌的最高生长温度低于 45 ℃，而高温菌能在 45 ℃ 以上的温度条件下正常生长，某些极端高温菌甚至能在 100 ℃ 以上的温度条件下生长。

pH 过高或过低时，一方面会使蛋白质、核酸等生物大分子所带电荷发生变化，影响其生物活性，甚至导致蛋白质等变性失活，另一方面会引起细胞膜电荷变化，影响细胞对营养物质的吸收，同时还会改变环境中营养物质的性质及有害物质的毒性。因此，微生物都只能在一定的 pH 范围内生长，这个 pH 范围有宽、有窄，而其最适生长 pH 常限于一个较窄的范围。尽管一些微生物能在极端 pH 条件下生长，但对大多数微生物而言，一般细菌和放线菌在 pH 4~9 范围内生长，最适生长 pH 为 6.5~7.5；真菌（霉菌和酵母菌）一般在偏酸环境中生长，最适生长 pH 为 4~6。

微生物在等渗溶液中能正常生长繁殖；在高渗溶液（如高盐、高糖溶液）中，细胞失水收缩，而水分是微生物生理生化反应所必需的，失水会抑制其生长繁殖；在低渗溶液中细胞吸水膨胀，细菌、放线菌、霉菌及酵母菌等大多数微生物具有较为坚韧的细胞壁，而且个体较小，受低渗透压的影响不大。不同类型微生物对渗透压变化的适应能力不尽相同，大多数微生物在 0.5%~3% 的盐浓度范围内可正常生长，10%~15% 的盐浓度能抑制大部分微生物的生长，但对嗜盐细菌而言，在低于 15% 的盐浓度环境中不能生长，而某些极端嗜盐菌可在盐浓度高达 30% 的条件下生长良好。

另外，依据微生物对氧气的需求可把微生物分为好氧菌、厌氧菌和兼性厌氧菌三类。在半固体直立柱培养基管中，若以穿刺接种法接种对氧需求不同的细菌，经适温培养后，不同的细菌会生长在培养基的不同层次，由此可判断其对氧的需求性。

对微生物有影响的化学因素主要包括有机溶剂（酚、醇、醛等）、重金属盐、卤族元素及其化合物、染料和表面活性剂等。有机溶剂使蛋白质（酶）和核酸变性失活，破坏细胞膜；重金属盐也可使蛋白质（酶）和核酸变性失活，或与细胞代谢产物螯合使之变为无效化合物；碘与蛋白质中的酪氨酸残基不可逆结合而使蛋白质失活，氯与水作用产生强氧化剂使蛋白质氧化变性；低浓度染料可抑制细菌生长，革兰氏阳性菌比革兰氏阴性菌对染料更加敏感；表面活性剂可改变细胞膜透性，也能使蛋白质变性。通常以石炭酸（即苯酚）为标准确定化学消毒剂的杀（抑）菌能力，用石炭酸系数（酚系数）表示。将某种消毒剂作系列稀释，在一定时间及条件下，该消毒剂杀死全部试验菌的最高稀释倍数与达到同样效果的石炭酸最高稀释倍数的比值被称为该消毒剂的石炭酸系数。石炭酸系数数值越大，说明该消毒剂对试验菌的杀（抑）菌能力越强。

## 三、实验器材

（1）菌种。大肠杆菌（*Escherichia coli*）、金黄色葡萄球菌（*Staphylococcus aureus*）、枯草芽孢杆菌（*Bacillus subtilis*）、酿酒酵母（*Saccharomyces cerevisiae*）与丙酮丁醇梭菌（*Clostridium acetobutylicum*）。

（2）培养基。牛肉膏蛋白胨液体培养基、牛肉膏蛋白胨固体培养基、察氏培养基、丙酮丁醇梭菌培养基（配方见附录1）。

（3）仪器。恒温振荡培养箱、721型分光光度计、水浴锅等。

（4）试剂。无菌生理盐水、无菌蒸馏水、2.5%碘酒、1 g/L升汞、50 g/L石炭酸（即苯酚）、乙醇（75%、100%）、1%来苏尔、2.5 g/L新洁尔灭、结晶紫（0.05 g/L、0.5 g/L）等（配方见附录2）。

（5）其他。酒精灯、接种环、镊子、培养皿、吸管、涂布器、试管、锥形瓶、无菌滤纸片（直径为5 mm）、尺子等。

## 四、实验步骤

1. 大肠杆菌最适温度的测试

本实验主要以大肠杆菌为例，测试其生长繁殖的温度范围及最适生长温度。

（1）制备菌悬液。取培养至对数期后期的大肠杆菌斜面（于37 ℃培养18~20 h），用4 mL无菌生理盐水刮洗斜面菌苔，获得均匀的细菌悬液。

（2）取供试管。取8支装有牛肉膏蛋白胨液体培养基的试管，每管含5 mL培养基，分别标明15 ℃、25 ℃、35 ℃、45 ℃4种温度，每一温度做2管重复。

（3）加供试菌。向上述各供试管中定量滴加供试菌液，每管接入大肠杆菌菌悬液0.1 mL（或2滴），混匀。

（4）选温培养。将上述供试菌分别按相应温度（15 ℃、25 ℃、35 ℃、45 ℃）进行振荡培养（于220 r/min培养24 h），可用目测或试管光电比浊法判断菌悬液的浓度，以确定大肠杆菌在4档温度内的最适生长温度。

（5）结果记录。目测判断生长量的记录可用"−"表示不生长，"+"表示稍有生长，"++"表示生长好，"+++"表示菌浓度较高，或用试管菌液浓度的 *OD* 值表示。

2. 枯草芽孢杆菌对高温的耐受力测定

不同的微生物对高温的抵抗性差异极大，具有芽孢的细菌对高温有较强的抵抗能力，故判别物品是否灭菌彻底常以是否完全杀死芽孢为依据。本实验对普遍存在的枯草芽孢杆菌芽孢的耐热性进行简单测试。

（1）制备细菌悬液。取 37 ℃培养 48 h 的枯草芽孢杆菌斜面，用 4 mL 无菌生理盐水刮洗斜面菌苔，获得均匀的悬液。

（2）准备供试管。取 8 支装有灭过菌的牛肉膏蛋白胨液体培养基的试管，每管装 5 mL 培养基，按顺序编 1 至 8 号。

（3）滴加供试菌。向各供试管中接种枯草芽孢杆菌菌液 0.1 mL（或 2 滴），混匀。

（4）耐温试验。将 8 支已接种枯草芽孢杆菌的培养管同时放入 100 ℃水浴中，充分振荡，使其受热均匀，10 min 后取出 4 管，立即用自来水冷却至室温。另 4 支继续沸水浴 10 min，再取出用水冷却。

（5）选温培养。将两批供试管按不同温度（15 ℃、25 ℃、35 ℃、45 ℃）进行振荡培养（于 220 r/min 培养 24 h），然后用目测或用 721 光电比浊法来测供试管菌液浓度的 *OD* 值，并确定枯草芽孢杆菌芽孢的耐热性及其在供试温度范围内的最适培养温度。

**注意**：应保持培养温度的稳定。

（6）结果记录。目测判断生长量的记录可用"−"表示不生长，"+"表示稍有生长，"++"表示生长好，"+++"表示菌浓度较高，或用试管菌液浓度的 *OD* 值表示。

**注意**：本实验中应设对照试验，测定处理前的芽孢含量。

3. 大肠杆菌对 pH 的耐受力测定

（1）配制培养基。配制牛肉膏蛋白胨液体培养基，分别调 pH 至 3.5、5.5、7.5、9.5 和 11.5 后分装试管；每个 pH 分装 3 管，每管分装 5 mL 液体培养基，灭菌备用。

（2）制备细菌悬液。取 37 ℃培养 18~20 h 的大肠杆菌斜面 1 支，加入 4 mL 无菌水，刮洗斜面菌苔制备成均匀的大肠杆菌悬液。

（3）滴加供试菌。在各档 pH 的每管牛肉膏蛋白胨液体培养基中接入大肠杆菌菌液 2 滴（或 0.1 mL），摇匀后振荡通气培养。

**注意**：吸取菌液时要将菌悬液吹打均匀，保证每个试管中的接种量一致。

（4）培养与观察。大肠杆菌供试管于 37 ℃培养 24 h 后观察结果。以目测试管或用 721 光电比浊法测知菌液浓度的 *OD* 值，依此来判定大肠杆菌最适生长的 pH。也可定时多次测试 *OD* 值，用来绘制不同 pH 起始值下的生长曲线。

**注意**：必须将培养后的菌悬液完全混匀，再测定 *OD* 值。

（5）结果记录。用"−"表示不生长，"+"表示稍有生长，"++"表示生长好，"+++"表示菌浓度较高，或用试管菌液浓度的 *OD* 值表示。

4. 大肠杆菌、酵母菌对渗透压的耐受力测定

（1）培养供试菌。大肠杆菌在 37 ℃、220 r/min 振荡培养 12~18 h，酵母菌在 28 ℃振荡培养 36~40 h。

（2）接种含糖培养基。

①以察氏培养基为基础，分别配制含糖量为 2%、10%、20%、40%的液体培养基。将接种大肠杆菌的培养液的 pH 调节至 7.0~7.4，然后分装试管，每种糖浓度装 2 支试管、每管装量 5 mL 后灭菌。

②取 pH 7.0~7.4 的一套试管，分别接入大肠杆菌菌液 0.1 mL（或 2 滴）；另一套试管培养液的 pH 调节至 6.4~6.5，再分别接入酿酒酵母菌 0.1 mL（或 2 滴）。

（3）接种含盐培养基。以牛肉膏蛋白胨液体培养基为基础，分别配制 NaCl 含量为 1%、5%、10%、15%、20%的液体培养基，每档 NaCl 浓度的供试管有 2 管，每管装 5 mL，灭菌后分两组。其中一组供试管分别接入大肠杆菌菌液 0.1 mL（或 2 滴）；另一组供试管分别接入酿酒酵母菌液 0.1 mL（或 2 滴）。

注意：接种酿酒酵母菌的供试管组，液体培养基分装前调 pH 至 6.4~6.5。

（4）培养与观察。将接种大肠杆菌的供试管置于 37 ℃恒温培养箱中培养 24 h，再观察结果，接种酿酒酵母菌的供试管于 28 ℃培养 24 h 后观察结果。

注意：在不同渗透压培养条件的试验中，可同时用显微镜观察菌体细胞形态的变化。

（5）结果记录。用"－"表示不生长，并用"＋"、"＋＋"和"＋＋＋"表示不同生长量的记录结果，也可用各试管的 $OD$ 值表示。

5. 枯草芽孢杆菌、大肠杆菌和丙酮丁醇梭菌对氧气的耐受力测定

（1）标记半固体试管。取丙酮丁醇梭菌直立柱培养基试管 6 支，注明菌名与接种日期。

（2）穿刺接种。用穿刺接种法分别将枯草芽孢杆菌、大肠杆菌和丙酮丁醇梭菌接种到对应的直立柱试管培养基中，每种菌接种 2 支。

注意：半固体直立柱穿刺接种时不要搅动培养基，以防因过多带入氧气而影响结果。

（3）培养与观察。37 ℃恒温培养 48 h 后观察结果，注意各菌在直立柱试管培养基中生长的部位与目测含菌数。

（4）结果记录。将上述结果图示于表 3-3-3 中，并作扼要叙述。

6. 大肠杆菌和金黄色葡萄球菌对有机试剂的耐受力测定

（1）滤纸片法。

①制备菌液。以无菌操作将金黄色葡萄球菌接种至装有 5 mL 牛肉膏蛋白胨液体培养基的试管中，于 37 ℃培养 18 h。

②倒平板。将牛肉膏蛋白胨固体培养基融化后倒平板，凝固备用。

注意：应确保培养皿中的培养基厚度均匀。

③涂平板。以无菌操作吸取 0.2 mL 金黄色葡萄球菌菌液并加入上述平板中，用涂布器涂布均匀。

注意：涂布平板要均匀，使细菌分散均匀。

④标记。在上述平板皿底用记号笔划分成 4~6 等份，分别标明一种消毒剂名称。

注意：消毒剂名称应标记清楚，避免混乱。

⑤贴滤纸片。在无菌操作环境中，用酒精灯对镊子进行灼烧灭菌，待其冷却后取无菌滤纸片分别浸入各种消毒剂润湿，在容器内壁沥去多余溶液，再将滤纸片分别贴在平板中的相应位置，并在平板中央贴上浸有无菌生理盐水的滤纸片作为对照。

注意：所用滤纸片的形状、大小应一致，为确保消毒剂均匀扩散，不要在培养基表面拖动滤纸片。

⑥培养、观察。将上述平板倒置于 37 ℃培养箱中保温 24 h，取出观察，测量并记录抑（杀）菌圈的直径（图 3-3-1）。

（2）石炭酸系数的测定。

①制备菌液。以无菌操作将大肠杆菌接种至装有 30 mL 牛肉膏蛋白胨液体培养基的锥形瓶中，于 37 ℃振荡培养 18 h。

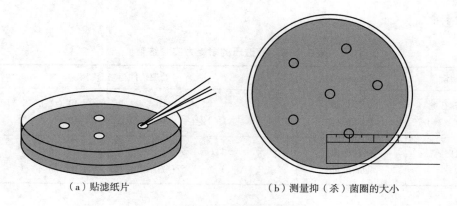

（a）贴滤纸片　　　　　　　　　　（b）测量抑（杀）菌圈的大小

图 3-3-1　滤纸片法抑菌试验

②稀释和分装消毒剂。用无菌蒸馏水将石炭酸分别稀释配成 1/50、1/60、1/70、1/80 及 1/90 等不同浓度；用无菌蒸馏水将 1% 来苏尔分别稀释配成 1/150、1/200、1/250、1/300 及 1/500 等不同浓度。各取 5 mL 分别装入试管并做好标记。

**注意**：消毒剂稀释倍数要准确。

③准备和标记液体培养基试管。取 30 支装有 5 mL 牛肉膏蛋白胨液体培养基的试管，将其中 15 支标明石炭酸（5 种浓度），每种浓度 3 管（分别标记 5 min、10 min 及 15 min）；另外 15 支标明来苏尔（5 种浓度），每种浓度 3 管（分别标记 5 min、10 min 及 15 min）。

**注意**：消毒剂试管及液体培养基试管应标记清楚。

④消毒剂的处理及接种。在装有不同浓度石炭酸和来苏尔的试管中分别加入 0.5 mL 大肠杆菌菌液并摇匀，分别于 5 min、10 min 及 15 min 时，用接种环以无菌操作从各试管中取一环菌液，接入至已标记好的相应牛肉膏蛋白胨液体培养基的试管中。

**注意**：应将大肠杆菌菌液充分摇匀后再吸取菌液，保证每个试管中接入的菌量一致。

⑤培养和观察。将上述试管置于 37 ℃ 培养箱中，48 h 后观察并记录细菌生长状况。

⑥计算石炭酸系数。找出大肠杆菌在用消毒剂处理 5 min 后仍生长、而处理 10 min 和 15 min 后不生长的来苏尔和石炭酸的最大稀释倍数，计算二者比值。如来苏尔和石炭酸在 10 min 内杀死大肠杆菌的最大稀释倍数分别为 250 和 70，则来苏尔的石炭酸系数为 250/70=3.6。

## 五、实验结果与记录

（1）根据实验结果，将微生物对物理因素的耐受力情况记录于下列表格（表 3-3-1～表 3-3-3）中。

①温度和 pH。

表 3-3-1　温度和 pH 的耐受力实验结果

| 不同因素 | 供试微生物 | 处理条件与培养结果 |
| --- | --- | --- |
| 最适生长温度 | 大肠杆菌 | 15 ℃（　）25 ℃（　）35 ℃（　）45 ℃（　） |
| 芽孢耐热性 | 大肠杆菌 | 100 ℃/10 min（　）100 ℃/20 min（　） |
| 最适生长 pH | 枯草芽孢杆菌 | 3.5（　）5.5（　）7.5（　）9.5（　）11.5（　） |

②渗透压。

表 3-3-2　渗透压的耐受力实验结果

| 不同因素 | 供试微生物 | 处理条件与培养结果 |
|---|---|---|
| 家氏培养基糖<br>质量浓度（%） | 大肠杆菌<br>酿酒酵母 | 2（　）10（　）20（　）40（　）<br>2（　）10（　）20（　）40（　） |
| 牛肉膏蛋白胨盐<br>质量浓度（%） | 大肠杆菌<br>酿酒酵母 | 1（　）5（　）10（　）15（　）20（　）<br>1（　）5（　）10（　）15（　）20（　） |

③氧气。

表 3-3-3　氧气的耐受力实验结果

| 不同因素 | 供试微生物 | 处理条件与培养结果 |
|---|---|---|
| 含氧直立柱 | 枯草芽孢杆菌 | |
| | 大肠杆菌 | |
| | 丙酮丁醇梭菌 | |

（2）将采用滤纸片法检测的各种化学消毒剂对金黄色葡萄球菌的作用效果填入表 3-3-4 中。

表 3-3-4　化学消毒剂对金黄色葡萄球菌的作用

| 消毒剂 | 抑（杀）菌圈直径（mm） | 消毒剂 | 抑（杀）菌圈直径（mm） |
|---|---|---|---|
| 2.5%碘酒 | | 1%来苏尔 | |
| 1 g/L升汞 | | 2.5 g/L新洁尔灭 | |
| 5 g/L石炭酸 | | 0.05 g/L龙胆紫 | |
| 75%乙醇 | | 0.5 g/L龙胆紫 | |
| 100%乙醇 | | | |

（3）将以大肠杆菌为实验菌进行测定的来苏尔的石炭酸系数结果填入表 3-3-5（试管内培养液出现浑浊的以 "+" 表示细菌生长，培养液澄清的以 "-" 表示细菌不生长）。

表 3-3-5　碳酸系数的测定结果

| 消毒剂 | 稀释倍数 | 生长状况 | | | 石炭酸系数 |
|---|---|---|---|---|---|
| | | 5 min | 10 min | 15 min | |
| 石炭酸 | 50 | | | | |
| | 60 | | | | |
| | 70 | | | | |
| | 80 | | | | |
| | 90 | | | | |

续表

| 消毒剂 | 稀释倍数 | 生长状况 | | | 石炭酸系数 |
|---|---|---|---|---|---|
| | | 5 min | 10 min | 15 min | |
| 来苏尔 | 150 | | | | |
| | 200 | | | | |
| | 250 | | | | |
| | 300 | | | | |
| | 500 | | | | |

## 六、思考题

（1）为什么在培养微生物的时候需要在培养基中加入缓冲剂？试列举几种常用缓冲系统。

（2）本实验环境因素试验中，选用大肠杆菌和枯草芽孢杆菌作为试验菌的依据是什么？

（3）由实验结果表明，芽孢的存在对消毒或灭菌有何影响？在实践中有何指导意义？

（4）试举生活中的实例，说明利用渗透压作食品保质贮藏的原理与依据。

（5）利用滤纸片法测定化学消毒剂对微生物生长的影响时，影响抑（杀）菌圈大小的因素有哪些？抑（杀）菌圈大小能否准确反映化学消毒剂抑（杀）菌能力的强弱？

## 七、知识应用与拓展（思政案例）

在 19 世纪早期消毒剂发明之前，由于伤口感染使外科手术患者死亡的概率为 50%～80%，手术室成了殡仪馆的前厅。基于对微生物的深刻认识，巴斯德首次提出了细菌致病理论。他认为细菌存在于空气中、手术医生手上、手术器械及纱布上，很容易感染伤口，因此他建议外科医生将手术器械消毒（灼烧）后使用，他的建议遭到法国医学会一些老医生的嘲笑。但是，却引起了英国外科医生李斯特的重视，李斯特将巴斯德的细菌致病理论运用于外科临床。他用石炭酸对手术器械、纱布、手术室等进行消毒和清洗伤口，成功地挽救了一名被马车压断腿的 11 岁男童，避免了严重的坏疽。此后，消毒剂被广泛应用于医院外科手术中，外科手术患者死亡率很快下降到 15%，李斯特开启了无菌外科手术的时代，被称为"现代外科手术之父"。

通过巴斯德、李斯特与外科消毒故事的引入，教育学生在学习与研究过程中，应勇于创新，善于实践。采用启发式教学，让学生深刻理解消毒剂对微生物的影响，梳理和思考课程知识点，形成知识的交叉和应用，学习利用综合知识设计和优化解决问题的方案。

# 实验项目 3-4  发酵乳制品生产菌种活力的测定

## 一、实验目的

（1）学习测定酸乳及其发酵剂菌种活力的原理。

（2）初步掌握乳酸菌活力测定的一般方法。

（3）培养学生严谨认真的科学态度及良好的团队协作能力。

## 二、实验原理

乳酸菌的细胞形态为杆状或球状，接触酶阴性，革兰氏染色阳性，耐氧、微需氧、厌氧或兼性厌氧，有复杂的营养需要，代谢方式为同型乳酸发酵或异型乳酸发酵，都能发酵葡萄糖产生乳酸，适宜在微氧或无氧条件下生长，一般在固体培养基平板上有氧条件也能生长。酸乳风味的形成与乳酸菌发酵过程中代谢产生多种物质有关，而这些物质的产生与发酵糖类产生乳酸的速度、产酸的量（能力）、还原刃天青能力等活力指标有密切关系。目前较简便的乳酸菌活力测定项目包括凝乳时间、滴定酸度、还原刃天青的时间和活菌数量等。

刃天青加入正常原料乳中呈青蓝色。如果原料乳被细菌污染，可将刃天青还原，由蓝→红紫→粉红→无色，还原时间与样品中的微生物浓度成反比。因此，可根据其变色情况和变到一定颜色所需的时间推测样品中的细菌数，以此判定原料乳被细菌污染的等级。

## 三、实验器材

（1）样品。市售普通活性酸乳或普通酸乳发酵剂（要求于 0~4 ℃冰箱保藏 1 周之内）。

（2）培养基。乳清琼脂培养基、改良 MRS 琼脂培养基、番茄汁琼脂培养基、MRS 液体培养基（5 mL 或 10 mL/试管）、脱脂乳试管培养基（5 mL 或 10 mL/试管，100 mL/锥形瓶）（配方见附录1）。

（3）试剂。无菌生理盐水（9 mL/试管、45 mL/100 mL 锥形瓶，内带玻璃珠）、0.1 mol/L NaOH、0.5%的酚酞指示剂、0.005%刃天青标准溶液、革兰氏染色液（配方见附录2）。

（4）仪器。超净工作台、漩涡混合器、恒温培养箱、恒温水浴锅、鼓风干燥箱、高压蒸汽灭菌器、冰箱、电子天平、显微镜等。

（5）其他。100 mL 锥形瓶、带橡皮塞的无菌大试管、无菌吸管（1 mL、5 mL、10 mL）、无菌培养皿、碱式滴定管、小锥形瓶、量筒、温度计、酒精灯、接种环、蜗卷铂耳环、载玻片等。

## 四、实验步骤

1. 乳酸菌的分离

（1）样品稀释。在超净工作台内，将酸乳或发酵剂样品搅拌均匀，用无菌吸管吸取样品 5 mL，移入盛有 45 mL 无菌生理盐水的锥形瓶中，在旋涡混合器上充分振荡均匀，即获得

$10^{-1}$ 的样品稀释液。然后根据对样品含菌量的估计，将样品再稀释至 $10^{-2}$~$10^{-7}$ 稀释度。

（2）倾注法培养（平板分离）。用吸管分别吸取 $10^{-6}$、$10^{-7}$ 两个稀释度的稀释液各 1 mL，分别注入培养皿内，倒入融化并冷却至 50 ℃ 左右的改良 MRS 琼脂培养基（或乳清琼脂培养基、番茄汁琼脂培养基），迅速转动培养皿使之混合均匀，待凝固后倒置于 40 ℃ 培养箱中培养 48 h 或于 37 ℃ 培养 48~72 h。

（3）观察菌落特征。按照实验项目 3-2 叙述的菌落特征观察方法，对上述平板上长出的菌落进行肉眼观察，必要时在低倍镜下观察。

**注意**：观察时勿打开皿盖，以防污染。

（4）纯化培养。从上述不同培养基平板中分别挑取 4~6 个典型乳酸菌的单菌落并接种到 MRS 液体培养基和脱脂乳试管中，MRS 液体培养基于 40 ℃ 培养箱中培养 24 h，牛乳培养基试管于 37 ℃ 培养至乳凝固。

（5）镜检形态。挑取上述试管培养物 1 环，进行涂片、革兰氏染色，油镜检查菌种纯度，是否为嗜热链球菌或德氏乳杆菌保加利亚亚种。嗜热链球菌呈球状，成对地链状排列。德氏乳杆菌保加利亚亚种呈长短不等的杆状，单杆、双杆或长丝状。

2. 菌种扩大培养

按 1% 的接种量，将上述试管纯培养物或预制备单一菌种发酵剂的脱脂乳试管培养物接种到盛 100 mL 灭菌脱脂乳的锥形瓶中，另以同样方法分别接种具有较高活力的德氏乳杆菌保加利亚亚种和嗜热链球菌作为对照。置于 40 ℃ 培养箱中培养至乳凝固，一般 37 ℃ 培养过夜至乳凝固后进行菌种活力测定。

3. 测定菌种的活力

（1）肉眼观察。观察并记录用脱脂乳扩大培养菌种的凝乳时间。

（2）酸度测定。用 0.1 mol/L NaOH 溶液滴定发酵剂或酸乳的酸度，单位以吉尔涅尔度（°T）表示，即中和 100 mL 样品中的总酸所消耗 0.1 mol/L NaOH 标准溶液的毫升数。测定时取 10 mL 样品，用 20 mL 蒸馏水稀释，加入 0.5% 的酚酞指示剂 3 滴，以标定的 NaOH 溶液滴定至微红色，以 30 s 不褪色为终点，将所消耗的 NaOH 毫升数代入以下公式计算。

**注意**：NaOH 溶液必须标定后使用。

$$酸度（°T）= c \times V \times 10/0.1$$

式中：$c$——标定后 NaOH 的浓度，mol/L；

$V$——消耗标定 NaOH 的体积，mL；

0.1——定义中标准 NaOH 的浓度，mol/L；

10——样品体积，mL。

（3）还原刃天青能力的测定。用刃天青还原试验测定发酵剂的菌种还原刃天青所需的时间。

①取 1 mL 发酵剂加入 9 mL 的灭菌脱脂乳中，并加入刃天青标准溶液 1 mL，置于带橡皮塞的无菌大试管中，同时做不加发酵剂的对照管。

②将试管置于 37 ℃ 水浴中保温，30 min 后开始检查，其后每 5 min 观察一次结果。淡粉红色为还原终点，以终点出现的时间评价发酵剂菌种的活力。

在 35 min 内还原刃天青的发酵剂活力很强；在 50 min 内还原刃天青的发酵剂活力较差，但可以使用；在 50~60 min 内还原刃天青的发酵剂活力很弱，不宜使用。

## 五、实验结果与报告

列表（表3-4-1）记录凝乳时间、酸度、刃天青还原时间、活菌数，分析比较发酵剂或酸乳菌种的活力。

表 3-4-1　实验数据记录表

| 测定项目 | 待测菌种活力 | 对照菌种活力 |
| --- | --- | --- |
| 凝乳时间（h） | | |
| 酸度（°T） | | |
| 刃天青还原时间（min） | | |
| 活菌数量（CFU/mL） | | |

## 六、思考题

分析比较国内外乳品发酵剂菌种活力的评价指标及其实验方法的异同。

## 七、知识应用与拓展

由于市售酸乳和复合菌种发酵剂中通常含有两种或两种以上的乳酸菌种，因此测定乳酸菌活力之前，需先进行平板分离和纯化培养得到纯培养物，再用制备的单一菌种扩大培养物测定其活力。如果是单一菌种发酵剂可直接测定乳酸菌活力，无须平板分离和纯化培养。

# 实验项目 3-5　酿酒酵母的固定化及连续发酵

## 一、实验目的

（1）学习制备麦芽粉、麦芽汁、固定化酵母和固定化酵母发酵产啤酒的方法。

（2）了解啤酒业作为微生物生物技术最大产业之一而经久不衰的重要原因。

（3）了解啤酒的主要生产过程和发酵工艺，并认识到固定化酵母发酵生产啤酒的广阔前景。

（4）培养学生严谨认真的科学态度及良好的团队协作能力。

## 二、实验原理

在麦芽汁制备过程中，麦芽经过适当粉碎后与温水混合，借助自身的淀粉酶、糖化酶、蛋白酶等多种酶的水解作用，将淀粉、蛋白质等大分子水解成可溶性低分子，如麦芽糖、氨基酸、多肽等。在麦芽汁制备过程中会添加辅料，辅料的使用可减少麦芽用量，降低蛋白质比例，改善啤酒的风味和色泽，也可降低原料成本。

啤酒花（humulus/lupulus）属桑科、律草属多年生草本蔓性植物，是酿造啤酒的主要原料，酿造所用的啤酒花均为成熟的雌花，它所含酒花树脂是啤酒苦涩的主要来源，酒花油赋予啤酒香味，单宁等多酚物质促使蛋白质凝固，有利于澄清、防腐和啤酒的稳定。

细胞固定化技术是利用物理或化学手段将游离的微生物或酶定位于限定的空间区域，并使其保持活性且能反复利用的一项技术。与游离细胞相比，固定化细胞密度大，吸附量高，反应速度快，生产能力提高，菌体细胞易分离。在啤酒酿造中使用酵母固定化技术不仅在保证啤酒质量的同时减少了发酵时间，还由于生物反应罐中的高细胞密度导致了快速发酵和较高生产力从而降低成本。包埋法是细胞固定化技术常用的方法，原理是用物理方法将细胞包裹于凝胶的网格结构中或包裹于半透性聚合薄膜内，从而使细胞固定化。这种方法操作简便易行，制备条件温和，包埋载体多种多样。

采用海藻酸盐作为固定化载体，固定化微生物细胞是一种比较成熟的包埋固定化方法，用固定化酵母生产啤酒，能够发挥固定化发酵工艺的优势。固定的啤酒酵母利用麦芽汁中的低分子物质生产啤酒，发酵的基本原理与乙醇发酵原理大同小异，只是在发酵原料、工艺等方面存在差别。

## 三、实验器材

（1）菌种。啤酒酵母（*Saccharomyces cerevisiae*）。

（2）培养基和原料。麦芽汁培养基（配方见附录 1）、大麦、大米、酒花（或酒花浸膏、颗粒酒花）、耐高温淀粉酶、糖化酶等。

（3）试剂。25 g/L 海藻酸钠、15 g/L $CaCl_2$、0.025 mol/L 碘液、乳酸或磷酸等。

（4）仪器。高压蒸汽灭菌器、TA.XT 物性测试仪、超净工作台、恒温水浴锅、电子天平、紫外—可见分光光度计、磁力搅拌恒温加热套或电炉、酒精密度计等。

（5）其他。搪瓷盘或玻璃容器、纱布、无菌封口膜、糖度计、水浴锅、锥形瓶、φ18 mm×180 mm 试管（内装 1 支倒置的杜氏小管）等。

## 四、实验步骤

### 1. 粉碎麦芽

取 100 g 大麦放入搪瓷盘或玻璃容器内，用水洗净，浸泡在水中 6~12 h，将水倒掉，放于 15 ℃阴暗处发芽，上盖纱布一块，每日早、中、晚淋水一次，麦根伸长至麦粒的 2 倍时，即停止发芽，摊开晒干或烘干，磨碎制成麦芽粉，贮存备用。

### 2. 麦芽汁的制备

（1）大米粉水解液的制备。将 30 g 大米粉加入 250 mL 水中，混合均匀，加热至 50 ℃，用乳酸或磷酸调 pH 至 6.5，加入耐高温的 α-淀粉酶，其量为 6 U/g 大米粉，于 50 ℃保温 10 min，以 1 ℃/min 的速度一直升温至 95 ℃，保持此温度 20 min，然后迅速升至沸腾，持续 20 min，并加水保持原体积，在约 5 min 内迅速降温至 60 ℃，成为大米粉水解液备用。

（2）糖化。将 70 g 麦芽粉加入 200 mL 水中，混合均匀，加热到 50 ℃，用乳酸或磷酸调 pH 到 4.5，保温 30 min，升温至 60 ℃，然后与备用的大米粉水解液混合，搅拌均匀，加入糖化酶，其量为 50 U/g 大米粉和麦芽粉，于 60 ℃保温 30 min，继续升温至 65 ℃，保持 30 min，补加水维持原体积，用碘液检验醪液，当不呈蓝色时，再升温至 75 ℃，保持 15 min，完成糖化过程。

（3）用 4~6 层纱布过滤糖化液，滤液如浑浊不清，可用鸡蛋白澄清，即将一个鸡蛋白加水约 20 mL，调匀至生泡沫时为止，然后倒入糖化液中搅拌煮沸，再过滤，制成麦芽汁，并用糖度计测量其糖度。

（4）麦芽汁琼脂培养基的制备。将麦芽汁稀释到 5~6 °Bé（波美度），pH 约 6.4，加入 15~20 g/L 琼脂，于 121 ℃高压蒸汽灭菌 20 min，即成麦芽汁琼脂培养基。

（5）添加酒花。将麦芽汁总量的一半煮沸，添加酒花，其用量为麦芽汁的 0.1%~0.2%，一般分 3 次加入，煮沸 70 min，补水至糖度为 10 °Bé，用滤纸趁热过滤，滤液即为加了酒花的麦芽汁。

### 3. 固定化酵母的制作

（1）酵母悬液的制备。接种啤酒酵母于麦芽汁琼脂培养基斜面，于 28 ℃培养 24 h 后，从斜面接种一环酵母于装有 30 mL 麦芽汁的锥形瓶中，于 28 ℃、100 r/min 摇床培养 24 h 后，于 4000 r/min 离心 20 min，用无菌水振荡洗涤重复离心 3 次，再用无菌生理盐水将酵母混合均匀，制成菌悬液，其体积约为 10 mL，调整酵母细胞浓度为 $3×10^8$ CFU/mL，制得用于固定化的酵母悬液。

（2）制备固定化载体：将 2.5 g 海藻酸钠水浴加热溶解于 100 mL 蒸馏水中，制得 25 g/L 海藻酸钠溶液，而后冷却至 30 ℃，与制备好的酵母（约 10 mL）悬液混匀，用装有 2 号针头的注射器吸取此混合液，迅速地滴加到 300 mL、15 g/L $CaCl_2$ 溶液中，或采用蠕动泵法，将混合液滴加到 15 g/L $CaCl_2$ 溶液中，形成白色球形颗粒，此时钠离子与钙离子置换，海藻酸钙胶珠逐渐硬化定型。经过 2~3 h 硬化成形后，用无菌生理盐水洗涤 2~3 次，即制成固定化酵母。可用无菌生理盐水浸泡固定化酵母，贮存在 4 ℃冰箱中备用。

**注意**：一定要使酵母沉淀物与生理盐水混合均匀，与 25 g/L 海藻酸钠溶液也要混匀。混合液滴加在 15 g/L $CaCl_2$ 溶液中，不仅要迅速，而且要摇动 $CaCl_2$ 溶液，避免形成的颗粒粘连。

（3）海藻酸钙胶珠直径与硬度的测量。取 20 个固定化颗粒，测量其直径，计算平均值。将 TA. XT 物性测试仪上直径为 10 mm 的圆柱形探头放置在胶珠表面，以 16 mm/min 的速度下降，当圆柱形探头降下 5 mm 时测得胶珠的硬度，单位为 g。

4. 固定化酵母连续发酵生产啤酒

（1）第一次发酵生产啤酒。取 20 g 固定化酵母加到 250 mL 的锥形瓶中，然后加入 50 mL 糖度为 10 °Bé 的麦芽汁，用无菌封口膜封好瓶口；同时接种于带杜氏小管的 10 mL 麦芽汁培养基试管中。置于 28 ℃培养箱中静止发酵 48 h，倒出发酵液，即完成了固定化酵母第一次发酵生产啤酒。

（2）固定化酵母的连续发酵。将麦芽汁加入发酵过的固定化酵母中，进行第二次同样的发酵，收集发酵液后，还可重复发酵几次。合并发酵液，即为固定化酵母发酵所生产的啤酒。

（3）将加了酒花的麦芽汁加到盛有 20 g 固定化酵母的锥形瓶中，其他发酵条件完全相同，也进行多次发酵，收集的发酵液同样是固定化酵母发酵所生产的啤酒。

（4）品尝试验所得的两种啤酒，注意色、味等方面的差异。

5. $CO_2$ 生成的检验

（1）定性检验。先观察锥形瓶中的发酵液有无泡沫上涌或气泡逸出，再查看发酵试管里的杜氏小管中有无气体聚集。如有气体产生，即可确定培养基中的糖类已被发酵。取 10% $NaOH$ 溶液 1 mL 注入试管内，轻轻搓动发酵管，观察液面是否上升，如气体消失，则证明其中的气体为发酵过程中生成的 $CO_2$，其化学反应如下。

$$CO_2 + NaOH \rightarrow NaHCO_3$$

（2）定量检验。测定 $CO_2$ 产生量（即失质量）。发酵前，擦干锥形瓶外壁，置于电子天平（0.01 g）上称重，记下质量为 $m_1$。发酵完毕，取出锥形瓶轻轻摇动，使 $CO_2$ 尽量逸出。在同一台电子天平（0.01 g）上再次称重，记下质量为 $m_2$。则 $CO_2$ 质量 $= m_1 - m_2$。

6. 酒精生成的检验

（1）定性检验。打开成熟发酵液的锥形瓶棉塞，嗅闻有无酒精气味，取出 5 mL 发酵液注入空试管中，再加 10% $H_2SO_4$ 溶液 2 mL。向试管中滴加 1% $K_2Cr_2O_7$ 溶液 10～20 滴，如管内由橙黄色变为黄绿色，则证明有酒精生成，此变化反应如下。

$$2K_2Cr_2O_7 + 8H_2SO_4 + 3CH_3CH_2OH \rightarrow 3CH_3COOH + 2K_2SO_4 + 2Cr_2(SO_4)_3（绿色）+ 11H_2O$$

（2）酒精发酵液的蒸馏与酒精度的测定——酒精密度计法。

①装好酒精蒸馏装置（图 3-5-1）。准确量取 100 mL 发酵液倒入 500 mL 圆底蒸馏瓶中，再加入 100 mL 蒸馏水。在蒸馏瓶中加入沸石或玻璃珠以防止液体爆沸，连接好冷凝器，以防漏气。如用电炉加热，沸腾后即转用文火使液体微沸（可将烧瓶适当离开电炉），注意勿使液体爆沸溢出。如采用磁力搅拌恒温加热套，沸腾后可降低加热温度以保持微沸。馏出液收集于 100 mL 容量瓶中。待馏出液达到刻度时，立即取出摇匀，进行酒精度的测定。

②将蒸馏液 100 mL 倒入 100 mL 量筒中，选择合适的酒精密度计（即将酒精密度计放入量筒后不沉底又可以读出数值）和温度计同时插入量筒中，记录酒精密度计的数值和蒸馏液的温度，根据测得的酒精度和温度，查酒精度与温度校正表，换算成 20 ℃时用体积分数表示的酒精度。

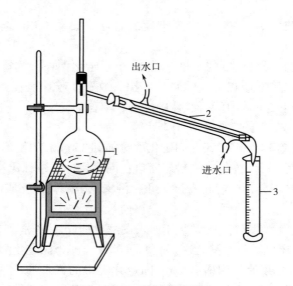

图 3-5-1  酒精蒸馏装置

1—发酵液装于烧瓶内  2—冷凝管  3—酒精收集器

## 五、实验结果与报告

实验数据与结果填入表 3-5-1 中。

表 3-5-1  实验结果记录表

| 项目 | 指标 | 结果记录 |
|---|---|---|
| 1. 制备麦芽粉 | 大麦发芽所用时间（h）（即大麦开始发芽到麦根伸长至麦粒的 2 倍时停止发芽所用的时间） | |
| | 每克大麦制成麦芽粉的量（g） | |
| 2. 制备麦芽汁 | 制得麦芽汁的体积（mL） | |
| | 麦芽汁糖度（°Bé） | |
| 3. 制备固定化酵母 | 制得固定化酵母的克数（g） | |
| | 固定化酵母的颗粒大小、形状、是否粘连等情况描述 | |
| 4. 制备固定化载体 | 固定化载体制备过程中的变化情况 | |
| | 海藻酸钙胶珠的直径 | |
| | 海藻酸钙胶珠的硬度 | |
| 5. 两种啤酒的比较 | 第一次发酵产啤酒的体积（mL） | |
| | 第二次发酵产啤酒的体积（mL） | |
| | 两种啤酒在色、味方面的差异比较 | |

## 六、思考题

（1）传统发酵、大罐发酵、固定化酵母发酵生产啤酒的 3 种工艺的主要不同之处在哪？

各有哪些优势和不足？

（2）制备麦芽汁时，糖化的温度和时间对啤酒的产量和质量有什么影响？在啤酒的生产过程中，还可以采用哪些糖化方法？

（3）试述如何对固定化酵母发酵产啤酒进行改进，使其发挥更大效益，能够成为啤酒生产的重要工艺。

（4）固定化细胞技术除可应用于啤酒酿造外，在其他哪些方面还有应用前景？请举例说明。

## 七、知识应用与拓展

选择优良的大麦、米粉、酒花等原料和采用符合生产要求的酵母菌种是发酵产生风味和口感都为人们喜爱的啤酒的保证。麦芽汁中添加不同种类的酒花是发酵产出不同品种啤酒的重要措施。

近年来，细胞固定化技术研究活跃，发展较快，已在食品发酵工业、环境保护、化学与医药工业、新能源开发及生物传感器等领域得到广泛应用，成效显著，前景广阔。如固定化细胞技术在乳制品生产中应用得比较多，将乳酸菌包埋于固定化载体中，进行连续培养生产乳酸，奶酪的制作中也常用到固定化细胞，以控制熟化进程。

# 实验项目 3-6　酱油种曲中米曲霉孢子数及发芽率的测定

## 一、实验目的

(1) 熟练掌握应用血球计数板测定孢子数的方法。
(2) 学习孢子发芽率的测定方法。
(3) 培养学生分析问题的能力及科技创新意识。

## 二、实验原理

种曲是成曲的曲种，是保证成曲的关键，也是酿制优质酱油的基础。种曲质量要求之一是孢子数量必须在 $6×10^9$ 个/g（干基计）以上，孢子旺盛、活力强、发芽率在85%以上，所以孢子数及其发芽率的测定是控制种曲质量的重要手段。测定孢子数的方法有多种，本实验采用血球计数板在显微镜下直接计数，这是一种常用的细胞计数方法。此法是将孢子悬浮液放在血球计数板与盖玻片之间的计数室中，在显微镜下进行计数。计数室中的容积是一定的，因此可根据在显微镜下观察到的孢子数目来计算单位体积的孢子总数。

孢子发芽率的测定方法有玻片培养法和液体培养法，SB/T 10316—1999 中采用的是玻片培养法。本实验分别介绍这两种方法制片在显微镜下直接观察测定孢子发芽率。孢子发芽率除受孢子本身活力影响外，培养基种类、培养温度、通气状况等因素也会直接影响测定结果。所以测定孢子发芽率时，要求选用固定的培养基和培养条件，才能准确反映其真实活力。

## 三、实验器材

(1) 样品。酱油种曲、种曲孢子粉。
(2) 培养基。察氏液体培养基、察氏培养基（配方见附录1）。
(3) 试剂。95%乙醇、稀硫酸（1∶10）、无菌生理盐水（25 mL 或 100 mL 的三角瓶，内带玻璃珠）、无菌水、凡士林。
(4) 仪器。恒温摇床、旋涡混合器、显微镜、电子天平等。
(5) 其他用具。载玻片、盖玻片、接种环、酒精灯、血球计数板等。

## 四、实验步骤

1. 酱油种曲中米曲霉孢子数的测定
(1) 样品稀释。
①准确称取种曲 1 g（精确至 0.002 g），倒入盛有玻璃珠的 250 mL 锥形瓶内，加入 95%乙醇 5 mL、无菌水 20 mL、稀硫酸（1∶10）10 mL，在旋涡混合器上充分振荡 1~2 min，使种曲孢子分散。

**注意：**称样时，尽量防止孢子飞扬。
②用 3 层纱布过滤，用无菌水反复冲洗，使滤渣不含孢子，最后稀释至 500 mL。

（2）制计数板。取洁净干燥的血球计数板，盖上盖玻片，用无菌滴管吸取 1 小滴孢子稀释液，滴于盖玻片的边缘处，让滴液自行渗入计数室中，注意不可有气泡产生。若有多余液滴，可用吸水纸吸干，静置 5 min，待孢子沉降。

**注意**：滴入的孢子稀释液不宜过多。

（3）观察计数。

①观察。用低倍镜和高倍镜观察。先用低倍镜找到计数室，再用高倍镜找到中方格观察，由于稀释液中的孢子在血球计数板上处于不同的空间位置，要在不同的焦距下才能看到，因而计数时必须逐格调动细准焦螺旋，才能不使之遗漏，如孢子位于格的线上，一般只计格的上方及右方线上的孢子（或只计下方及左方线上的孢子）。

**注意**：在计数前，若发现孢子悬液太浓或太稀，需要重新调节稀释度后再计数。一般样品稀释度以每小格有 5～10 个孢子为宜。若发现有许多孢子集结成团或成堆，说明样品稀释未达到操作要求，因此必须重新称重、振摇、稀释。

②计数。如使用规格为 16×25 的计数板，计左上、右上、左下、右下 4 个中格（即 100 个小格）内的孢子，如使用规格为 25×16 的计数板，除计左上、右上、左下、右下 4 个中格外，还需加数中央的一个中格（即 80 个小格）。

**注意**：每个样品重复观察计数不少于 2 次，然后取其平均值。

（4）计算。将计数结果代入公式计算曲种中的孢子数，计算公式如下。

①16×25 的计数板。

$$孢子数（个/g）= \frac{N}{100} \times 400 \times 10000 \times \frac{V}{m} = 4 \times 10^4 \times \frac{NV}{m}$$

式中：$N$——100 小格内的孢子总数（个）；

　　　$V$——孢子稀释液体积（mL）；

　　　$m$——样品质量（g）。

②25×16 的计数板。

$$孢子数（个/g）= \frac{N}{80} \times 400 \times 10000 \times \frac{V}{m} = 5 \times 10^4 \times \frac{NV}{m}$$

式中：$N$——80 小格内的孢子总数（个）；

　　　$V$——孢子稀释液体积（mL）；

　　　$m$——样品质量（g）。

**注意**：使用完毕后，用自来水将血球计数板冲洗干净，切勿硬物洗刷，洗完后自行晾干或用吹风机吹干。

2. 孢子发芽率的测定

（1）玻片培养法。

①制备孢子悬浮液。取种曲少许加入盛有 25 mL 无菌生理盐水和带有玻璃珠的锥形瓶中，在漩涡混合器上充分振荡 1～2 min，使各个孢子分散，制成孢子悬浮液。

**注意**：悬浮液制备后应立即制作标本培养，不宜长时间放置。

②制作标本片。先在凹玻片的凹窝内滴入 1 滴无菌水，再将察氏琼脂培养基融化并冷却至 45～50 ℃后，接入孢子悬浮液数滴。充分摇匀后，用玻璃棒薄层涂布在盖玻片上，而后反盖于凹玻片的窝上，四周涂凡士林封固，放置于垫有两层湿滤纸的培养皿内，于 30～32 ℃培养 3～5 h。

**注意**：培养基中接入孢子悬浮液的数量以每个视野含孢子数 10~20 个为宜。

③镜检与计数。取出标本在高倍镜下观察孢子发芽情况，逐个数出发芽孢子数和未发芽孢子数。

**注意**：应正确区分孢子的发芽和不发芽状态。应同时制作 2 个以上标本片镜检并计数，取其平均值，以保证结果准确。每次镜检时，要在不同视野中连续观察 100~200 个孢子的发芽情况。

④计算。

$$发芽率 = \frac{A}{A+B} \times 100\%$$

式中：$A$——发芽孢子数（个）；

$B$——未发芽孢子数（个）。

（2）液体培养法。

①接种。用接种环挑取种曲少许，接入含察氏液体培养基的锥形瓶中，于 30 ℃摇床振荡培养 3~5 h。

**注意**：培养前要检查调整孢子接入量，以每个视野含 10~20 个孢子为宜。

②制标本片。用无菌滴管吸取上述培养液，滴 1 滴于载玻片上，盖上盖玻片。

**注意**：盖上盖玻片后不可产生气泡。

③镜检与计数。将标本片直接放在高倍镜下，观察发芽情况。

**注意**：应同时制作 2 个以上标本片镜检并计数，取其平均值，以保证结果准确。每次镜检时，要在不同视野中连续观察 100~200 个孢子的发芽情况。

④计算。计算方法与玻片培养法相同。

## 五、实验结果与报告

（1）将实验结果填入表 3-6-1 中，并计算米曲霉孢子数量，进行误差分析。

表 3-6-1　实验数据记录表

| 计算次数 | 5 个中方格的孢子数（个） | | | | | 5 个中方格的总孢子数（个） | 稀释倍数 | 样品孢子数（个/g） |
| --- | --- | --- | --- | --- | --- | --- | --- | --- |
| | 左上 | 右上 | 右下 | 左下 | 中间 | | | |
| 1 | | | | | | | | |
| 2 | | | | | | | | |
| 3 | | | | | | | | |
| 平均值 | | | | | | | | |

（2）将实验结果填入表 3-6-2 中，并计算米曲霉孢子发芽率。

表 3-6-2　实验数据记录表

| 计算次数 | 孢子发芽数 $A$（个） | 发芽和未发芽孢子数 $A+B$（个） | 样品孢子发芽率（%） |
| --- | --- | --- | --- |
| 1 | | | |
| 2 | | | |
| 3 | | | |
| 平均值 | | | |

## 六、思考题

（1）用血球计数板测定孢子数有何优缺点？

（2）影响孢子发芽率的因素有哪些？分析哪些实验步骤容易造成结果误差。

## 七、知识应用与拓展

由于孢子发芽的快慢与温度密切相关，故要严格控制培养温度。为了加速发芽，可提高培养温度至 35 ℃，但必须与 30~32 ℃ 进行对照。真菌孢子的特点是小、轻、干、多，因此称样时要尽量防止孢子的飞扬。测定时，如果发现有许多孢子集结成团或成堆，说明样品稀释未能符合操作要求，因此必须重新称重、振摇、稀释。

# 实验项目 3-7  产蛋白酶菌株的筛选

## 一、实验目的

(1) 学习用选择培养基从自然界中分离胞外蛋白酶产生菌的方法。

(2) 学习并掌握细菌菌株的摇瓶液体发酵技术。

(3) 掌握蛋白酶活力测定的原理与基本方法。

(4) 培养学生严谨认真的科学态度及良好的团队协作能力。

## 二、实验原理

能够产生胞外蛋白酶的菌株在牛奶平板上生长后，其菌落周围可形成明显的蛋白水解圈。水解圈与菌落直径的比值常被作为判断该菌株蛋白酶产生能力的初筛依据。但是，由于不同类型的蛋白酶（如酸性或中性蛋白酶）都能在牛奶平板上形成蛋白水解圈，细菌在平板上的生长条件也和液体环境中的生长情况相差很大，因此在平板上产圈能力强的菌株不一定是碱性蛋白酶的高产菌株。还必须用产酶发酵培养基培养初筛得到的菌株，通过对发酵液中蛋白酶活力的仔细研究、比较，才有可能真正得到需要的碱性蛋白酶高产菌株，这个过程被称为复筛。需要指出的是，因为不同菌株的适宜产酶条件差异很大，常需选择多种发酵培养基进行产酶菌株的复筛工作，否则有可能漏掉一些已经得到的高产菌株。如本实验推荐使用的玉米粉—黄豆饼粉培养基可用于芽孢杆菌属细菌产酶能力的比较，但对于其他属种的细菌未必合适。

碱性蛋白酶活力测定按 QB 747-80（工业用蛋白酶测定方法）进行。其原理是用蛋白酶处理酪蛋白可释放含酚基的酪氨酸，后者可与 Folin 试剂在碱性条件下发生反应形成蓝色化合物，通过分光光度计比色测定即可计算出酶活力大小。

## 三、实验器材

(1) 菌种。具备产胞外蛋白酶能力的地衣芽孢杆菌（*Bacillus licheniformis*）。

(2) 试剂。蛋白胨、酵母粉、脱脂奶粉、琼脂、干酪素、三氯乙酸、NaOH、碳酸钠、Folin 试剂（配方见附录 2）、硼砂、酪氨酸等。

(3) 仪器。水浴锅、分光光度计、恒温摇床、高压蒸汽灭菌器等。

(4) 其他。锥形瓶、培养皿、吸管、试管、涂布棒、玻璃搅拌棒、游标卡尺、玻璃小漏斗和滤纸等。

## 四、实验步骤

1. 配制培养基和试剂

(1) 牛奶平板。在普通肉汤蛋白胨固体培养基中添加终质量浓度为 15 g/L 的牛奶。

**注意**：脱脂奶粉用水溶解后应单独灭菌（115 ℃，30 min），倒平板前再与加热融化的肉汤蛋白胨培养基混合。

（2）发酵培养基。玉米粉 40 g/L、黄豆饼粉 30 g/L、$Na_2HPO_4$ 4 g/L、$KH_2PO_4$ 0.3 g/L，用 3 mol/L NaOH 调节 pH 到 9.0，再于 121 ℃ 高压蒸汽灭菌 20 min，分装，250 mL 三角烧瓶的装瓶量为 50 mL。

**注意：**玉米粉、黄豆饼粉不溶于水，培养基配制过程中的加热煮沸、pH 调节及分装到三角烧瓶等环节应注意用玻璃棒不断搅拌，以保证培养基均匀一致。

（3）pH 11 硼砂—NaOH 缓冲液。称取硼砂 19.08 g 溶于 1000 mL 水中，称取 NaOH 4 g 溶于 1000 mL 水中，两者等量混合。

（4）20 g/L 酪蛋白。称取 2 g 干酪素，用少量 0.5 mol/L NaOH 润湿后，适量加入 pH 11 的硼砂—NaOH 缓冲液，加热溶解，定容至 100 mL，于 4 ℃ 冰箱中保存，使用期不超过一周。

**注意：**用于润湿干酪素的 NaOH 的量不宜过多，否则会影响配制溶液的最终 pH；加热溶解过程中可用玻璃棒不断碾压干酪素颗粒，帮助其溶解。

2. 制作酶活标准曲线

用酪氨酸配制 0 ~ 100 μg/mL 的标准溶液，取不同浓度的酪氨酸溶液 1 mL 与 5 mL 0.4 mol/L $Na_2CO_3$、1 mL Folin 试剂混合，于 40 ℃ 水浴中显色 30 min，于 680 nm 处测定吸收值并绘制标准曲线，求出光密度为 1 时相当的酪氨酸质量（μg），即 $K$ 值。

**注意：**采用普通 721 型分光光度计，采用 0.5 cm 比色杯测定条件下的 $K$ 值，一般在 200 左右。

3. 分离蛋白酶产生菌株（采用选择平板初筛产蛋白酶菌株）

（1）取少量土样混于无菌水中，摇匀后进行梯度稀释，取 0.2 mL 涂布到一个牛奶平板上，于 37 ℃ 培养 30 h 左右后再观察，对牛奶平板上的总菌数和产蛋白酶的菌数进行记录；建议用地衣芽孢杆菌作为对照菌株。

**注意：**家畜饲养、屠宰等动物性蛋白质丰富的地点，其土壤中筛选获得高产蛋白酶菌株的概率更大，若条件许可，建议尽量选择这样的地点进行采样。

（2）观察与转接。选择蛋白水解圈最大的 10 个菌株进行编号，用游标卡尺分别测量、菌落的直径（$dC$）和水解圈的直径（$dH$）并记录，计算比值（$dH/dC$），然后转接到肉汤琼脂斜面上，于 37 ℃ 培养过夜。

4. 测定蛋白酶产生菌株的碱性蛋白酶活力（复筛产蛋白酶菌株）

（1）将初筛获得的 10 株蛋白酶产生菌株和作为对照的地衣芽孢杆菌一起接种到发酵培养基中，于 37 ℃、200 r/min 摇床培养 48 h。

**注意：**为避免误差，有条件的情况下，上述每个菌株应平行接种 3 瓶发酵培养基。

（2）测定酶活力。将发酵液离心或过滤后按照下列程序测定碱性蛋白酶活力。

①样品。吸取发酵液（或其稀释液）1 mL 加入 1 mL 20 g/L 酪蛋白，于 40 ℃ 水浴保温 10 min。再加入 0.4 mol/L 三氯乙酸 3 mL，静置 15 min，使蛋白质沉淀完全，然后用滤纸过滤，滤液应清亮，无絮状物。取 1 mL 滤液依次加入 5 mL 0.4 mol/L $Na_2CO_3$ 和 1 mL Folin 试剂，于 40 ℃ 水浴保温 20 min。测定反应液在 680 nm 波长处的 $OD$ 值。

②空白对照。吸取发酵液（或其稀释液）1 mL，加入 3 mL 0.4 mol/L 三氯醋酸和 1 mL 20 g/L 酪蛋白，静置 15 min，使蛋白质沉淀完全，然后用滤纸过滤，滤液应清亮，无絮状物。取滤液 1 mL，依次加入 5 mL 0.4 mol/L $Na_2CO_3$ 和 1 mL Folin 试剂，于 40 ℃ 水浴保温 20 min。将反应液于 680 nm 处测 $OD$ 值。

③碱性蛋白酶活力单位为 U，以每毫升或每克样品在 40 ℃、pH 11（或其他碱性 pH）条件下，每分钟水解酪蛋白所产生的酪氨酸质量（μg）来表示。

$$碱性蛋白酶活力 = K \times A \times N \times 5/10$$

式中：$K$——由标准曲线求出光密度为 1 时相当的酪氨酸质量（μg），本实验 $K$ 值建议设
为 200；

$N$——稀释倍数；

$A$——样品 $OD$ 值与空白对照 $OD$ 值之差；

5——因测定中吸取的滤液是全部滤液的 1/5；

10——酶反应时间为 10 min。

## 五、实验结果与报告

按照如下表格（表 3-7-1）记录实验数据并计算结果，计算发酵液中的酶活力。

表 3-7-1　实验数据记录表

| 菌株编号 | 菌落直径（mm） | 蛋白水解圈直径（mm） | 蛋白水解圈/菌落直径比值（$dH/dC$） | 发酵液中的酶活力 | | | |
|---|---|---|---|---|---|---|---|
| | | | | 1 | 2 | 3 | 评价酶活力 |
| 1 | | | | | | | |
| 2 | | | | | | | |
| 3 | | | | | | | |
| 4 | | | | | | | |
| 5 | | | | | | | |
| 6 | | | | | | | |
| 7 | | | | | | | |
| 8 | | | | | | | |
| 9 | | | | | | | |
| 10 | | | | | | | |
| 对照 | | | | | | | |

注　对照为地衣芽孢杆菌。

## 六、思考题

（1）在选择平板上分离获得蛋白酶产生菌的比例如何？试结合采样地点进行分析。

（2）在选择平板上形成的蛋白透明水解圈的大小为什么不能作为判断菌株产蛋白酶能力的直接证据？试结合你初筛和复筛的结果进行分析。

## 七、知识应用与拓展

碱性蛋白酶是一类最适作用 pH 在碱性范围的蛋白酶，在轻工、医药领域中的用途非常广泛。该酶最早发现于猪胰腺中，1945 年瑞士人 Dr Jaag 等发现地衣芽孢杆菌能够产生这类

酶，从此开启了人们利用微生物生产碱性蛋白酶的历史。微生物来源的碱性蛋白酶都是胞外酶，与动植物来源的碱性蛋白酶相比具有产酶量高、适合大规模工业生产的优点。因此，微生物碱性蛋白酶在整个酶制剂产业中一直都占有很大的市场份额，被认为是最重要的应用型酶类。微生物产碱性蛋白酶的菌种选育、基因克隆及表达的研究也一直为人们所关注。

# 实验项目 3-8　产柠檬酸菌株的筛选

## 一、实验目的

（1）了解黑曲霉在工业生产中的不同作用。

（2）掌握利用变色圈法结合 Deniges 氏液鉴别法筛选产柠檬酸菌株的方法。

（3）培养学生分析问题的能力及科技创新思维。

## 二、实验原理

柠檬酸是一种重要的有机酸，又称枸橼酸，为无色晶体，常含一分子结晶水，无臭，有很强的酸味，易溶于水，在食品工业中具有广泛的用途。柠檬酸可由曲霉菌发酵糖类而生成，其中尤以黑曲霉的生酸能力最强。目前工业生产中多以黑曲霉为柠檬酸产生菌。

黑曲霉，半知菌亚门，丝孢纲，丝孢目，丛梗孢科，曲霉属真菌中的一个常见种，广泛分布于世界各地的粮食、植物性产品和土壤中。在固体培养基表面其菌丝蔓延迅速，初为白色，后变成鲜黄色直至黑色厚绒状，背面无色或中央略带黄褐色。菌丝顶部形成球形分生孢子头，直径为 $700 \sim 800 \, \mu m$，其上全面覆盖一层梗基和一层小梗，小梗上长有成串褐黑色的球状分生孢子，直径为 $2.5 \sim 4.0 \, \mu m$。菌落呈放射状。黑曲霉是重要的发酵工业菌种，可生产淀粉酶、酸性蛋白酶、纤维素酶、果胶酶、葡萄糖氧化酶、柠檬酸、葡糖酸和没食子酸等。有的菌株还可将羟基孕甾酮转化为雄烯。

黑曲霉耐酸性较强，在 pH 1.6 时仍能良好生长。利用其产酸高、耐酸强的生理特征，使用 pH 1.6 的酸性营养滤纸分离该菌，简单易行。也可以用变色圈法进行初筛，使产柠檬酸的菌株更易被选出。可利用 Deniges 氏液鉴别黑曲霉产生的柠檬酸，生酸量可用 0.1 mol/L 氢氧化钠滴定来确定。

## 三、实验器材

（1）样品。霉烂橘皮。

（2）培养基。察氏—多氏琼脂培养基（0.04%溴甲酚绿）、酸性蔗糖培养基（配方见附录1）。

（3）仪器。高压蒸汽灭菌器、恒温振荡培养箱、烘干箱等。

（4）试剂。Deniges 氏液、2%高锰酸钾溶液、0.1 mol/L NaOH、1%酚酞指示剂（配方见附录2）。

（5）其他。锥形瓶、吸管等。

## 四、实验步骤

1. 样品制备

（1）取样。取一小块烂橘皮，切碎，置于 10 mL 带玻璃珠的盛有无菌水的锥形瓶中，用力振荡 5 min。

（2）样品稀释。进行 10 倍梯度稀释，依此稀释至 $10^{-2}$、$10^{-3}$、$10^{-4}$、$10^{-5}$、$10^{-6}$、$10^{-7}$。

2. 培养

（1）用 3 支无菌吸管分别吸取 $10^{-5}$、$10^{-6}$、$10^{-7}$ 3 个稀释度的稀释液 0.2 mL 至察氏—多氏琼脂培养基平板上，用涂布棒涂匀，放于 30 ℃ 恒温培养箱中培养。培养过程中注意定时观察菌落周围颜色，产酸会导致菌落周围出现黄色变色圈，在变色圈还未互相连成一片时，测量变色圈直径（$d$H）与菌落直径（$d$C）之比。

**注意**：利用察氏—多氏琼脂培养基分离筛选时应注意控制好培养时间。

（2）取 $d$H/$d$C 比值较大的且具有黑曲霉特征的菌落接种到斜面上。

**注意**：采用点接法，点接在斜面中部偏下方。

3. 性能测定

（1）振荡培养。将各分离株接种于酸性蔗糖培养基中（500 mL 锥形瓶中装有培养基 25 mL），于 30 ℃ 振荡培养 24~48 h。

（2）柠檬酸鉴定。取 5 mL 发酵液于洁净试管中，加 Deniges 氏液 1 mL，加热至沸，然后逐滴加入高锰酸钾溶液，若有白色沉淀，即证明有柠檬酸存在。

（3）产酸量的测定。以常规酸碱中和的方法测定，用细针头注射器抽取发酵液 1 mL，用 0.1 mol/L NaOH 滴定酸度，柠檬酸的毫克当量为 0.064，以此计算出柠檬酸的百分含量。

## 五、实验结果与分析

按照如下表格（表 3-8-1）记录实验数据并计算结果，计算黑曲霉发酵酸性蔗糖培养基的产酸量。

表 3-8-1　实验数据记录表

| 菌株编号 | 菌落直径（mm） | 变色圈直径（mm） | 变色圈/菌落直径比值（$d$H/$d$C） | 产酸量的测定 | | | |
|---|---|---|---|---|---|---|---|
| | | | | 1 | 2 | 3 | 柠檬酸含量（%） |
| 1 | | | | | | | |
| 2 | | | | | | | |
| 3 | | | | | | | |
| 4 | | | | | | | |
| 5 | | | | | | | |
| 6 | | | | | | | |
| 7 | | | | | | | |
| 8 | | | | | | | |
| 9 | | | | | | | |
| 10 | | | | | | | |
| 对照 | | | | | | | |

## 六、思考题

（1）在平板分离中，为什么有些菌落的透明圈或显色圈很大，但摇瓶发酵试验中产酸却较低？

（2）黑曲霉柠檬酸产生菌菌株的富集应考虑利用哪些特点？

## 七、知识应用与拓展

如何保藏筛选到的产柠檬酸菌株是一个很重要的问题。许多微生物存在自发突变和回复突变，虽然突变的概率比较低（$10^{-8} \sim 10^{-9}$ 之间），但在繁殖的过程中会表现出来。菌种传达次数越多，产生突变的概率就越大。因此，要有好的保藏方法防止菌种退化。中期保藏用到沙土管（霉菌孢子耐干燥能力强），长期保藏使用真空冷冻干燥保藏，可以保藏十年之久。

# 实验项目 3-9  产淀粉酶菌株的筛选

## 一、实验目的

（1）学习并掌握从土壤中分离筛选产淀粉酶微生物的方法。
（2）学习淀粉酶活力的测定方法。
（3）培养学生严谨认真的科学态度及良好的团队协作能力。

## 二、实验原理

土壤中微生物种类齐全，是微生物的大本营，可以从土壤中分离到几乎所有微生物，但是不同的气候条件、植被条件、土壤环境中生存的微生物优势菌种不同，因此分离目标微生物时，应采集特定的土壤、水体、自然发酵的基质或者动植物的组织。

本实验将采用稀释法和平板涂布法从淀粉含量比较丰富的土壤环境中采样，经过采样、增殖培养、分离纯化、检测4个阶段分离筛选可产淀粉酶的微生物。经过增殖培养，采集的样品中目标微生物的比例有所提高，增加后续分离得到目标微生物的概率。增殖培养是通过加入或者减少某种营养物质，设置特定温度、pH等方法，促进目标微生物的生长，提高目标微生物的比例。

初筛主要是定性分析，淘汰明显不符合要求的大部分菌株，把性状类似的菌株留下，以免漏掉某些优良菌株。一般常用平板筛选法，通过一些生理效应（如变色圈、抑菌圈、透明圈等）来反映。由于测试条件与实际生产差距较大，结果不一定可靠。复筛是在初筛的基础上定量分析，要求准确，尽可能模拟生产条件，用准确可靠的数据反应微生物的某项生理效应。

淀粉酶可水解菌落周围的淀粉，生成小分子的葡萄糖和糊精，滴加碘液时，淀粉呈蓝色，而糊精和葡萄糖为无色，因此可产淀粉酶的微生物菌落周围会形成一个透明圈。一般来讲，微生物产淀粉酶的能力与透明圈的直径呈正比。可根据透明圈的直径和菌落直径的比值（$dH/dC$）大小筛选出产淀粉酶能力强的菌株。淀粉酶能将淀粉降解为糊精和少量的还原糖，使淀粉对碘呈蓝紫色的特异性反应消失，可通过测定这种特异性显色消失的速度来定量衡量酶的活力。

## 三、实验器材

（1）样品。采集含有丰富淀粉的土壤样品（如面粉厂、米厂附近的土壤）。
（2）培养基。筛选培养基、液体发酵培养基（配方见附录1）。
（3）试剂。碘液、0.1 mol/L $H_2SO_4$（终止液）、0.5%的淀粉溶液（配方见附录2）。
（4）仪器。高压蒸汽灭菌器、漩涡混合器、恒温振荡培养箱、高速离心机、显微镜。
（5）其他。刮铲、一次性手套、培养皿、锥形瓶、电子天平、酒精灯、接种环、试管、游标卡尺、吸管、涂布棒等。

## 四、实验步骤

1. 样品制备

（1）采样。选取面粉厂等土壤淀粉含量比较高的地点采集土壤样品。除去地表浮土，挖取 5~20 cm 深的土壤约 100 g，装入无菌采样袋内，混匀，于 4 ℃ 保存。

**注意**：土壤中含有各种微生物，但是不同土壤环境中生存的微生物的优势菌种不同，一定要根据实验目的选择合适的采集地点。

（2）称取 5 g 土样于 45 mL 无菌生理盐水的锥形瓶中，振荡 20 min 后静置 5 min。

2. 菌株增殖培养与梯度稀释

（1）增殖培养。用无菌吸管吸取 10 mL 上清液加到盛有 50 mL 筛选培养基的锥形瓶中，旋涡混合器上振荡 5 min，充分混匀后，于 37 ℃、220 r/min 摇床培养 24 h，做 3 个平行。

（2）梯度稀释。取增殖后的培养液 10 mL，加到盛有 90 mL 无菌生理盐水的试管中，混匀，制成 $10^{-1}$ 稀释菌液。混匀后用无菌吸管吸取 1 mL $10^{-1}$ 稀释菌液并加到盛有 9 mL 无菌水的试管中，制成 $10^{-2}$ 稀释菌液。依此制得 $10^{-3}$、$10^{-4}$、$10^{-5}$、$10^{-6}$、$10^{-7}$ 稀释菌液。

**注意**：每递增稀释 1 次，换用 1 支 1 mL 无菌吸管。

（3）制备筛选培养基平板。将融化后的筛选培养基冷却至 50 ℃ 左右，以无菌操作倒平板。

3. 菌株的初筛

（1）用 3 支无菌吸管分别吸取 $10^{-5}$、$10^{-6}$、$10^{-7}$ 的稀释菌液各 0.1 mL，用涂布棒均匀涂布于筛选培养基平板表面，于 37 ℃ 培养 24 h，每个稀释度做 3 个培养皿。

（2）待筛选培养基中长出菌落后，滴加碘液，显色稳定后观察透明圈的大小。肉眼选出能产生透明圈的菌株。

（3）用游标卡尺测定水解圈的直径（$d$H）和菌落的直径（$d$C），计算比值（$d$H/$d$C），挑选出能产生较大水解圈的菌株。

4. 菌株的分离纯化

选择初筛菌落周围透明圈直径和菌落直径的比值（$d$H/$d$C）较大的菌落，进行平板划线分离。将划线分离后的培养皿放入 37 ℃ 培养箱中培养 24 h。

5. 纯种鉴别

通过染色、显微镜观察，从细胞形态及菌落特征等方面对菌株种类进行初步鉴别。

6. 菌株的复筛

（1）将分离纯化后的菌株，按 10% 的接种量转接至液体发酵培养基，于 37 ℃ 培养 48 h。

（2）取培养后的菌液于 5000 r/min 离心 10 min，取上清液测定淀粉酶的活力，筛选出淀粉酶活力最大的菌株。

7. 淀粉酶活力的测定

（1）取 5 mL 5% 的淀粉溶液于 40 ℃ 预热 10 min，添加适当稀释的上清液 0.5 mL，充分混匀，反应 5 min 后，用 5 mL 0.1 mol/L $H_2SO_4$ 终止反应。取 0.5 mL 的反应液与 5 mL 稀释碘液显色，于 620 nm 处测定吸光度值，计算酶活力。以 0.5 mL 的水代替反应液作为空白对照。

（2）淀粉酶活力的计算方法。

$$酶活力（U/mL） = \frac{R_0 - R}{R_0} \times 50 \times D$$

式中：$R_0$——对照组的光密度；

$R$——反应液的光密度；

　　$D$——粗酶液的稀释倍数，调整稀释倍数，使（$R_0-R$）/$R$ 在 0.2~0.7 范围内；

　　50——淀粉完全被降解所对应的酶活（U/mL）。

酶活单位定义：在 40 ℃、5 min 内水解 1 mg 淀粉（0.5%淀粉）的酶量为一个活力单位。

## 五、实验结果与报告

　　将初筛时筛选培养基中观察到透明圈的菌株编号，水解圈的直径与菌落直径的比值（$d$H/$d$C）列于表 3-9-1 中。

表 3-9-1　实验数据记录表

| 菌株编号 | 水解圈的直径（$d$H） | 菌落直径（$d$C） | $d$H/$d$C |
|---|---|---|---|
| 1 | | | |
| 2 | | | |
| 3 | | | |
| 4 | | | |

## 六、思考题

（1）说明透明圈直径与菌株淀粉酶产量有何关系？

（2）描述淀粉酶活力测定过程中颜色的变化。

## 七、知识应用与拓展

　　在土壤中存在不同的产淀粉酶菌株，但产酶活力较低，因此，众多科研工作者在提高产酶活力方面做了许多研究。一般采用传统的诱变方法来提高酶活，如加化学诱变剂或物理诱变等方法。产淀粉酶菌株多数将酶分泌到细胞外，但也有一些是分泌到细胞内，对于胞外酶一般采用物理、化学或酶降解法去除细胞壁，释放出细胞内酶，进而提高酶活力。

# 实验项目 3-10　乳酸菌微胶囊化技术

## 一、实验目的

（1）学习微胶囊化包被技术的原理与方法。

（2）了解微胶囊化的细胞包埋率的测定方法。

（3）培养学生严谨认真的科学态度及良好的团队协作能力。

## 二、实验原理

微胶囊化技术是利用特殊手段将固体颗粒、液滴或气体等物质（芯材）用高分子材料（壁材）包被于一个微小而封闭的胶囊内的技术。该技术最早应用于医药工业，现广泛应用于发酵工业（如微生物细胞、酶）、食品工业（如食品添加剂）、农业（如农药）、畜牧业（如生物饲料添加剂）、工业（如黏合剂）等。微胶囊是采用天然（或合成、半合成）聚合物将微粒或微滴包被所形成的微型容器或包装体。其大小一般为 5～200 μm，囊壁厚度一般在 0.2 μm 至数微米，在特定条件下，囊壁所包被的组分可以通过扩散及膜层破裂或降解释放出来。目前在食品工业中最常用的壁材有阿拉伯胶、海藻酸钠、果胶、卡拉胶、黄原胶、琼脂等，其次是淀粉及其衍生物（如麦芽糊精、环糊精、玉米淀粉糖浆、变性淀粉）。此外，还有蛋白质类（如明胶、乳清蛋白）、油脂类（如卵磷脂）等。如果芯材是亲油性物质，一般宜选用亲水性聚合物作壁材，反之则选用非水溶性物质。

用于包被乳酸菌的微胶囊化技术常用的有物理法（如喷雾干燥法、喷雾冷冻干燥法、空气悬浮法等）、化学法（如凝固浴法）。喷雾干燥法是将芯材均匀分散于壁材溶液中，经雾化器喷雾成小液滴，利用热空气使壁材中的水分迅速蒸发干燥。它具有干燥速率快、操作简便、处理量大等优点，适宜工业化生产，但由于进风温度较高（170～180 ℃），不适用于热敏性芯材的干燥。喷雾冷冻干燥法是将芯材均匀分散于壁材溶液中，经雾化器喷雾成小液滴，在冷气流中凝成固体，于真空冷冻条件下干燥成微胶囊。该法解决了因温度过高而引起的芯材挥发、变质、失活等问题，特别适用于较敏感的芯材（如乳酸菌）的干燥。

目前实验室包被乳酸菌常采用凝固浴法。该法又细分为挤压法、乳化法和分散法 3 种。挤压法是将芯材（如乳酸菌）均匀混合于壁材（如海藻酸钠）溶液中，用锐孔装置将混合液加到一定浓度的固化剂（如氯化钙）中，形成海藻酸钠钙凝胶颗粒。其特点是操作简单，不用有机溶剂，不用高速搅拌，囊壁机械强度较大，但因其粒径分布较大（1～5 mm），不易形成微胶囊。乳化法是将乳酸菌加入海藻酸钠溶液中，再加入一定量的植物油（如大豆油或玉米油）混合乳化，边高速搅拌边加到氯化钙溶液中（搅拌速率越快，微胶囊粒径越小），使微胶囊析出。其特点是粒径分布小（约 10 μm），容易形成微胶囊，但因壁材和固化剂浓度过高会出现拖尾现象，而且含有植物油的微胶囊不易干燥成粉末。分散法是将乳酸菌均匀混合于海藻酸钠溶液中，混合液以一定流速快速加到搅拌"沸腾"的氯化钙溶液中，使固化的微粒在高度分散状态下迅速析出微胶囊。其特点是粒径分布小（20～30 μm），容易形成微胶囊，并克服了挤压法和乳化法的缺点，经过微胶囊包被的乳酸菌与外界隔离，可以免受不良环境（如氧气、温度、水分、紫外线等）的影响，从而保持其生物活性物质的稳定，将延长活菌在室温贮藏条件下的保质期。本实验以海藻酸钠为例，重点介绍采用分散法包被乳酸菌的微胶囊化技术。

## 三、实验器材

（1）菌种。干酪乳杆菌（*Lactobacillus casei*）、植物乳杆菌（*Lactobacillus plantarum*）等乳酸菌斜面试管菌种或甘油保藏菌种。

（2）培养基。改良 MRS 琼脂培养基（斜面 10 mL/试管、液体 10 mL/试管、固体 200 mL/锥形瓶、液体 200 mL/锥形瓶）（配方见附录 1）。

（3）试剂与包被材料。

0.25%海藻酸钠溶液（壁材）、1% $CaCl_2$ 溶液（固化剂）、无菌蒸馏水、无菌生理盐水（9 mL/试管、99 mL/锥形瓶）（配方见附录 2）。

（4）仪器。旋涡混合器、可调高速分散器、−40 ℃低温冰箱、真空冷冻干燥机、立式高速冷冻离心机、循环水真空泵、显微镜、数码显微摄像系统。

（5）其他。烧杯、培养皿、试管、吸管（1 mL）、锥形瓶（200 mL、500 mL）、离心管（50 mL）、离心瓶（200 mL）、镜台测微尺、目镜测微尺、布氏漏斗等。

## 四、实验步骤

### 1. 菌种活化

挑取经 37 ℃活化培养 24 h 的乳酸菌斜面新鲜菌种 1 环，接种于 10 mL 改良 MRS 培养基试管中，于 37 ℃培养 12 h。

### 2. 种子制备

将上述液体培养物按 2%~3%接种量移入装有 200 mL 改良 MRS 琼脂培养基的锥形瓶中，于 37 ℃培养 12~16 h。而后于 4 ℃条件下，以 4000~8000 r/min 离心 10~20 min，收集乳酸菌菌泥备用。

### 3. 乳酸菌的微胶囊化

（1）在冷却至 37 ℃的 20 mL、0.25%海藻酸钠溶液中，加入上述乳酸菌菌泥，用旋涡混合器振荡均匀，将混合液沿玻璃棒快速导流加到高速搅拌的 100 mL、1% $CaCl_2$ 溶液中，加入完毕后立即停止高速分散器的搅拌。

**注意：**固化过程操作要快，分散器开至中档速度，切勿延长搅拌时间。

（2）在 $CaCl_2$ 溶液中静置固化 40 min，即可制得直径约为 25 μm、有一定硬度的微胶囊。

（3）固化完毕后，在无菌条件下用布氏漏斗真空抽滤，弃滤液，再用无菌蒸馏水冲洗截留的微胶囊 3 次，以去除微胶囊表面的 $CaCl_2$ 溶液（此过程若无布氏漏斗抽滤、洗涤，也可用离心洗涤替代），而后将洗涤干净的微胶囊转移至 50 mL 离心管中准备预冻和冷冻干燥。

### 4. 预冻和冷冻干燥

将装有微胶囊的离心管置于−35 ℃冰箱中预冻 4~6 h，再用纱布包扎离心管口，置于−55 ℃、0.08~0.16 mBar 的真空冷冻干燥机中冻干至完全干燥状态，再装于密闭真空袋（塑料或铝箔）中，置于冰箱中冷藏或冻藏备用。

5. 破壁前乳酸菌活菌数的测定

（1）梯度稀释。取 1 g 干燥的乳酸菌微胶囊，放入装有 9 mL 无菌生理盐水的试管中，将其标为 $10^{-1}$，以旋涡振荡器混匀。按上述操作顺序，制成 $10^{-2} \sim 10^{-4}$ 梯度稀释液。

（2）培养与计数。根据预计活菌数选择 3 个适宜稀释度，吸取 1 mL 待测稀释菌液以倾注平板法倒入改良 MRS 平板中，快速摇匀，静置 10 min，于 37 ℃ 倒置培养 48 h 后，进行菌落计数，每个样品做 3 次重复，且每个梯度做 2 个平行，计算 3 次重复的菌落计数结果的平均值。

6. 破壁后乳酸菌的活菌数的测定

（1）取 1 g 干燥的乳酸菌微胶囊，放入盛有 99 mL 无菌生理盐水且带玻璃珠的锥形瓶中，将其标记为 $10^{-2}$，置于 37 ℃ 摇床，轻轻振荡 1 h，使微胶囊破裂释放出菌体细胞。

（2）取 1 mL 菌液放入装有 9 mL 无菌生理盐水的试管中，制成 $10^{-7} \sim 10^{-9}$ 梯度稀释菌液，按照 5（2）的操作方法进行菌落计数并计算平均值。

7. 计算微胶囊化的细胞包埋率

将上述 5、6 操作步骤中测得菌落计数结果的平均值代入以下公式计算，即得微胶囊化的细胞包埋率。

$$包埋率（\%）= \left[ （B-A）/B \right] \times 100$$

式中：$A$——破壁前乳酸菌活菌数量，CFU/g；

$B$——破壁后乳酸菌活菌数量，CFU/g。

8. 微胶囊直径的测定

在无菌操作条件下，取出经过固化的微胶囊 10 粒，在显微镜下以测微尺测量微胶囊的直径并计算平均值。此外，还可用数码显微摄像系统中的软件自动测定。

## 五、实验结果与报告

（1）微胶囊直径的测定结果，并计算平均值。

| 编号 | 1 | 2 | 3 | 4 | 5 | 6 | 7 | 8 | 9 | 10 | 平均值 |
|---|---|---|---|---|---|---|---|---|---|---|---|
| 直径（μm） | | | | | | | | | | | |

（2）破壁前、破壁后乳酸菌的活菌计数结果，并计算微胶囊化的细胞包埋率。

| 指标 | 计数和计算结果 | | |
|---|---|---|---|
| | 1 | 2 | 3 |
| 破壁前乳酸菌活菌数量（CFU/g） | | | |
| 破壁后乳酸菌活菌数量（CFU/g） | | | |
| 微胶囊化的细胞包埋率（%） | | | |

## 六、思考题

（1）包被乳酸菌的微胶囊化技术有哪些常用方法？各有何优缺点？

（2）在分散法的固化过程中为何不能用高速分散器搅拌过长时间？

## 七、知识应用与拓展

随着科学技术的发展，微胶囊技术也日益成熟，并广泛应用于各个行业。通过选择合适的壁材和工艺对乳酸菌进行微胶囊化，解决其贮存运输稳定性差、耐温、耐酸及耐胆盐差的问题。目前，在微胶囊领域，一个重要的发展趋势是纳米技术在该领域的应用。将纳米技术和微胶囊技术相结合制成纳米微胶囊组合物，可大大改善物质的理化性质，这是未来乳酸菌微胶囊产品的一个新的发展方向。

# 第 4 篇　分子微生物学实验技术

# 实验项目 4-1　细菌总 DNA 提取技术

## 一、实验目的

（1）学习细菌总 DNA 提取的原理和方法。
（2）掌握常见的提取细菌总 DNA 方法的操作流程。
（3）培养学生精益求精的工作态度。

## 二、实验原理

DNA 是大多数细菌的主要遗传物质，为了研究 DNA 分子在生命代谢过程中的作用，常常需要从不同的生物材料中提取 DNA。由于 DNA 分子在生物体内的分布及含量不同，因此要选择适当的材料提取 DNA。动植物中，小牛胸腺、动物肝脏、鱼类精子、植物种子的胚中都含有丰富的 DNA。微生物的 DNA 含量也因种类的不同而存在差异，谷氨酸生产菌含 7% ~ 10%，面包酵母含 4%，啤酒酵母含 6%，大肠杆菌含 9% ~ 10%。不同的试验材料提取 DNA 的方法不同，并且分离提取的难易程度也不同。对于低等生物，如从病毒中提取 DNA 比较容易，多数病毒 DNA 分子质量较小，提取时易保持其结构完整性；而从细菌及高等动植物中提取 DNA 的难度大一些，细菌 DNA 分子质量较大，一般为 1 ~ 5 Mb，因此易被机械张力剪断。细菌 DNA 主要存在于细胞核的染色体中，核外也有少量 DNA，如质粒 DNA 等。细胞中的 DNA 绝大多数以 DNA—蛋白质复合物（DNP）的形式存在于细胞核内，因此提取出 DNP 复合物后，必须将其中的蛋白质去除。

细菌 DNA 的制备方法很多，但都包括裂解和纯化两大步骤。裂解是使细胞中的 DNA 游离在裂解体系中的过程，纯化则是使 DNA 与裂解体系中的其他成分，如蛋白质、盐及其他杂质彻底分离的过程。

经典的裂解液几乎都含有去污剂和盐，常用去污剂有十二烷基磺酸钠（sodium dodecyl sulfate，SDS）、Triton X-100、Tween 20 等，常用盐有三羟甲基氨基甲烷 [ Tris（hydroxymethyl）aminomethane，Tris ]、乙二胺四乙酸（ethylene diamine tetraacetic acid，EDTA）、NaCl 等。去污剂的作用是通过使蛋白质变性、破坏膜结构及解开与 DNA 相连接的蛋白质，从而使 DNA 游离在裂解体系中。盐的作用除了提供一个合适的裂解环境外，还包括抑制细胞中的 DNA 酶在裂解过程中对 DNA 的破坏（如 EDTA）、维持 DNA 结构的稳定（如 NaCl）等。裂解体系中还可以加入蛋白酶，利用蛋白酶将蛋白质消化成小的片段，促进 DNA 与蛋白质的分离；同时，也便于后续的纯化操作及获得更纯的 DNA。革兰氏阴性菌和革兰氏阳性菌的细胞壁组成不同，因此裂解细胞的方法也不同。采用 SDS 处理即可直接裂解革兰氏阴性菌细胞；裂解革兰氏阳性菌细胞则需要先用溶菌酶降解细菌细胞壁后，再用 SDS 等表面活性剂处理裂解细胞。提取 DNA 一般遵循以下 4 点：总的原则是要在保证 DNA 一级结构完整的同时排除其他分子的污染；DNA 样品中不应存在对酶有抑制作用的有机溶剂和过高浓度的金属离子，其他生物大分子的污染应降低到最低程度，并且还要排除其他核酸分子的污染；简化操作步骤，缩短提取过程；尽量减少物理因素（如机械剪切力和高温等）及化学因素对 DNA 的降解，同时还要防止 DNA 的生物降解。

　　DNA 提取过程中常用的两种去污剂是 SDS 和十六烷基三甲基溴化铵（cetyl trimethyl ammonium bromide，CTAB），其特点分别如下：高浓度的阴离子去污剂 SDS 能够使 DNA 与蛋白质分离，在高温（55~65 ℃）条件下裂解细胞，使染色体离析，蛋白质变性，释放出核酸，然后采用提高盐浓度及降低温度的方法使蛋白质及多糖杂质沉淀，离心后除去沉淀，上清液中的 DNA 用酚/氯仿抽提，反复抽提后用乙醇沉淀水相中的 DNA。CTAB 是一种阳离子去污剂，可溶解细胞膜，它能与核酸形成复合物，在高盐溶液中（0.7 mol/L NaCl）是可溶的，当盐溶液的浓度降低到一定程度时（0.3 mol/L NaCl），DNA 就会从溶液中沉淀出来，通过离心就可将 CTAB 与 DNA 的复合物同蛋白质、多糖类物质分开，然后将 CTAB 与核酸的复合物沉淀溶解于高盐溶液中，再加入乙醇使核酸沉淀，CTAB 能溶解于乙醇中。

　　DNA 纯化用饱和酚、酚/氯仿/异戊醇和蛋白酶处理，除去其中的蛋白质和部分 RNA；再用核糖核酸酶除去残留的 RNA；用 CTAB/NaCl 溶液除去其中的多糖和其他大分子物质。

　　测定 DNA 溶液的 $OD_{260}$ 值和 $OD_{280}$ 值可估算核酸的纯度和浓度。纯 DNA 的 $OD_{260}/OD_{280}$ 的值为 1.8，纯 RNA 的 $OD_{260}/OD_{280}$ 的值为 2.0。如核酸样品被蛋白质或酚污染，$OD_{260}/OD_{280}$ 的值就降低。

　　不同细菌的总 DNA 提取方法有所不同。常见的细菌总 DNA 提取方法包括煮沸裂解法、反复冻融法、碱裂解法、CTAB 法、SDS 法、DNA 提取试剂盒等。由于提取的方法步骤存在差异，因此所获得的 DNA 的纯度及浓度也各不相同。

### 三、实验器材

　　（1）菌种。大肠杆菌或枯草芽孢杆菌。

　　（2）培养基。LB 液体培养基（配方见附录 1）。

　　（3）试剂。100 μg/mL 溶菌酶、20 mmol/L 乙酸钠（pH 8.0）、1 mol/L EDTA、100 g/L SDS、20 mg/mL 蛋白酶 K、5 mol/L NaCl 溶液、CTAB/NaCl 溶液（100 g/L CTAB/0.7 mol/L NaCl）、异丙醇、70%乙醇溶液、苯酚/氯仿/异戊醇（体积比为 25∶24∶1）、氯仿/异戊醇（体积比为 24∶1）、无水乙醇、超纯水和 TE 缓冲液、DNA Marker（配方见附录 2）。

　　（4）仪器。微量移液器、电子天平、旋涡振荡器、台式高速离心机、水浴锅、恒温培养箱、电热干燥箱、紫外分光光度计、冰箱、琼脂糖凝胶电泳系统、凝胶成像仪、微波炉。

　　（5）其他。试管、药匙、称量纸、1.5 mL 离心管、枪头、棉球、记号笔等。

### 四、实验步骤

1. 菌体培养

　　从大肠杆菌培养平板上挑取一个单菌落放入装有 5 mL LB 液体培养基的试管中，于 37 ℃振荡培养过夜（12~16 h）。

2. 菌体收集

　　吸取 1.5 mL 的菌体培养液放入 1.5 mL 离心管中，于 12000 r/min 离心 20~30 s 收集菌体，弃去上清液，保留菌体沉淀，倒置离心管于吸水纸上吸干。

　　**注意：**离心可在 4 ℃或室温下进行，但离心时间不宜过长，以免影响下一步菌体的分散悬浮。启动离心机前，检查是否平衡放置好离心管！

3. 辅助裂解

如果是革兰氏阳性细菌，应先加 50 μL 100 μg/mL 溶菌酶重悬菌体，于 37 ℃处理 1 h。

4. 裂解

向每管中加入 567 μL TE 缓冲液，在旋涡振荡器上强烈振荡重新悬浮菌体沉淀，再加入 30 μL 100 g/L 的 SDS 溶液和 3 μL 20 mg/mL 的蛋白酶 K，混匀，于 37 ℃温育 1 h。

注意：细胞悬浮要充分，否则细胞难以完全裂解，影响 DNA 的产量。

5. 解离杂物

加入 100 μL 5 mol/L NaCl，充分混匀，再加入 80 μL 的 CTAB/NaCl 溶液，充分混匀；于 65 ℃温育 10 min。

注意：从此步骤开始可以除去多糖和其他污染的大分子。

6. 沉淀杂物

（1）加入等体积的苯酚/氯仿/异戊醇（体积比为 25∶24∶1），盖紧管盖，轻柔地反复颠倒离心管，充分混匀，使两相完全混合，冰浴 10 min。既要充分混匀，又不能剧烈振荡，否则会使基因组 DNA 断裂。

注意：酚微溶于水，有强腐蚀性，注意防护！如果不小心沾染到皮肤上，立即用大量水冲洗，不要用肥皂洗，以免加重皮肤烧伤。

（2）12000 r/min 离心 10 min，小心吸取上层水相转移至另一干净的 1.5 mL 离心管中，重复 5、6（1）至界面无白色沉淀。

（3）加入等体积的氯仿/异戊醇（体积比为 24∶1），混匀，于 12000 r/min 离心 5 min，小心吸取上层水相转移至另一干净的 1.5 mL 离心管中。

7. 沉淀 DNA

加入 1/10 体积的乙酸钠溶液，混匀；再加入 0.6~1 倍体积的异丙醇或 2 倍体积的无水乙醇，混匀，这时可以看见溶液中有絮状的 DNA 沉淀出现。用牙签挑出 DNA，转移到 1 mL 70%乙醇中洗涤。

8. 干燥 DNA

12000 r/min 离心 5 min，弃去上清液，可见 DNA 沉淀附于离心管壁上、用记号笔在管壁上标出 DNA 沉淀的位置，将离心管倒置在滤纸上，让残余的乙醇流出；室温下蒸发 DNA 样品中残余的乙醇（10~15 min）或者在 65 ℃干燥箱中干燥 2 min。

注意：离心时微量离心管盖柄都朝外，这样离心完毕后 DNA 都沉淀在这一侧的底部。

9. 溶解 DNA

用 50~100 μL TE 缓冲液（含 20 μg/mL 核糖核酸酶）溶解 DNA 沉淀，混匀。

注意：用加入的 TE 缓冲液多次、反复地洗涤 DNA 沉淀标记部位，以充分溶解附在管壁上的总 DNA，但操作要轻柔，以免快速吹吸导致剪切力过大而使 DNA 断裂。如沉淀溶解不完全，可于 65 ℃水浴 10 min 使沉淀溶解完全，一般这样的样品纯度不高。

10. 浓度及纯度检测

用 TE 缓冲液将 DNA 样品稀释后，取 5 μL 进行琼脂糖凝胶电泳检测 DNA 含量，剩余的样品贮存于 4 ℃冰箱内备用。

也可以利用紫外分光光度计测量 DNA 溶液的 $OD_{260}$ 和 $OD_{280}$，依据 $OD_{260}$、$OD_{280}$ 以及 $OD_{260}/OD_{280}$ 的值检测所制备的总 DNA 样品的浓度及纯度。

分光光度法的具体操作如下：

（1）取两只清洁的比色杯，各加入 2 mL 0.1 mol/L NaOH 校正零点。

（2）以其中一只比色杯作为空白对照，在另一只比色杯中加入 4 μL DNA 溶液，再加入 0.1 mol/L NaOH 至 2 mL，混匀。

（3）测定波长为 260 nm 时的 $OD$ 值，再将波长调至 280 nm 测其 $OD$ 值。

（4）根据 $OD_{260}=1$ 时，双链 DNA 浓度为 50 μg/mL，单链 DNA 浓度为 40 μg/mL，按计算公式：样品 DNA 浓度（μg/mL）$= OD_{260} \times 40$ μg/mL×稀释倍数，计算样品的 DNA 浓度。

**注意**：$OD_{260}/OD_{280}$ 应为 1.7~1.9，比值较低的原因一般是 DNA 样品中有蛋白质残留，但如果操作过程中使用了苯酚，则更可能是苯酚残留。$OD_{260}$ 提示的含量与电泳检测时提示的含量有可见的误差，这种现象的原因可能是苯酚残留。

## 五、实验数据处理与分析

（1）用紫外成像仪拍下电泳照片，观察所提取 DNA 片段的大小及降解程度。

（2）采用分光光度法测得提取所得细菌总 DNA 的浓度及纯度，书写计算过程并分析。

## 六、思考题

（1）简要叙述 CTAB 法提取 DNA 过程中，采用酚/氯仿/异戊醇抽提 DNA 体系后出现的现象及其成因。

（2）细菌总 DNA 少量制备中，哪一步是关键步骤？为什么？你如何控制这一步？

（3）最后用 TE 缓冲液重溶 DNA 时，如果不加核糖核酸酶，则会有什么影响？

## 七、知识应用与拓展

细菌 DNA 提取试剂盒（bacterial DNA kit）可以快速简便地从大量不同种类的细菌中提取高质量的总 DNA。有些试剂盒采用硅胶柱代替酚/氯仿进行抽提，不同公司所生产的试剂盒中的试剂有所不同，操作步骤也存在一定的差异，但所遵循的细菌 DNA 提取的原理基本一致。

# 实验项目 4-2　琼脂糖凝胶电泳及 DNA 的回收

## 一、实验目的

（1）学习琼脂糖凝胶电泳分离 DNA 的原理和方法。
（2）掌握从凝胶中回收 DNA 片段的方法。
（3）培养学生自觉遵守规则、合理控制风险的实验室安全责任意识。

## 二、实验原理

琼脂糖是从海藻中提取的，由 D-半乳糖残基和 L-半乳糖残基通过 $\alpha$-糖苷键和 $\beta$-糖苷键交替构成的线状聚合物。琼脂糖链形成螺旋纤维，然后聚合成半径为 20~30 nm 的超螺旋结构。将干的琼脂糖悬浮于缓冲液中，加热煮沸变为澄清，再在室温下冷却、凝聚，即成琼脂糖凝胶。琼脂糖凝胶的孔径可以通过琼脂糖的最初浓度来控制，低浓度的琼脂糖形成较大的孔径，而高浓度的琼脂糖形成较小的孔径。

将某种分子放到特定的电场中，它就会以一定的速度向适当的电极移动。某物质在电场作用下的迁移速度称为电泳的速率，它与电场强度成正比，与该分子所携带的净电荷数成正比，而与分子的磨擦系数成反比（分子大小、极性、介质的黏度系数等）。核酸是一种两性分子，在高于其等电点的溶液中 DNA 分子带负电，因此在电场中可向阳极移动。而琼脂糖凝胶具有分子筛作用，不同相对分子质量或分子形状的核酸，其移动速度有差异。相同大小的线状 DNA 片段在不同浓度的琼脂糖凝胶中的迁移率也不同。因此，利用这种电荷和分子筛的双重效应，达到分离核酸的目的。影响核酸分子迁移率的因素包括 DNA 的分子质量、琼脂糖浓度、DNA 构象、电泳的电压、琼脂糖种类、电泳缓冲液种类。由于不同核酸分子在电泳过程中有不同的迁移率，因而通过琼脂糖凝胶电泳可分离具有不同分子质量的 DNA 分子质粒。DNA 样品在琼脂糖凝胶电泳中的表现行为较复杂，通常可观察到 2~3 个电泳条带，共价闭环的超螺旋分子是迁移最快的条带，其次为线形 DNA 分子条带，含有缺口的开环分子是迁移最慢的条带。

琼脂糖或聚丙烯酰胺凝胶电泳是分离鉴定和纯化 DNA 片段的标准方法。其中琼脂糖凝胶电泳适用于 1 kb 及 1 kb 以上的 DNA 片段（表4-2-1），而聚丙烯酰胺凝胶电泳适用小于 1 kb 的 DNA 片段。该技术操作简便快速，可以分辨其他方法（如密度梯度离心法）所无法分离的 DNA 片段。当用低浓度的荧光嵌入染料溴化乙锭（ethidium bromide，EB）染色后，在紫外光下至少可以检出 1~10 ng 的 DNA 条带，从而可以确定 DNA 片段在凝胶中的位置。此外，还可以从电泳后的凝胶中回收特定的 DNA 条带，用于以后的克隆操作。

表 4-2-1　琼脂糖浓度与分离范围对应表

| 琼脂糖浓度（%） | 分离范围（kb） |
| --- | --- |
| 0.3 | 5~60 |
| 0.6 | 1~20 |

续表

| 琼脂糖浓度（%） | 分离范围（kb） |
|---|---|
| 0.7 | 0.8~10 |
| 0.9 | 0.5~7 |
| 1.2 | 0.4~6 |
| 1.5 | 0.2~3 |
| 2.0 | 0.1~2 |

采用宽点样梳制胶，对 DNA 进行琼脂糖凝胶电泳，电泳分离后，从胶中切下目的带，在一定的高盐缓冲系统下采用特殊硅基质材料高效、专一地吸附 DNA，洗涤杂质后，洗脱回收目的 DNA 片段。也可直接将溶液中的 DNA 片段直接吸附到吸附柱中，回收 DNA 片段。

### 三、实验器材

（1）材料。待回收的目的 DNA 样品。

（2）试剂。50×TAE 电泳缓冲液、6×DNA 上样缓冲液（6×Loading buffer）、10 mg/mL 溴化乙锭（EB）贮存液、琼脂糖、北京天根生化科技普通琼脂糖凝胶 DNA 回收试剂盒、DNA Marker（配方见附录2）。

（3）仪器。微量移液器、电子天平、旋涡振荡器、琼脂糖凝胶电泳系统、凝胶成像仪、微波炉、台式离心机、水浴锅、冰箱。

（4）其他。试管、药匙、称量纸、1.5 mL 离心管、枪头、棉球、记号笔等。

### 四、实验步骤

1. DNA 琼脂糖凝胶电泳分离

（1）制备琼脂糖凝胶。称取琼脂糖 0.15 g，溶解在 15 mL 电泳缓冲液中，置于微波炉中使琼脂糖融化均匀。

（2）灌胶。在电泳槽载胶板上插好点样梳。在凝胶溶液中加入终浓度为 0.5 μg/mL 的 EB，摇匀，倒入电泳槽载胶板中，除掉气泡。

**注意：**用于平常检验的样品，灌胶时可选用窄点样梳，以便于节约点样样品及增加检验样品数量，若是用于回收 DNA 的样品，灌胶时需选用宽点样梳。

（3）待凝胶冷却凝固后轻轻取出点样梳。

（4）点样。取待回收的目的 DNA 样品 50 μL，加 10 μL 6×Loading buffer，混匀、点样。记录点样次序及点样量。

（5）在电泳槽中加入 1×TAE 电泳缓冲液，将点好样的载胶板轻轻放在电泳槽内。

（6）电泳。接上电极线，点样侧接电泳仪负极，另一侧接电泳仪正极，于 150 V 电泳 25~40 min。根据指示剂涌动的位置，判断是否终止电泳（一般来说，当溴酚蓝染料移动到距胶前沿 1~2 cm 时，停止电泳）。

（7）观察。取出凝胶，在凝胶成像仪中观察结果。

2. DNA 片段回收（普通琼脂糖凝胶 DNA 回收试剂盒法）

使用前请先在漂洗液中加入无水乙醇，加入体积请参照瓶上的标签。所有离心步骤均在室温下使用台式离心机离心。

（1）柱平衡步骤。向吸附柱中（吸附柱放入收集管中）加入 500 μL 平衡液，于 12000 r/min 离心 1 min，倒掉收集管中的废液，将吸附柱重新放回收集管中。

（2）将单一的目的 DNA 条带从琼脂糖凝胶中切下（尽量切除多余部分）放入干净的离心管中，称取重量。

（3）向胶块中加入等体积溶胶液（如果凝胶重为 0.1 g，其体积可视为 100 μL，则加入 100 μL 溶胶液），50 ℃水浴放置，其间不断温和地上下翻转离心管，以确保胶块充分溶解。如果还有未溶的胶块，可继续放置几分钟或再补加一些溶胶液，直至胶块完全溶解，若胶块的体积过大，可事先将胶块切成碎块）。

**注意：**对于回收<300 bp 的小片段，可在加入溶胶液完全溶胶后再加入 1/2 胶块体积的异丙醇以提高回收率；胶块完全溶解后，将溶液温度降至室温再上柱，因为吸附柱在室温时结合 DNA 的能力较强。

（4）将上一步所得溶液加到一个吸附柱中（吸附柱放入收集管中），于室温放置 2 min，于 12000 r/min 离心 30~60 s，倒掉收集管中的废液，将吸附柱放入收集管中。

**注意：**吸附柱容积为 800 μL，若样品体积大于 800 μL 可分批加入。

（5）向吸附柱中加入 600 μL 漂洗液（使用前请先检查是否已加入无水乙醇），于 12000 r/min 离心 30~60 s，倒掉收集管中的废液，将吸附柱放入收集管中。

**注意：**如果回收的 DNA 是用于盐敏感的实验，如平末端连接实验或直接测序，建议漂洗液加入后静置 2~5 min 再离心。

（6）重复操作步骤（5）。

（7）将吸附柱放回收集管中，于 12000 r/min 离心 2 min，尽量除尽漂洗液。将吸附柱于室温下放置数分钟，彻底地晾干，以防止残留的漂洗液影响下一步的实验。

**注意：**漂洗液中乙醇的残留会影响后续的酶反应（酶切、PCR 等）实验。

（8）将吸附柱放到一个干净离心管中，向吸附膜中间位置悬空滴加适量洗脱缓冲液，于室温放置 2 min。再于 12000 r/min 离心 2 min 并收集 DNA 溶液。

**注意：**洗脱体积不应小于 30 μL，体积过小影响回收效率。洗脱液的 pH 对于洗脱效率有很大影响。若后续做测序，需使用 ddH$_2$O 做洗脱液，并保证其 pH 在 7.0~8.5 范围内，pH 低于 7.0 会降低洗脱效率；且 DNA 产物应保存在-20 ℃，以防 DNA 降解。DNA 也可以用缓冲液（10 mM Tris-HCl，pH 8.0）洗脱。为了提高 DNA 的回收量，可将离心得到的溶液重新加回离心吸附柱中，于室温放置 2 min，再于 12000 r/min 离心 2 min，将 DNA 溶液收集到离心管中。

（9）DNA 样品回收后，取 5 μL 进行琼脂糖凝胶电泳，检测 DNA 的纯度及浓度，剩下的贮存于-20 ℃冰箱内备用。

## 五、实验数据处理与分析

将 DNA 样品的琼脂糖凝胶电泳结果拍照并进行标注，参照 DNA Marker 分析图片中 DNA 样品的分子量。

## 六、思考题

（1）琼脂糖凝胶电泳的注意事项有哪些？

（2）当上样完毕，进行凝胶电泳时，为什么上样槽一端接电源负极？如果接正极会是什么结果？

## 七、知识应用与拓展

琼脂糖凝胶电泳中常采用溴化乙锭（EB）染色。在水平式琼脂凝胶电泳中，EB 对 DNA 的染色一般有 3 种做法。

（1）在胶中与电泳缓冲液中同时加入终浓度为 0.5 $\mu g/mL$ 的 EB。

（2）只在胶中加入终浓度为 0.5 $\mu g/mL$ 的 EB，而在电泳缓冲液中不加 EB，这就减少了操作时双手受 EB 污染的风险，而且 DNA 区带也清晰可见。这是目前绝大多数实验使用的方法。

（3）在电泳结束以后，取出琼脂糖凝胶，放在含有 0.5 $\mu g/mL$ EB 的电泳缓冲液（或 $ddH_2O$）中染色 30 min。如果天气寒冷，琼脂糖浓度高凝胶板厚也可在 37 ℃保温染色或轻微振荡染色。也可采用加大 EB 的剂量（1 $\mu g/mL$）或延长染色时间的方法。

比较 3 种方法，采用（1）与（2）时可在实验过程中随时观察 DNA 的迁移情况，极为方便。但是（1）的操作更需小心、谨慎，防止实验用具及台面被 EB 污染。所以一般选用（2）。（3）的优点是电泳过程中 DNA 保持本来的状态，有利于凝胶图谱分析，更能准确地测定 DNA 相对分子质量。因为在凝胶中有 EB 时，一定量的 EB 插入 DNA，就会使双链线状 DNA 的迁移速度下降。

核酸染料的高效安全性一直是高校生物类实验室关注的重点。目前多家公司从染色效果、灵敏度、染色方式、安全性以及性价比等方面出发研发新型核酸染料，市面常见的产品有 Gelred、GelGreen（Biotium 公司），SYBR Green I、4s Green Plus（上海源叶生物科技有限公司），GeneGreen、GeneRed（天根生化科技有限公司），GeneFinder（厦门致善生物科技有限公司），GoldView（承勒科技有限公司），EB、SYBR Safe（APExBIO 公司）。也有研究表明，采用胶染法时，GelRed 的电泳染色效果、灵敏度和安全性俱佳，其性价比合理，作为 EB 的替代染料值得在高校生物类实验室推广应用。其他产品在不同应用场景中也各自有其优缺点。

# 实验项目 4-3　大肠杆菌感受态细胞的制备

## 一、实验目的

（1）了解感受态细胞的生理特性及制备条件。

（2）掌握两种制备大肠杆菌感受态细胞方法的原理及操作。

（3）培养学生以科学态度和科学知识正确使用仪器，懂得自觉履行检验质量控制义务。

## 二、实验原理

分子生物学实验中，DNA 重组技术和外源基因的表达是最为常用的研究手段之一。体外构建的 DNA 重组子必须导入合适的受体细胞，才可能复制、增殖和表达。载体与外源目的基因构成的重组载体可以通过转化直接导入受体细胞，从而实现基因在异源细胞中的表达。感受态细胞的制备是实现上述目标的一个重要环节，其制备质量的好坏直接影响后续工作的进行。所谓感受态（competence），即指受体（或者宿主）最易接受外源 DNA 片段并实现其转化的一种生理状态，它是由受体菌的遗传性状所决定的，只有某一生长阶段中的细菌才能作为转化的受体，较易接受外源 DNA 而不将其降解。感受态细胞应具备如下特点：细胞表面暴露出一些可接受外来 DNA 的位点（用溶菌酶处理，可促使受体细胞的接受位点充分暴露）；细胞膜通透性增加（用钙离子处理，在冰浴时，外源 DNA 容易以钙磷—DNA 复合物的形式存在于细胞表面，使 DNA 直接穿过质膜进入细胞）；受体细胞的修饰酶活性最高，而限制酶活性最低，使转入的 DNA 分子不易被切除或破坏。能否形成感受态细胞受许多因素的影响，如菌龄、外界环境因子等。

在细菌中，能形成感受态的细胞占极少数。而且，细菌的感受态时期很短暂。目前人们对感受态细胞容易接受外来 DNA 分子的看法不一，主要有两种假说。一是局部原生质体化假说——细胞表面的细胞壁结构发生变化，即局部失去细胞壁或局部细胞壁溶解，使 DNA 分子能通过质膜进入细胞，这种假说的依据有发芽的芽孢杆菌容易转化；适量的溶菌酶能提高转化率。二是酶受体假说——感受态细胞的表面形成一种能接受 DNA 酶的位点，使 DNA 分子能进入细胞，这种假说的依据有蛋白质合成的抑制剂（如氯霉素）可以抑制转化作用；细胞分裂过程中，一直有局部原生质化，但感受态只在对数生长期的中早期出现；分离到的感受态因子能使非感受态细胞转变为感受态细胞（competent cell）。

细胞的感受态一般出现在对数生长期，新鲜幼嫩的细胞是制备感受态细胞和进行成功转化的关键。目前常用的感受态细胞制备方法有氯化钙法和氯化铷法。氯化铷法制备的感受态细胞转化效率较高；但氯化钙法简便易行，且其转化效率完全可以满足一般实验的要求，制备出的感受态细胞暂时不用时，可加入 15% 的无菌甘油再放于 $-80\ ℃$ 保存（有效期为 6 个月），因此氯化钙法使用更广泛。

## 三、实验器材

（1）材料。大肠杆菌（*E. coli*）DH5α、质粒 pUC19（实验室自制）。

（2）培养基。LB 液体培养基、LB 固体培养基（配方见附录1）。

（3）试剂。

①氯化钙法。$CaCl_2$—$MgCl_2$ 混合液（$CaCl_2$ 20 mmol/L，$MgCl_2$ 80 mmol/L）、0.1 mol/L $CaCl_2$、100 mg/mL 氨苄青霉素、50 mg/mL 卡那霉素、甘油。

②氯化铷法。TB 缓冲液Ⅰ、TB 缓冲液Ⅱ、100 mg/mL 氨苄青霉素、50 mg/mL 卡那霉素、甘油（配方见附录2）。

（4）仪器。恒温培养箱、水浴锅、恒温摇床、超净工作台、分光光度计、微量移液器、电子天平、旋涡振荡器、高速冷冻台式离心机、制冰机、冰箱。

（5）其他。培养皿、试管、药匙、称量纸、1.5 mL 离心管、50 mL 离心管、枪头、棉球、记号笔等。

## 四、实验步骤

1. 氯化钙法

（1）受体菌的培养。从 LB 平板上挑取新活化的 *E. coli* DH5α 单菌落，接种于 5 mL LB 液体培养基中，在 37 ℃条件下振荡培养 12 h 左右，直至对数生长后期。按 1%接种量将该菌悬液接种于 100 mL LB 液体培养基中，于 37 ℃振荡培养 2~3 h 至 $OD_{600}$ 为 0.4~0.6。

（2）将培养好的菌液倒入预冷的 50 mL 离心管中（每管装约 25 mL），冰浴 10 min。

（3）在 4 ℃条件下以 4500 r/min 离心 10 min，弃上清。

（4）每管加入 15 mL 预冷的 $CaCl_2$—$MgCl_2$ 混合液，重悬细胞，把 2 管合并到 1 管，冰浴 10 min。

（5）在 4 ℃条件下以 4500 r/min 离心 10 min，弃上清。

（6）每管加入 2 mL 预冷的 $CaCl_2$ 溶液，重悬细胞，冰浴 10 min。

（7）每管加入 0.5 mL 预冷的无菌甘油，冰浴 10 min，分装，每管 100 μL，放于-80 ℃冰箱中备用。

**注意**：第（7）步可以加入二甲基亚砜代替甘油作为保护剂。每管加入 0.14 mL 预冷的二甲基亚砜，冰浴 10 min，分装到 40 个 1.5 mL 离心管中，液氮速冻后放置于-80 ℃冰箱中贮存备用。

（8）感受态细胞的检测。取感受态细胞分别涂布到含有氨苄青霉素和卡那霉素抗性的 LB 平板上，于 37 ℃培养 12~16 h，观察感受态细胞是否有污染。

（9）取 1 μL 超螺旋质粒转化制备的感受态，检测转化效率（一般情况下，没有必要精确计算，可根据经验估计）。

2. 氯化铷法

（1）受体菌的培养。从 LB 平板上挑取新活化的 *E. coli* DH5α 单菌落，接种于 5 mL LB 液体培养基中，在 37 ℃条件下振荡培养 12 h 左右，直至对数生长后期。按 1%接种量将该菌悬液接种于 100 mL LB 液体培养基中，于 37 ℃振荡培养 2~3 h 至 $OD_{600}$ 为 0.4~0.6。

（2）在 4 ℃条件下以 4500 r/min 离心 15 min，弃上清液，收集菌体。

（3）用 40 mL 预冷的 TB 缓冲液Ⅰ重悬细菌，在冰上孵育 25 min。

（4）在 4 ℃条件下以 4500 r/min 离心 15 min，弃上清液，收集菌体。

（5）用 4 mL 预冷的 TB 缓冲液Ⅱ重悬细菌，冰浴 15~60 min，分装试管，每管 100 μL，液

氮速冻后放置于 -80 ℃冰箱中贮存备用。

（6）感受态细胞的检测：取感受态细胞分别涂布到含有氨苄青霉素和卡那霉素抗性的 LB 平板上，于 37 ℃培养 12~16 h，观察感受态细胞是否有污染。

（7）取 1 μL 超螺旋质粒转化制备的感受态，检测转化效率（一般情况下，没有必要精确计算，可根据经验估计）。

## 五、实验数据处理与分析

记录不同方法制备的大肠杆菌感受态效率并进行比较分析。

## 六、思考题

（1）感受态细胞制备的原理是什么？
（2）制备过程中为什么所有的操作尽可能在冰上进行？目的是什么？

## 七、知识应用与拓展

制备感受态细胞需要在低温下进行，目前对于其中涉及的具体机理并不是很清晰，主流观点主要有以下 4 点。第一，低温可以减少 DNA 的热运动，有利于稳定 DNA 分子与细胞膜之间的吸附作用；第二，低温可以稳定细胞膜上脂多糖上的"洞"，有利于 DNA 分子与这些洞吸附，从而促进细胞吸收 DNA 分子；第三，低温（0）与热激温度（42 ℃）之间的温度差改变细胞膜的流动性，促进已吸附的 DNA 分子吞入；第四，低温下 DNA 分子的构象可以保护 DNA 免受脱氧核糖核酸酶的分解。

# 实验项目 4-4　大肠杆菌转化技术

## 一、实验目的

（1）理解质粒转化的原理。

（2）掌握质粒转化到大肠杆菌的方法和技术。

（3）培养学生良好的实验习惯和严肃认真的科学态度。

## 二、实验原理

在自然条件下，很多质粒都可通过细菌接合作用转移到新的宿主内。但在人工构建的质粒载体中，一般缺乏此种转移所必需的 mob 基因，因此不能自行完成从一个细胞到另一个细胞的接合转移。如需将质粒载体转移进受体细菌，需诱导受体细菌产生一种短暂的感受态以摄取外源 DNA。转化（transformation）是将外源 DNA 分子引入受体细胞，使之获得新的遗传性状的一种手段，它是微生物遗传、分子遗传、基因工程等研究领域的基本实验技术。

转化过程所用的受体细胞一般是限制修饰系统缺陷的变异株，即不含限制性内切酶和甲基化酶的突变体（R⁻，M⁻），它可以容忍外源 DNA 分子进入体内并稳定地遗传给后代。受体细胞经过一些特殊方法 [如电击法，CaCl₂、RbCl（KCl）等化学试剂法] 处理后，细胞膜的通透性发生了暂时性的改变，成为能允许外源 DNA 分子进入的感受态细胞（competent cell）。进入受体细胞的 DNA 分子通过复制表达，实现遗传信息的转移，使受体细胞出现新的遗传性状。将经转化后的细胞在筛选培养基中培养、即可筛选出转化子（transformant，即带有异源 DNA 分子的受体细胞）（图 4-4-1）。

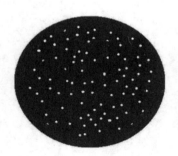

图 4-4-1　质粒转化大肠杆菌平板生长模式图

## 三、实验器材

（1）材料。大肠杆菌（*E. coli*）DH5α、质粒 pUC19（实验室自制）。

（2）培养基。LB 液体培养基、LB 固体培养基（配方见附录1）。

（3）试剂。100 mg/mL 氨苄青霉素、0.1 mol/L CaCl₂。

（4）设备。恒温培养箱、水浴锅、恒温摇床、超净工作台、分光光度计、微量移液器、电子天平、旋涡振荡器、高速冷冻台式离心机、制冰机、冰箱。

（5）其他。培养皿、试管、药匙、称量纸、1.5 mL 离心管、50 mL 离心管、枪头、棉球、记号笔等。

## 四、实验步骤

（1）取新制备的或-80 ℃冰箱保存的 100 μL *E. coli* DH5α 的感受态细胞置于冰上。同时设置 3 组对照：不加质粒（受体感受态细胞对照）、不加受体（质粒对照）、加已知具有转化活性的质粒 DNA（阳性对照）。具体操作参照表 4-4-1 进行。

表 4-4-1 转化体系

| 编号 | 组别 | 质粒 DNA（μL/μg） | 蒸馏水（μL） | 0.1 mol/L CaCl₂（μL） | 受体感受态细胞悬液（μL） |
|---|---|---|---|---|---|
| 1 | 受体感受态细胞对照 | — | 2 | — | 100 |
| 2 | 质粒对照 | 2/0.05 | — | 100 | — |
| 3 | 转化实验组 I（阳性对照） | 2/0.05 | — | — | 100 |
| 4 | 转化实验组 II | 2/0.05 | — | — | 100 |

**注意**：在实验中设置各种对照，对正确判断实验结果至关重要，特别是对于初学者来说。

（2）冰浴 30 min，42 ℃水浴热处理 60~90 s，冰水浴 2 min。

（3）加 800~1000 μL LB 液体培养基（不含氨苄青霉素），放入恒温摇床内，于 37 ℃慢速振荡培养 0.5~1 h，使细菌恢复正常生长状态，并表达质粒编码的抗生素抗性基因（*amp*）。

（4）取适量体积（50~100 μL）已转化的感受态细胞，分别涂布在含有氨苄青霉素（终浓度 100 μg/mL）的 LB 固体培养基上。

（5）在 37 ℃恒温培养箱中正向放置 0.5~1 h，待接种的液体被吸收后将培养皿倒置，于 37 ℃培养过夜（12~16 h），观察结果。

## 五、实验数据处理与分析

（1）自行设计表格记录不同组别的实验结果。

（2）按照公式计算转化效率。

$$转化效率 = 转化子总数 / 质粒 DNA 总量(μg)$$

## 六、思考题

（1）转化实验中的 3 组对照各起什么作用？

如果阳性对照（编号 3）在选择平板上无菌落生长，而转化实验组（编号 4）有菌落生长，说明什么问题？如果是相反的结果，又将说明什么问题？

（2）为什么 *E. coli* DH5α 常作为基因克隆的受体菌？

（3）根据你的实验结果能否初步判断，转化实验组（编号 4）长出的菌落既不是杂菌，也不是自发突变，而是含有 pUC19 质粒的转化子？请予以解释。如果要进一步确证，你该如何做？

（4）你认为本实验介绍的转化方法有什么地方是可以改进简化的？谈谈你的设想。

### 七、知识应用与拓展

大肠杆菌感受态细胞的转化效率受多方面因素的影响。除不断优化转化参数和实验条件外，还需避免影响制备和转化的不利因素。晏国洪等在对大肠杆菌 DH5α 进行转化时发现，过久、过快的离心易造成部分细胞损伤，从而降低转化效率，所以不能一味追求沉淀效果而过快过久的离心。$CaCl_2$ 法制备感受细胞时需注意 $CaCl_2$ 溶液的处理方式，高温灭菌并不能有效去除 $CaCl_2$ 溶液中的杂质，反而容易导致溶剂减少，形成沉淀物，影响溶液 pH 值；过滤后的 $CaCl_2$ 溶液可避免上述缺点，所以保持液体的稳定性、防止污染对提升转化效果十分重要。为减少分装过程中产生的污染，将常规 50 mL 大容量的离心管改成 1.5 mL 的 EP 管，可在防止污染的同时提高转化效率，节约成本。低温可以延长感受态细胞的保存时间，温度越低保存时间越久，但长期低温冻存会明显降低菌体细胞后期使用时的转化效率，所以在制备感受态细胞时应尽量避免过久冻存而影响转化效果。

# 实验项目 4-5　大肠杆菌质粒 DNA 提取技术

## 一、实验目的

（1）了解从大肠杆菌中提取质粒 DNA 的原理和常用方法。
（2）掌握碱裂解法小量制备质粒 DNA 的方法和技术。
（3）培养学生独立分析问题、解决问题的能力。

## 二、实验原理

通过重组 DNA 技术，把一个有用的目的 DNA 片段送进受体细胞中进行繁殖和表达的工具称为载体（vector）。细菌质粒是重组 DNA 技术中常用的载体。质粒（plasmid）是一种染色体外的稳定遗传因子，大小从 1~200 kb 不等，为双链、闭环的 DNA 分子，并以超螺旋状态存在于宿主细胞中。质粒主要发现于细菌、放线菌和真菌细胞中，它具有自主复制和转录能力，能在子代细胞中保持恒定的拷贝数，并表达所携带的遗传信息。质粒的复制和转录依赖于宿主细胞编码的某些酶和蛋白质，如离开宿主细胞则不能存活，而宿主即使没有质粒也可以正常存活。质粒的存在使宿主具有一些额外的特性，如对抗生素的抗性等。F 质粒（又称 F 因子或性质粒）、R 质粒（耐药性因子）和 Col 质粒（产大肠杆菌素因子）等都是常见的天然质粒。

质粒在细胞内的复制一般有两种类型：紧密控制型（stringent control）和松弛控制型（relaxed control）。前者只在细胞周期的一定阶段进行复制，当染色体不复制时，它也不能复制，通常每个细胞内只含有 1 个或几个质粒分子，如 F 因子；后者的质粒在整个细胞周期中随时可以复制，在每个细胞中有许多拷贝，一般在 20 个以上，如 Col E1 质粒。在使用蛋白质合成抑制剂——氯霉素时，细胞内蛋白质合成、染色体 DNA 复制和细胞分裂均受到抑制，紧密型质粒复制停止，而松弛型质粒继续复制，质粒拷贝数可由原来 20 多个扩增至 1000~3000 个，此时质粒 DNA 占总 DNA 的含量可由原来的 2% 增加至 40%~50%。质粒通常含有编码某些酶的基因，其表型包括对抗生素的抗性、产生某些抗生素、降解复杂有机物、产生大肠杆菌素和肠毒素及某些限制性内切酶与修饰酶等。

质粒载体是在天然质粒的基础上为适应实验室操作而人工构建的。与天然质粒相比，质粒载体通常带有一个或一个以上的选择性标记基因（如抗生素抗性基因）和一个人工合成的含有多个限制性内切酶识别位点的多克隆位点序列，并去掉了大部分非必需序列，使分子量尽可能减小，以便于基因工程操作。大多质粒载体带有一些多用途的辅助序列，这些用途包括通过组织化学方法肉眼鉴定重组克隆、产生用于序列测定的单链 DNA、体外转录外源 DNA 序列、鉴定片段的插入方向、外源基因的大量表达等。一个理想的克隆载体大致应有下列特性：分子量小、多拷贝、松弛控制型；具有多种常用的限制性内切酶的单切点；能插入较大的外源 DNA 片段；具有容易操作的检测表型。常用的质粒载体大小一般在 1~10 kb。表达载体是现代分子生物学发展、改良生物品种和获得基因工程产品不可缺少的分子载体，其发展十分迅速，而质粒的分离和提取则是最常用和最基本的实验技术，其方法很多，仅大肠杆菌质粒的提取就有 10 多种，包括碱裂解法、煮沸法、氯化铯—溴化乙锭梯度平衡超离心法以及各种改良方法等。本实验以大肠杆菌的 pUC19 质粒为例来介绍目前常用的碱裂解法小量制备质粒 DNA 的技术。

由于大肠杆菌染色体 DNA 比通常用作载体的质粒 DNA 分子大得多，因此在提取过程中，染色体 DNA 易断裂成线型 DNA 分子，而大多数质粒 DNA 则是共价闭环型，根据这一差异便可以设计出各种分离、提纯质粒 DNA 的方法。碱裂解法就是基于线型的大分子染色体 DNA 与小分子环型质粒 DNA 的变性复性之差异而达到分离目的。在 pH 12.0 ~ 12.6 的碱性环境中，线型染色体 DNA 和环型质粒 DNA 的氢键均发生断裂，双链解开而变性，但质粒 DNA 由于其闭合环状结构，氢键只发生部分断裂，而且其两条互补链不会完全分离，当将 pH 调至中性并在高盐浓度的条件下，已分开的染色体 DNA 互补链不能复性而交联形成不溶性网状结构，通过离心大部分染色体 DNA、不稳定的大分子 RNA 和蛋白质—SDS 复合物等一起沉淀下来而被除去。而部分变性的闭合环型质粒 DNA 在中性条件下很快复性，恢复到原来的构型，以可溶状态存在于溶液中，离心后的上清液中便含有所需要的质粒 DNA，再通过用酚、氯仿抽提、乙醇沉淀等步骤而获得纯的质粒 DNA。

目前很多生物试剂公司还提供试剂盒用于小量 DNA 的提取。通常情况下，采用试剂盒都能获得较高质量的 DNA，所得到的 DNA 都可直接用于转染、测序及限制酶分析等。

### 三、实验器材

（1）材料。含质粒的大肠杆菌 DH5α/pUC19。

（2）培养基。LB 液体培养基、LB 固体培养基（配方见附录 1）。

（3）试剂。100 mg/mL 氨苄青霉素、10 mg/mL 溶菌酶液、大肠杆菌质粒 DNA 提取试剂（溶液Ⅰ、溶液Ⅱ、溶液Ⅲ、溶液Ⅳ、溶液Ⅳ）、70% 乙醇、含 25 ng/mL RNaseA 的无菌水、琼脂糖等（配方见附录 2）。

（4）仪器。恒温培养箱、水浴锅、恒温摇床、超净工作台、分光光度计、微量移液器、电子天平、旋涡振荡器、高速冷冻台式离心机、制冰机、冰箱、琼脂糖凝胶电泳系统、凝胶成像仪、微波炉。

（5）其他。培养皿、试管、药匙、称量纸、1.5 mL 离心管、50 mL 离心管、枪头、棉球、记号笔等。

### 四、实验步骤

1. 细菌的培养和收集

挑转化后的单菌落，接种到含有适当抗生素的 5 mL LB 液体培养基中，于 37 ℃、200 r/min 振荡培养过夜。取 1 mL 上述培养液于 1.5 mL 无菌离心管中，于 12000 r/min 离心 30 s，弃去上清液。

**注意**：选择对数期或对数期后期的菌体可获得大量的质粒，此时质粒拷贝数最高；收集菌体时离心时间不可太长，以免细胞沉淀地太紧密而影响在溶液中分散；尽量除尽水分。

2. 裂解细菌

用微量移液器吸取预冷的 100 μL 溶液Ⅰ加入上述无菌离心管中，吹吸混匀后加入 200 μL 溶液Ⅱ，裂解完全的溶液是透明黏稠的。尽快加入 150 μL 溶液Ⅲ，轻轻混匀，于 12000 r/min

离心 5 min。

**注意**：菌体在溶液中要尽量悬浮均匀，提高得率；加入溶液Ⅱ和Ⅲ后只需温和振荡，确保完全混匀，不要强烈振荡，以免染色体 DNA 断裂成小段不易与质粒 DNA 分开。

3. 沉淀去除蛋白质

吸取上清液，加入等体积的溶液Ⅳ，振荡混匀，于 12000 r/min 离心 10 min，取上层液体于另一个 1.5 mL 离心管中，尽可能避免吸入下层液体。

**注意**：为了得到高纯度的质粒 DNA，可在加乙醇沉淀前再用溶液Ⅳ抽提一次。

4. 沉淀质粒 DNA

按上清液体积加入 2 倍体积预冷的无水乙醇沉淀，于 −20 ℃放置 20 min，再于 12000 r/min 离心 5 min，弃上清液。

5. 洗涤质粒 DNA

用等体积的 70%乙醇洗涤一次，于 12000 r/min 离心 5 min，弃上清液，用滤纸吸干。室温干燥 15~20 min，或者真空抽干乙醇 2 min，或者在 65 ℃条件下干燥 2 min。

**注意**：加入 70%乙醇洗涤时，离心后应小心地将上清液倒掉，注意这时的 DNA 沉淀较疏松，易从管壁上脱落。

6. 溶解质粒 DNA

将沉淀加入 50 μL 含 RNaseA 的无菌水中，于 50 ℃水浴 10 min，混匀后保存在 −20 ℃冰箱内备用。

7. 电泳检测

按 1% W/V 称取琼脂糖溶于 1×TAE 溶液中，加热后倒入模具制备成上样凝胶。将凝胶块水平浸入盛有 1×TAE 溶液的电泳槽中，加入质粒 DNA 样品溶液至凝胶块的上样孔中，于 150 V 电泳 25~40 min。电泳完毕后将胶块放入凝胶成像仪中拍照，参考生物软件分析质粒 DNA 的完整性和质量。

## 五、实验数据处理与分析

（1）记录质粒提取过程中各种试剂加入后的反应现象。

（2）绘制质粒 DNA 的电泳检测图谱，并分析提取质粒的完整性。

## 六、思考题

（1）简述质粒提取的不同方法及原理。

（2）如果只需要检测某大肠埃希氏菌菌株是否含有质粒（或重组质粒），你能否在本实验的基础上提出一种更简便、迅速的方法设想？提示：可否将有些溶液（或成分）合并成一种溶液而减少操作步骤？仅为检测某菌是否含有质粒，是否一定要将其染色体 DNA、RNA 去除干净？

## 七、知识应用与拓展（思政案例）

琼脂糖电泳鉴定质粒 DNA 时，多数情况下可看到 3 个条带，以电泳速度由快到慢排序，分别是超螺旋 DNA、开环 DNA 和复制中间体（即没有复制完全的两个质粒连环体）。但实际实验过程中经常会出现一些非预期结果，可能出现少于 3 个和多于 3 个的情况。由于质粒构象的复杂性，目前学术界对于这种情况暂没有明确的证据和统一的认识。学生初次接触该类实验时，通常在实验结果中出现的一些反常现象会导致学生产生的一些负面情绪，教师可以给学生讲述身边科学家的故事——西北农林科技大学许晓东教授发现病毒中朊蛋白的事例。

西北农林科技大学许晓东教授在英国实验室进行电泳实验时，意外发现不应该出现的一个电泳条带，好奇心驱使他对这个没人关心的现象进行了初步的调研，确定这是一个有意义的科学现象后，开始了十年锲而不舍的研究，终获成功，在病毒中首次发现了朊病毒，证实了"朊病毒广泛存在"的假说。结合本实验项目的电泳图，让学生明白不是所有的非预期实验结果都是无意义的，通过认真调研来确定科学问题研究的意义和可行性，进而开始坚韧不拔的科学探索过程。2016年5月30日，习近平总书记在全国科技创新大会、两院院士大会、中国科协第九次全国代表大会上的讲话，"我国科技界要坚定创新自信，坚定敢为天下先的志向，在独创独有上下功夫，勇于挑战最前沿的科学问题，提出更多原创理论，作出更多原创发现，力争在重要科技领域实现跨越发展，跟上甚至引领世界科技发展新方向，掌握新一轮全球科技竞争的战略主动"。通过案例消除学生的负面情绪，引导他们朝积极进取、开拓创新的方向前进，鼓励学生放眼世界、放眼未来、坚持创新，为中华民族复兴而努力。

# 实验项目 4-6　目的基因在大肠杆菌中的克隆与表达

## 一、实验目的

（1）学习和掌握基因重组技术。

（2）学习和掌握目的基因在大肠杆菌中诱导表达的方法、特点及实验操作方法。

（3）培养学生良好的专业素养和严谨科学的工作态度。

## 二、实验原理

大多数细菌质粒是一类双链闭环的 DNA 分子，在很多细菌中都发现了这样一种独立于宿主菌基因组之外的 DNA，它们可以利用宿主的酶和蛋白质进行独立的复制和遗传。基因重组通过 DNA 连接酶将目的基因连接在核实的质粒载体上，形成重组质粒。再利用转化等方法将重组质粒导入菌体细胞中，使连接在重组质粒上的目的基因在受体细胞中表达。目前商品化的表达载体都含有强的启动子和有效的核糖体结合位点，当外源基因编码序列定向克隆到这些载体的多克隆位点之后就成功构建了目的基因的原核表达载体，然后转化到感受态细菌中，在适当的条件下（如温控诱导、化学诱导）诱导表达，就可产生目的蛋白质。根据研究目的不同，在这样一个原核表达系统中可以实现天然蛋白质和融合蛋白质的表达。通常情况下，融合表达的策略被许多研究者采用，主要原因为表达高效；产生的蛋白质比天然蛋白质更稳定；易于鉴定和纯化。

通过基因重组可将外源基因导入细胞，并使之进行扩增或表达。在生命科学的研究中，基因重组已经不仅是研究的目的（如基因工程的上游工程），而且日益成为一项重要的研究手段，有着不可替代的地位。如基因功能研究中将研究对象基因单独分离后重组，可以研究其表达、调控过程以及功能等。本实验通过最基本的流程进行重组操作，目的是使外源基因在大肠杆菌中进行表达；有条件的话，可以进行表达条件的优化，筛选出高效、稳定的表达工程菌。

外源基因（可通过 PCR、化学合成或直接从自然材料中分离的方法获得）被克隆在 Lac 启动子下游，与表达质粒载体连接构成重组体，经 $CaCl_2$ 法转化导入受体大肠杆菌细胞内。当培养基含有异丙基-$\beta$-D-硫代半乳糖苷（isopropyl-beta-D-thiogalactopyranoside，IPTG）时，Lac 启动子被诱导而启动其下游基因进行表达，从而在大肠杆菌细胞中产生外源基因产物。通过电泳可检测表达产物蛋白质的存在并估计其表达量，也可以通过检测表达产物的生物活性从而了解产物的有效性。

## 三、实验器材

（1）材料。大肠杆菌感受态细胞 [如 DH5α、BL21（DE3）菌株等]、质粒 [pUC19、pET-30a（+）]、目的基因。

（2）培养基。LB 液体培养基、LB 固体培养基（配方见附录 1）。

（3）试剂。限制性内切核酸酶 *Eco*R Ⅰ 和 *Hind* Ⅲ、$T_4$ DNA 连接酶、100 mg/mL 氨苄青霉素、0.1 mol/L $CaCl_2$、20 mg/mL 5-溴-4-氯-3-引引哚-β-D-半乳糖苷（X-gal）、0.2 g/mL IPTG、琼脂糖、双蒸水、1×SDS 上样缓冲液、50 mmol/L PBS 缓冲液、SDS-PAGE 电泳的相

关试剂等（配方见附录2）。

（4）仪器。恒温培养箱、水浴锅、恒温摇床、超净工作台、分光光度计、微量移液器、电子天平、旋涡振荡器、高速冷冻台式离心机、制冰机、-20 ℃冰箱、-80 ℃冰箱、琼脂糖凝胶电泳系统、凝胶成像仪、微波炉、蛋白电泳系统。

（5）其他。培养皿、试管、药匙、称量纸、1.5 mL 离心管、50 mL 离心管、枪头、棉球、记号笔等。

## 四、实验步骤

1. 目的基因的克隆

（1）酶切质粒及目的基因。

①酶切质粒。在无菌的 1.5 mL 离心管中，加入 5 μL（2~4 μg）质粒 DNA（如 pUC19）、5 μL 酶切缓冲液（10×）、1~2 μL 限制性内切核酸酶（如 $EcoR$ Ⅰ），再加双蒸水至 50 μL，轻轻混匀，于 37 ℃反应 2~3 h。

②酶切目的基因。在另一无菌的 1.5 mL 离心管中，加入 5 μL（4~6 μg）目的基因、5 μL 酶切缓冲液（10×）、1~2 μL 限制性内切核酸酶（如 $EcoR$ Ⅰ），再加双蒸水至 50 μL，轻轻混匀，于 37 ℃反应 2~3 h。

**注意**：酶的加入量要小于反应体积的 1/10，否则酶液中所含的甘油会抑制酶解反应。有的酶的最佳反应条件不是 37 ℃。不同的酶要求的缓冲液不完全相同。

③电泳检测。各取 5 μL 反应液进行琼脂糖电泳，分析酶切产物。

（2）连接与转化。

①分离。向余下的酶解液中加入 1/10 体积的 3 mol/L 乙酸钠溶液、2.5 倍体积的-20 ℃预冷无水乙醇，于-20 ℃放置 20 min，12000 r/min 离心 10 min，弃上清液。加入 1 mL 70%乙醇溶液洗沉淀，于 12000 r/min 离心 5 min，弃上清液，室温干燥或真空干燥后加双蒸水 10 μL 溶解。

②连接。取酶切载体 2 μL、目的基因 4 μL，加 2 μL T₄ DNA 连接酶缓冲液（10×）、1 μL T₄ DNA 连接酶，加双蒸水至 20 μL，于 16 ℃连接 16~20 h。

③转化。取以上连接液 10 μL 做转化（参考实验4-4）。

（3）克隆子观察。

①涂布与培养。制作含氨苄青霉素 100 μg/mL 的 LB 平板，涂布 20 μL 20 mg/mL X-gal 及 4 μL 20 mg/mL IPTG，于 37 ℃静置 1 h 至涂布液完全被吸收，再涂布 100 μL 或 200 μL 的转化细胞悬液，用涂布器涂布均匀。同时做两个重复。晾干后于 37 ℃倒置培养 12~16 h 可出现菌落。

②观察。可见有白色菌落和蓝色菌落，其中白色菌落含有重组 DNA，蓝色菌落含有未重组质粒。

③挑菌。用无菌牙签挑取白色菌落接种于 LB 液体培养基，做质粒小量制备以便分析。

④检测。可采用琼脂糖凝胶电泳比较 DNA 分子的大小、酶切、PCR 等方法，筛选目的克隆。

2. 目的基因的诱导表达

（1）重组质粒的构建。参照"1. 目的基因的克隆"，把目的基因与质粒 pET-30a（+）进行酶切与连接，构建重组质粒。

（2）挑菌。挑取转化有 pET-30a（+）表达载体的 BL21（DE3）单菌落接种到含抗生素的 5 mL LB（终浓度为 100 μg/mL）管中，于 37 ℃、200 r/min 振荡培养 8~12 h。

（3）转接。取上述全部培养物接种到 250 mL 新鲜 LB 液体培养基中，于 37 ℃、200 r/min 剧烈振荡培养 1~1.5 h，使菌液的 $OD$ 达到 0.5~0.6。

（4）添加诱导剂。取 1 mL 菌液作为不诱导对照（暂时储存于 4 ℃）。向剩余培养物中加入终浓度为 0.1~1 mmol/L 的 IPTG，在适当温度下继续培养 3~12 h。

（5）收集菌体与检测。取 1 mL 诱导后的培养物，连同不诱导对照在 12000 r/min 下离心 30 s，收集菌体沉淀并用 100 μL 1×SDS 上样缓冲液重悬混匀，于 100 ℃水浴煮沸 10 min，12000 r/min 离心 2 min，取 10~20 μL 上清液，用 SDS—PAGE 检测蛋白质的表达情况。其余诱导后的菌液，在 4 ℃、5000 r/min 离心 5 min，弃去上清液并用 15 mL 预冷的 PBS 缓冲液重悬，转移至一个新的 50 mL 离心管（首先要称重）中，于 4 ℃、5000 r/min 离心 20 min，弃净上清液；将菌体沉淀（再次称重）放在 -80 ℃冰箱中保存备用（等确定诱导表达成功之后可以进行纯化操作）。如果要及时进行纯化，也可以直接继续后续操作。

**注意**：获得的目的蛋白应及时低温保存，高表达菌株应及时冻存。

## 五、实验数据处理与分析

自行设计表格记录不同组别实验结果并进行分析。

## 六、思考题

（1）蓝白斑筛选的原理是什么？如何理解一些白斑中没有目的基因插入？

（2）如何筛选和鉴定出含有目的基因的克隆？

（3）如果希望通过原核表达得到的目的蛋白能保持天然活性，请问在诱导表达过程中应该注意哪些因素？为什么？

## 七、知识应用与拓展

如何选择质粒载体？

在通过基因工程手段把一个目的基因送到生物细胞（受体细胞）的过程中，需要运载工具（交通工具）携带外源基因进入受体细胞，这种运载工具就叫做载体（vector）。基因工程上所用的载体是一类能自我复制的 DNA 分子，其中的一段 DNA 被切除而不影响其复制，可用以置换或插入外源（目的）DNA 而将目的 DNA 带入宿主细胞。常用的载体有质粒、噬菌体、病毒等。

载体的选择主要依据构建的目的，同时要考虑载体中应有合适的限制酶切位点。如构建的目的是要表达一个特定的基因，则要选择合适的表达载体。载体选择主要考虑下述 3 点。

（1）构建 DNA 重组体的目的。目的主要有两个：克隆扩增或者表达，需要根据目的选择合适的克隆载体或者表达载体。

（2）考虑载体的类型。

①克隆载体的克隆能力——根据克隆片段大小选择（大选大，小选小）。

②表达载体据受体细胞类型——可以分为原核、真核、穿梭载体，或 *E.coli*、哺乳类细胞表达载体。

③应用原核表达载体应该注意选择合适的启动子及相应的受体菌，用于表达真核蛋白质时注意稀有密码子、糖基化修饰和阅读框错位等问题。

（3）载体 MCS 中的酶切位点数与组成方向因载体不同而异，需要根据目的基因片段信息选择易于连接、无重合酶切位点且不产生阅读框架错位的载体。

# 实验项目 4-7　枯草芽孢杆菌抗药性标记的筛选

## 一、实验目的

（1）了解不同诱变技术对枯草芽孢杆菌的诱变效应。

（2）熟悉抗药性突变株的筛选原理和方法。

（3）掌握梯度平板法筛选枯草芽孢杆菌抗药性标记株的操作。

（4）培养学生用发展的眼光看待问题和社会责任感。

## 二、实验原理

随着抗生素的广泛应用，微生物对它们的耐药性及不少抗生素的副作用等问题陆续暴露出来，为了解决这些问题，需要更广泛的筛选新的、有效专一的抗生素抗性菌株。抗药性突变株是指野生型菌株基因突变产生的对某些化学药物的抗性变异类型，可在加有相应药物的培养基平板上选出这类菌株。抗药性突变是 DNA 分子的某一特定位置的结构改变所致，与药物的存在无关，药物的存在只是作为分离某种抗药性菌株的鉴别手段。抗药性突变常用作遗传标记。

微生物经诱变剂处理后引起的基因突变，往往必须经过一段时间的培养才出现表型的改变，这一现象称为表型延迟。所以，通常先将诱变处理后的菌液移到鲜培养基中培养一段时间，使改变了的性状趋于稳定，同时通过培养还可使突变体数目增多，便于检出。经诱变剂处理后的微生物群体中，虽然突变的数目大大增加，但所占的比例仍是整个群体中的极少数。为了快速、准确地得到所需的突变体，必须设计一个合理的筛选方法，以淘汰大量未发生突变的野生型，而保留极少数的突变型。梯度平板法是筛选抗药性突变型的一种有效的简便方法，其操作要点是先加入不含药物的培养基，立即把培养皿斜放，待培养基凝固后形成一个斜面，再将培养皿平放，倒入含一定浓度药物的培养基，这样就形成一个药物浓度由浓到稀的梯度培养基，然后再将大量的菌液涂布于平板表面上。经培养后，在高浓度药物处出现的菌落就是抗药性突变型菌株。

枯草杆菌可进行转化实验，可以作为在单细胞水平上研究发生分化的基本要素，也是基因克隆的极好寄生菌，另外，它还可以产生大量的胞外酶，如溶纤酶有治疗血栓病的功能。所以本实验选用梯度平板法进行枯草芽孢杆菌抗药性标记筛选。

## 三、实验器材

（1）材料。枯草芽孢杆菌（*Bacillus subtilis*）。

（2）培养基。牛肉膏蛋白胨液体培养基、牛肉膏蛋白胨固体培养基（配方见附录1）。

（3）试剂。生理盐水、1 mg/mL 链霉素。

（4）仪器。恒温培养箱、水浴锅、恒温摇床、超净工作台、分光光度计、微量移液器、电子天平、磁力搅拌器、旋涡振荡器、高速冷冻台式离心机、制冰机、-20 ℃冰箱、-80 ℃冰箱。

（5）其他。培养皿（直径为 6 cm、9 cm）、玻璃珠、锥形瓶、涂布棒、牙签、滤纸片、试管、药匙、称量纸、1.5 mL 离心管、50 mL 离心管、枪头、棉球、记号笔等。

## 四、实验步骤

### 1. 制备菌液

（1）从保藏的斜面菌种上挑 1 环枯草芽孢杆菌放入装有 10 mL 牛肉膏蛋白胨液体培养基的无菌离心管中，置于 37 ℃条件下培养 16 h 左右。

（2）按 5%接种量接种到新鲜的 10 mL 牛肉膏蛋白胨液体培养基中，于 37 ℃培养至对数生长期（约 4 h）。

（3）取 10 mL 上述菌体培养液，于 3500 r/min 离心 10 min，弃去上清液后再用生理盐水洗涤 2 次，弃去上清液，重新悬浮于 10 mL 生理盐水中，倒入装有玻璃珠的锥形瓶中，充分振荡以分散细胞，制成 $10^8$ CFU/mL 的菌悬液。然后吸 3 mL 菌液并注入装有磁力搅拌棒的培养皿（直径为 6 cm）中。

### 2. 紫外线照射诱变

（1）预热紫外灯。紫外灯功率为 15 W，照射距离为 30 cm（垂直距离），照射前开灯预热 30 min，以便紫外灯强度稳定。

（2）照射。将培养皿放在磁力搅拌器上，先照射 1 min 后再打开皿盖并计时，当照射达 2 min 后，立即盖上皿盖，关闭紫外灯。

### 3. 增殖培养（在暗室红灯下操作）

照射完毕，用无菌滴管将全部菌液吸到含有 3 mL 2 倍浓度的牛肉膏蛋白胨液体培养基的离心管中并混匀，用黑纸包裹严密，于 37 ℃振荡培养过夜。

### 4. 制备梯度培养皿

取融化并冷却至约 50 ℃的 10 mL 牛肉膏蛋白胨固体培养基，倒入直径为 9 cm 的培养皿中，立即将培养皿斜放，使高处的培养基正好位于皿边与皿底的交接处。待凝固后，将培养皿平放，再加入含有链霉素（100 μg/mL）的上述相同培养基 10 mL。凝固后，便得到链霉素从 100 μg/mL 到 0 逐渐递减的浓度梯度培养皿（图 4-7-1）。

**注意**：然后在皿底作一个"↑"符号标记，以示药物浓度由低到高的方向。

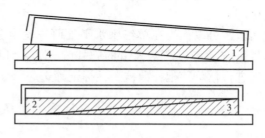

图 4-7-1　梯度平板制作示意图

1—下层平板（不含链霉素）　2—上层平板（含链霉素 100 μg/mL）　3—下层平板放平　4—皿底需垫高皿径的 1/16

### 5. 涂布菌液

将增殖后的菌液在 3500 r/min 下离心 10 min，弃去上清液，再加入少量生理盐水（约 0.2 mL）制成浓的菌液，再将全部菌液涂布于梯度培养皿上，待菌液全部吸收后倒置于 37 ℃

恒温培养箱中培养 24 h，然后将出现在高药物浓度区域内的单菌落分别接种到斜面上，经培养后再做抗药性测定。

6. 抗药性的测定

（1）制备含药平板。取链霉素溶液（1 mg/mL）0.15 mL、0.3 mL、0.45 mL 和 0.6 mL，分别加到无菌培养皿中，再加入融化并冷却到 50 ℃ 左右的牛肉膏蛋白胨固体培养基 15 mL，立即混匀，平置凝固后即成为含有 10 μg/mL、20 μg/mL、30 μg/mL 和 40 μg/mL 药物的平板。另做一个对照平板（不含药物）。

（2）抗药性的测定。在上述每个皿底的外面用记号笔划成 8 等份，并注明 1~8 号，然后将若干抗药菌株逐个接种到上述 4 种浓度的药物平板上和对照平板上（图 4-7-2）。每一皿必须留一格接种出发菌株。然后将所有的培养皿倒置于 37 ℃ 恒温培养箱中培养过夜。第二天观察各菌株的生长情况，并记录结果。

**注意：**制备含药平板时，务必使药物与培养基充分混匀。

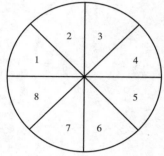

图 4-7-2　抗药性测定示意图

## 五、实验数据处理与分析

将抗药性测定结果记录于表 4-7-1 中。

表 4-7-1　抗药性结果记录表

| 菌株号 | 含药平板（μg/mL） | | | | 对照平板（不含药物） |
|---|---|---|---|---|---|
| 1 | 10 | 20 | 30 | 40 | 0 |
| 2 | | | | | |
| 3 | | | | | |
| … | | | | | |

结果：筛选到抗药菌株_____株，最高抗药性达_____μg/mL。

## 六、思考题

（1）你选出的抗链霉素菌株中如有的菌株在含链霉素的平板上能生长，而在不含链霉素的平板上不能生长，这说明了什么？

（2）未经诱变的菌株在含药平板上是否有菌落出现？为什么？是培养基中的链霉素引起了抗性突变吗？请设计一个实验加以说明。

（3）梯度平板法除用于分离抗药性突变株外，还有什么其他用途？

## 七、知识应用与拓展

芽孢杆菌具有一定的生物修复用途，可减少含氮废物，改善环境和水质。枯草芽孢杆菌是有典型特征的芽孢杆菌，它的细胞呈直杆状，单个大小为（0.8~1.2）μm×（1.5~4.0）μm，为革兰氏阳性菌，染色体颜色均匀，可产荚膜，细胞体附有鞭毛用于运动；芽孢中间部位接近细胞的宽度，呈椭圆形或圆柱形；菌落粗糙，不透明，呈污白色或略带微黄色，是典型的好氧型细菌。枯草芽孢杆菌是典型的有益菌，具有控制不同类型细胞发育的能力；能耐高温、高压，可在较高酸碱和温度等恶劣环境中存活；并且还能耐受多种抗生素，具有极强的抗逆能力。到 20 世纪末枯草芽孢杆菌的作用逐渐被人们广泛认识，并在种植业、畜禽养殖业和土壤改良方面得到广泛应用。

# 实验项目 4-8  大肠杆菌营养缺陷型的筛选

## 一、实验目的

（1）了解选育营养缺陷型突变株的原理。

（2）掌握营养缺陷型突变株的诱变、筛选与鉴定方法。

（3）培养学生用发展的眼光看待问题和具有社会责任感。

## 二、实验原理

营养缺陷型是指用某些物理或化学诱变剂处理野生型菌株，使编码合成代谢途径中某些酶的基因突变，随之丧失了合成某种（或某些）生长因子（如氨基酸、维生素或碱基）的能力，因而在基本培养基上不能生长，必须在基本培养基中补充相应的营养成分后才能正常生长的一类突变株。营养缺陷型菌株无论在生产实践和科学实验中都具有重要意义。在生产实践中，它既可直接用作发酵生产核苷酸、氨基酸等中间代谢产物的生产菌株，也可作为杂交育种的亲本菌株；在科学实验中，它们既可作为氨基酸、维生素或碱基等物质生物测定的试验菌种，也是研究代谢途径和转化、转导、杂交、细胞融合及基因工程等遗传规律所必不可少的遗传标记菌种。

营养缺陷型既可能由野生型菌株自发突变产生，也可由物理、化学或生物因素处理产生。自发突变产生营养缺陷型的频率较低，而诱发突变产生营养缺陷型的频率较高。营养缺陷型筛选一般分 4 个环节，即诱变剂处理、营养缺陷型浓缩（淘汰野生型）、检出和鉴定营养缺陷型。

诱变处理的突变频率较自发突变频率较高，但筛选出的突变体数量在菌体总量中依然很低，只有淘汰野生型才能浓缩营养缺陷型而选出少数突变株。浓缩营养缺陷型的方法有青霉素法、菌丝过滤法、差别杀菌法和饥饿法 4 种。以紫外线或硫酸二乙酯（diethyl sulfate，DES）为诱变剂处理野生型细菌，利用青霉素抑制细菌细胞壁的生物合成，以杀死正常生长繁殖的野生型细菌，但不能杀死正处于停止生长状态的营养缺陷型细菌，从而达到"浓缩"缺陷型菌株的目的。当选用亚硝基胍为超诱变剂时，因其诱变频率较高，可使百分之几十的细菌发生营养缺陷型突变，故筛选营养缺陷型时可省去浓缩缺陷型这一环节。

检出营养缺陷型的方法有逐个检出法、影印培养法、夹层培养法和限量补充培养法 4 种。鉴定营养缺陷型一般采用生长谱法。该法是在混有营养缺陷型突变株的平板表面点加微量营养物，视某营养物的周围是否长菌，来确定该菌株的营养要求。

本实验以紫外线为诱变因素，照射时间为 2~5 min，用青霉素法浓缩缺陷型，再根据营养缺陷型在基本培养基上不能生长，只能在完全培养基或基本培养基中补加它所缺陷的营养物质后才能生长的原理，采用逐个检出法将营养缺陷型检出，然后用生长谱法将缺陷型加以鉴定。

## 三、实验器材

（1）材料。野生型大肠杆菌（*E. coli*）。

（2）培养基。完全培养基：葡萄糖 2 g、蛋白胨 10 g、酵母膏 5 g、NaCl 5 g、琼脂 15 g、蒸馏水 1000 mL、pH 7.2（若不加琼脂，即为完全液体培养基）；无氮基本培养基：葡萄糖 2 g、$C_6H_5Na_3O_7 \cdot 3H_2O$ 0.5 g、$K_2HPO_4$ 0.7 g、$KH_2PO_4$ 0.3 g、$MgSO_4 \cdot 7H_2O$ 0.01 g、琼脂 15 g、蒸馏水 100 mL、pH 7.2（若不加琼脂，即为无氮液体培养基）；2×基本液体培养基：葡萄糖 2 g、$C_6H_5Na_3O_7 \cdot 3H_2O$ 0.5 g、$K_2HPO_4$ 0.7 g（或 $K_2HPO_4 \cdot 3H_2O$ 0.92 g）、$KH_2PO_4$ 0.3 g、$MgSO_4 \cdot 7H_2O$ 0.01 g、$(NH_4)_2SO_4$ 0.2 g、蒸馏水 50 mL，pH 7.2；补充培养基：在基本培养基中加入所需的补充物质即可，补充物质为氨基酸 20 μg/mL、碱基 10 μg/mL、维生素 0.2 μg/mL、生物素 0.002 μg/mL；氮源加富液体培养基：蔗糖 20 g、$MgSO_4 \cdot 7H_2O$ 0.2 g、2×基本液体培养基 100 mL。

（3）试剂。混合氨基酸：按表 4-8-1 中的氨基酸组合，分别称取各 50 mg 的氨基酸于干净的研钵中，在 60~70 ℃烘箱中烘数小时，趁干燥立即磨细，装到 4 cm×0.6 cm 小玻璃管中，避光保存于干燥器中；混合维生素：维生素 $B_1$、维生素 $B_2$、维生素 $B_6$、维生素 C、泛酸、对氨基苯甲酸、叶酸和肌醇等维生素各取 50 mg 混合，烘干、磨细并分装到小玻璃管中，避光保存于干燥器中；混合碱基：称取腺嘌呤、鸟嘌呤、次黄嘌呤、胸腺嘧啶和胞嘧啶各 50 mg，混合后烘干、磨细、分装于小玻璃管中，并避光保存于干燥器中；青霉素钠盐。

表 4-8-1　9 组氨基酸组合表

| 组别 | 第 1 组 | 第 2 组 | 第 3 组 | 第 4 组 | 第 5 组 |
|---|---|---|---|---|---|
| 第 6 组 | 丙氨酸 | 精氨酸 | 天冬酰胺 | 天冬氨酸 | 半胱氨酸 |
| 第 7 组 | 丙氨酸 | 谷氨酰胺 | 甘氨酸 | 组氨酸 | 异亮氨酸 |
| 第 8 组 | 亮氨酸 | 赖氨酸 | 甲硫氨酸 | 苯丙氨酸 | 脯氨酸 |
| 第 9 组 | 丝氨酸 | 苏氨酸 | 色氨酸 | 酪氨酸 | 缬氨酸 |

（4）仪器。恒温培养箱、水浴锅、恒温摇床、超净工作台、分光光度计、紫外灯箱（紫外灯功率为 15 W，距离为 30 cm）、红灯、微量移液器、电子天平、磁力搅拌器、旋涡振荡器、高速冷冻台式离心机、制冰机、−20 ℃冰箱、−80 ℃冰箱。

（5）其他。培养皿（直径为 6 cm、9 cm）、玻璃珠、锥形瓶、涂布棒、接种环、牙签、滤纸片、试管、药匙、称量纸、1.5 mL 离心管、50 mL 离心管、枪头、棉球、酒精灯、火柴、记号笔等。

## 四、实验步骤

1. 制备菌液

（1）从保藏的斜面菌种上挑 1 环野生型大肠杆菌，放入装有 10 mL 完全液体培养基的无菌离心管中，于 37 ℃条件下培养 16 h 左右。

（2）按 5%接种量将菌液接种到新鲜的 10 mL 完全液体培养基中，于 37 ℃培养至对数生长期（约 4 h）。

（3）取 10 mL 上述菌体培养液，于 3500 r/min 离心 10 min，弃去上清液后再用生理盐水洗涤 2 次，弃去上清液，重新悬浮于 10 mL 生理盐水中，倒入装有玻璃珠的锥形瓶中，充分振动以分散细胞，制成 $10^8$ CFU/mL 的菌悬液。然后吸 3 mL 菌液注入装有磁力搅拌棒的培养皿（直径为 6 cm）中。

2. 紫外线照射诱变

（1）预热紫外灯。紫外灯功率为 15 W，照射距离为 30 cm（垂直距离），照射前开灯预热 30 min，以便紫外灯强度稳定。

（2）照射。将培养皿放在磁力搅拌器上，照射 1 min 后再打开皿盖并计时，当照射达 2~5 min 后，立即盖上皿盖，关闭紫外灯。

**注意：** 紫外线照射计时从打开皿盖起，到盖上皿盖止。先打开磁力搅拌器，后打开皿盖照射，使菌液中的细胞均匀地接收照射。

3. 增殖培养（在暗室红灯下操作）

照射完毕，用无菌滴管将全部菌液吸到含有 3 mL 2 倍浓度的完全液体培养基的离心管中，混匀，用黑纸包裹严密（避光），于 37 ℃振荡培养过夜。

**注意：** 紫外诱变后要避光操作、培养。

4. 营养缺陷型的浓缩（青霉素法）

（1）无氮饥饿培养。取中间培养液 10 mL 于无菌离心管中，以 3500 r/min 离心 10 min，弃上清液，打匀沉淀，加入无菌生理盐水，离心洗涤 3 次，最后悬浮于 1 mL 无菌生理盐水中，全部转入盛有 10 mL 无氮基本培养基的锥形瓶中，于 37 ℃摇床振荡培养 4~6 h。无氮饥饿培养的目的是使缺陷型细胞中的氮源消耗殆尽，以避免加青霉素时被杀死。

（2）氮源加富+青霉素培养。将上述 10 mL 无氮基本培养液全部转入装有 10 mL 氮源加富液体培养基的锥形瓶中，再加入 6 mg 青霉素钠盐，使青霉素在菌液中的最终浓度为 500 U/mL，于 37 ℃培养 6 h，达到淘汰野生型、浓缩缺陷型的目的。离心，弃去上清液，重悬于 10 mL 无氮基本培养液中，再置于冰箱中保存。

（3）稀释涂平板。取上述无氮菌体培养液 1 mL，放入装有 9 mL 无菌生理盐水的试管中，按 10 倍稀释法逐级稀释，$10^{-2}$、$10^{-3}$、$10^{-4}$ 3 个稀释度各取 0.1 mL 移入补充培养基平板上，用无菌涂布棒涂布均匀，每个稀释度涂 2 个平板，于 37 ℃培养 36~48 h。

5. 营养缺陷型的检出（逐个检出对照培养法）

（1）制平板。融化完全培养基和基本培养基，各制备 3 个平板（可在底面贴一张 64 等分方格对的白纸，做好方位标记）。

（2）逐个点种。在补充培养基上生长的大菌落为野生型，小菌落可能为缺陷型。用无菌牙签在补充培养基平板上挑取小菌落 100 个，分别对应点种到基本培养基和完全培养基平板上，于 37 ℃培养 48 h。

**注意：** 先接种基本平板，后接种完全平板，接种量应少些。

（3）检出营养缺陷型菌株。凡是在完全培养基平板上生长，而在基本培养基平板的对应部位不生长的菌落，可能就是营养缺陷型突变株。用接种环将其小心接种到完全培养基斜面试管 10~15 支中，于 37 ℃培养 24 h，作为营养缺陷型鉴定菌株。

如用影印法检出缺陷型时，完全或补充培养基平板上的菌落最好控制在 30~60 个/皿，用影印法分别影印接种到基本培养基平板和完全培养基平板上。

6. 营养缺陷型生长谱鉴定法鉴定

（1）制备菌悬液。将可能是营养缺陷型的突变株接种到盛有 5 mL 完全培养基的离心管中，于 37 ℃振荡培养 14~16 h，3500 r/min 离心 10 min，弃上清液，用无菌生理盐水离心洗涤 3 次后，加入 5 mL 生理盐水制成菌悬液。

（2）鉴定。吸取 1 mL 菌悬液到无菌培养皿中，倒入约 15 mL 已融化并冷却至 45~50 ℃ 的基本培养基，摇匀待其凝固后，在平板底部划分 3 个区域，标记各营养物的位置（贴标签法）。用消毒镊子夹取灭菌的浸有混合氨基酸、混合核酸碱基和混合维生素溶液的圆形滤纸片，分别贴放于培养皿的 3 个区域，注意勿使营养液流动，于 37 ℃ 培养 24 h 后观察生长情况。如某一类营养物质滤纸片的周围长出整齐的菌圈，即为该类营养物质的营养缺陷型突变株（图 4-8-1）。有的菌株是双重缺陷型，在两类营养物质扩散圈交叉处可见有生长区。

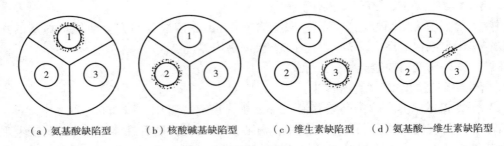

图 4-8-1　营养缺陷型生长谱测定

1—氨基酸混合液　2—核酸碱基混合液　3—维生素混合液

## 五、实验数据处理与分析

将营养缺陷型的鉴定结果记录于表 4-8-2 中。

表 4-8-2　实验数据记录表

| 缺陷型菌株编号 | 生长区 | 缺陷类型 | 缺陷的标记 | 备注 |
| --- | --- | --- | --- | --- |
| 1 | | | | |
| 2 | | | | |
| 3 | | | | |
| … | | | | |

## 六、思考题

（1）青霉素培养中淘汰野生型菌株的作用原理是什么？

（2）用逐个检出点种法检出缺陷型时，为什么要先点基本培养基后点完全培养基？

（3）结合大肠杆菌营养缺陷型菌株筛选的原理和程序，试设计一抗生素突变型菌株的筛选方案和实验流程。

## 七、知识应用与拓展

微生物育种的目的就是要人为地使某些代谢产物朝人们所希望的方向发展，或者促使细胞内发生基因的重新组合以优化遗传性状，获得所需要的高产、优质和低能的菌种。为达到这一目的，必须对微生物作诱变处理。诱变育种依据所使用的诱变剂类别可分为物理诱变、化学诱变和生物诱变，其中物理诱变是使用各种射线对微生物进行诱变操作，效果好、应用较广泛的射线有紫外线、射线和中子等。但是随着这些诱变剂的反复使用，很多工业菌株对其产生了耐受性。为此，许多学者尝试开发一些新型物理诱变方法，用于微生物诱变育种，并取得了较好的效果，如离子注入诱变、微波诱变、激光诱变、超高压诱变、空间诱变等。

# 实验项目 4-9　酵母菌营养缺陷型的筛选

## 一、实验目的

（1）了解选育酵母菌营养缺陷型突变株的原理。

（2）掌握酵母菌营养缺陷型的实际筛选步骤。

（3）培养学生用发展的眼光看待问题和具有社会责任感。

## 二、实验原理

利用化学诱变剂诱发突变是遗传学研究和育种工作的常用手段。化学诱变剂按其诱变机理一般可分为三类：第一类是通过掺入 DNA 分子引起突变；第二类是通过和 DNA 直接起化学反应后引起突变；第三类是通过一对核苷酸的插入或缺失引起突变。本实验以烷化剂亚硝基胍（nitrosoguanidine，NTG）为诱变源，它的诱变机理属于第二类。目前一般认为烷化剂的诱变机理主要是其对鸟嘌呤 N-7 位置上的烷化作用（鸟嘌呤其他位置以及其他碱基的许多位置也可能被烷化），然后被烷化的碱基同碱基结构类似物的作用机制一样，通过 DNA 复制，引起碱基错误配对导致碱基转换或颠换造成基因突变。通常烷化后的碱基（G）偶然与胸腺嘧啶（T）错误配对代替胞嘧啶（C）。NTG 主要诱发 GC-AT 的转换。它除有较强的诱变作用外，还能诱发邻近位置基因的并发突变，而且特别容易诱发 DNA 复制叉附近的基因突变，随着复制叉的移动，它的作用位置也随着移动。NTG 是一种超诱变剂，它的诱发效率可使百分之几十的细菌发生营养缺陷型突变，因此经 NTG 处理的细菌不必经过青霉素浓缩处理，而只要通过适当的筛选方法就能检出营养缺陷型。一般来说，一种高效率的诱变剂，只要有一种有效的筛选方法是可以获得任何突变型的。

诱变处理所用的细胞一般为对数期细胞。化学诱变剂的剂量一般以药物浓度表示。一定的剂量有一定的杀菌率和诱变率，通过杀菌率和诱变率可帮助我们了解一定剂量的诱变作用。诱变作用往往与药物处理时间和温度有关。具有较强诱变作用、较弱杀菌作用的诱变剂（如烷化剂）可采用较低剂量（约 50% 的杀菌率），反之，则采用较高杀菌作用的剂量（如 90%~99.9% 杀菌率），如紫外线。

利用酵母菌进行诱变工作时，首先要获得单倍体菌株。在二倍体细胞中，隐性性状（突变往往是隐性）不能表现。而单倍体细胞中，隐性突变性状就能直接表现。因此，获得单倍体细胞对诱变工作来说很重要。

单倍体细胞对诱变工作来说是重要的。

一个简单的办法就是利用营养细胞和子囊孢子的耐热性差异进行热处理，就能很容易得到单倍体细胞，如先用一定浓度的纤维素酶处理，再进行热处理可提高获得单倍体细胞的效率。具体做法是把二倍体营养细胞接种于产孢子培养基的斜面上，用 5 mL 无菌水制成悬浊液，将此悬浊液浸于 55~60 ℃ 恒温水浴中，不断振荡处理约 10 min（处理时间根据营养细胞的耐热性预备试验而定。一般当 $10^6$~$10^7$ 的营养细胞菌悬液经一定时间处理后，用接种环挑取一环菌液接种于完全平板或斜面上，于 30 ℃ 培养 2 d，以完全不生长或只有一两个菌落生长为标准作为所需的处理时间）。处理后，用自来水迅速冷却，适当稀释涂布于完全培养基平板上，于 30 ℃培养 2 d 后，用接种环挑取较小的圆锥形菌落镜检，从形态上判断单倍体细胞。使用这种方法时，一般要经过划线纯化后结果才较为可靠。为了进一步提高可靠性，可挑取菌落接种于产孢子培养基上看是否产孢子来确定。

## 三、实验器材

（1）菌种。酿酒酵母（*Saccharomyces cerevisiae*）的单倍体菌株。

（2）培养基。完全培养基（CM）：蛋白胨 20 g、酵母提取物 10 g、葡萄糖 20 g、琼脂 15 g、加蒸馏水定容至 1000 mL（若不加琼脂，即为完全液体培养基）；基本培养基（MM）：$KH_2PO_4$ 0.875 g、$K_2HPO_4$ 0.125 g、$MgSO_4 \cdot 7H_2O$ 0.5 g、$CaCl_2 \cdot 2H_2O$ 0.1 g、$(NH_4)_2SO_4$ 1 g、KI 0.001 g、NaCl 0.1 g、葡萄糖 10 g、微量元素溶液 1 mL、维生素溶液 1 mL、琼脂 15 g、加蒸馏水定容至 1000 mL（若不加琼脂，即为基本液体培养基）；无氮基本培养基：在基本培养基中不加入 $(NH_4)_2SO_4$ 和琼脂，即为无氮基本培养基；2 倍氮源基本培养基：在基本培养基中加入两倍 $(NH_4)_2SO_4$，不加琼脂，即为 2 倍氮源基本培养基。

（3）试剂。微量元素溶液：$Na_2B_4O_7 \cdot 10H_2O$ 176 mg、$CuSO_4 \cdot 5H_2O$ 786 mg、$Fe_2(SO_4)_3 \cdot 6H_2O$ 1.82 mg、$MnCl_2 \cdot 4H_2O$ 144 mg、$(NH_4)_6Mo_7O_{24} \cdot 4H_2O$ 73.6 mg、$ZnSO_4 \cdot 7H_2O$ 17.62 mg、蒸馏水 2000 mL，加入 5 mL 浓硫酸使 pH 调至 2 左右。制霉素、亚硝基胍（NTG）、生理盐水、无菌水、0.2 mol/L 磷酸缓冲液（pH 6.0）、混合氨基酸、混合碱基及混合维生素。

（4）仪器。恒温培养箱、水浴锅、恒温摇床、超净工作台、分光光度计、微量移液器、电子天平、磁力搅拌器、旋涡振荡器、高速冷冻台式离心机、制冰机、−20 ℃冰箱、−80 ℃冰箱。

（5）其他。培养皿、玻璃珠、锥形瓶、涂布棒、接种环、丝绒布、圆柱形木头、牙签、滤纸片、试管、药匙、称量纸、1.5 mL 离心管、50 mL 离心管、枪头、棉球、酒精灯、火柴、记号笔等。

## 四、实验步骤

### 1. 制备含菌平板

（1）从保藏的酿酒酵母单倍体菌种上挑 1 环接种于装有 10 mL 基本液体培养基的无菌离心管中，于 30 ℃条件下培养 40 h 左右，非缺陷型能很好地生长。

（2）按 5%接种量将菌液接种于新鲜的 10 mL 完全液体培养基中，于 30 ℃培养至对数生长期。

（3）取 0.2 mL 菌液接种到完全培养基的平板上，用无菌涂布棒将菌液均匀地涂满整个平板表面，倒置于 30 ℃恒温培养箱中培养 6 h。

### 2. NTG 诱变处理

在上述含菌平板的中央和其他部位放少许 NTG 结晶，然后将培养皿倒置 30 ℃恒温培养箱中，培养 40 h。

**注意**：NTG 是强诱变剂和致癌剂，使用时应注意安全。实验人员应戴橡胶手套和口罩，在打开 NTG 瓶盖时应谨慎，避免吸入粉尘或直接接触皮肤。凡带有 NTG 的器皿，必须在 1 mol/L HCl 中浸泡 3~4 h，待 NTG 被破坏后方可清洗。

### 3. 增殖培养

放有 NTG 药物的周围有一透明的抑菌圈，紧靠抑菌圈有一个生长较密集的生长圈，用接种环挑取该处菌苔并放入装有 20 mL 完全液体培养基的锥形瓶中，于 30 ℃、200 r/min 振荡培养过夜，使诱变后的突变体进行繁殖，以增加菌数。

4. 营养缺陷型的浓缩（该步骤可省略）

（1）无氮饥饿培养。取中间培养液 10 mL 于无菌离心管中，以 3500 r/min 离心 10 min，弃上清液，打匀沉淀，加入无菌生理盐水，离心洗涤 3 次，最后悬浮于 1 mL 无菌生理盐水中，再全部转入盛有 10 mL 无氮基本培养基的锥形瓶中，于 30 ℃摇床振荡培养 10~12 h。无氮饥饿培养的目的是使缺陷型细胞中的氮源消耗殆尽，以避免加制霉素时被杀死。

（2）氮源加富+制霉素培养。将上述 1 mL 无氮基本培养液全部转入装有 10 mL 2 倍氮源基本液体培养基的锥形瓶中，再加入制霉素使其最终浓度为 3 μg/mL，于 30 ℃静置培养 18 h，达到淘汰野生型、浓缩缺陷型的目的。离心，弃去上清液，重悬于 10 mL 无氮基本培养液中，再置于冰箱中保存。

5. 涂布平板

（1）制平板。融化完全培养基和基本培养基，各制备 6 个平板（做好方位标记）。

（2）取步骤 3 或者 4 的菌体培养液 10 mL 移至无菌离心管中，以 3500 r/min 离心 10 min，弃上清液，打匀沉淀，加入无菌生理盐水，离心洗涤 2 次，最后悬浮于 10 mL 无氮基本培养液中，备用。

（3）稀释涂平板。取上述无氮菌体培养液 1 mL 移至盛有 9 mL 无菌生理盐水的试管中，按 10 倍稀释法逐级稀释，$10^{-1}$、$10^{-2}$、$10^{-3}$ 3 个稀释度各取 0.1 mL 移入完全培养基平板中，用无菌涂布棒涂布均匀，每个稀释度涂 2 个平板，于 30 ℃培养 48~72 h。然后选取合适的平板（长有 30~150 个菌落）进行营养缺陷型的检出（如无合适平板，可取保存于冰箱中的菌液，再进行稀释、涂布）。

6. 营养缺陷型的检出

（1）用影印法检出缺陷型。将边长为 15 cm 灭过菌的方形丝绒布用橡皮筋固定在直径略小于培养皿底的圆柱形木头上，将长有菌落的完全培养基平板倒扣在绒布上，轻压培养皿，使菌落印在绒布上作为印模，然后分别转印至基本培养基和完全培养基平板上。

（2）用逐个点种法检出缺陷型。在完全培养基上生长的大菌落为野生型，小菌落可能为缺陷型。用无菌牙签在补充培养基平板上挑取小菌落 100 个，分别对应点种于基本培养基和完全培养基平板上，于 30 ℃培养 48~72 h。

**注意**：先接种基本平板，后接种完全平板，接种量应少些。

（3）检出营养缺陷型菌株。凡是在完全培养基平板上生长，而在基本培养基平板的对应部位不生长的菌落，可能就是营养缺陷型突变株。用接种环将其小心接种于完全培养基斜面试管 10~15 支中，于 30 ℃培养 40 h，作为营养缺陷型鉴定菌株。

7. 营养缺陷型生长谱鉴定法鉴定

（1）制备菌悬液。将可能是营养缺陷型的突变株接种于盛有 5 mL 完全培养基的离心管中，于 30 ℃振荡培养 40 h，3500 r/min 离心 10 min，弃上清液，用无菌生理盐水离心洗涤 3 次后，加入 5 mL 生理盐水制成菌悬液。

（2）鉴定。取无菌平板倒入约 15 mL 已融化并冷却至 45~50 ℃的基本培养基、摇匀待其凝固后，在平板底部划分 3 个区域，标记各营养物的位置（贴标签法）。分别吸取 200 μL 菌悬液涂布在基本培养基平板表面。待平板表面干燥后用消毒镊子夹取灭菌的混合氨基酸、混合核酸碱基和混合维生素的结晶或圆形滤纸片，于 30 ℃培养 72 h 后观察生长情况。如某一类营养物质的周围长出整齐的菌圈，即为该类营养物质的营养缺陷型突变株。有的菌株是双重缺陷型，在两类营养物质扩散圈交叉处可见有生长区。

现一般把 6 种化合物编为一组，按表 4-9-1 测定。可在一个培养皿上测定出一个营养缺陷型菌株对 21 种化合物的需要情况。将待测微生物培养至对数期，离心收集菌体，用生理盐水洗涤两次后用生理盐水制成菌悬液，吸 200 μL 涂布在一固体基本培养基表面，将含菌平板底部分为 6 小区。每个小区中央放一张浸有一组化合物溶液的小圆滤纸片，于 30 ℃培养 2~3 d 后观察。若在放 C 组化合物的周围出现生长圈，则这一营养缺陷型需要化合物 3；若在 C 组和 D 组的位置周围都生长，则这种营养缺陷型所需要的化合物是 16；若在 C 组和 D 组之间生长，说明这一营养缺陷型同时需要 C、D 这两组化合物中的各一种，具体是哪两种需进一步鉴定。若不是邻近组的几种化合物的"双缺"或"三缺"的测定，可制备 4 个含菌的基本培养基平板，每个皿分为 5 小区，将 20 种化合物依次缺少 1 种，制成含 19 种化合物的混合物，分别加到各小区中央，于 30 ℃培养 48 h。哪个小区的菌不生长，就是缺少的那种化合物的营养缺陷型。如待测菌株较多，可制 2 个基本培养基平板，每皿各缺少 1 种，制成含 19 种化合物的混合物放在平板中央，在待测菌四周向外划放射状直线，经培养后观察待测菌在哪个平板上不生长，就是缺少的那种化合物的缺陷型。

表 4-9-1　营养缺陷型检测分组表

| 组别 | 化合物代号 | | | | | |
| --- | --- | --- | --- | --- | --- | --- |
| A | 1 | 7 | 8 | 9 | 10 | 11 |
| B | 2 | 7 | 12 | 13 | 14 | 15 |
| C | 3 | 8 | 12 | 16 | 17 | 18 |
| D | 4 | 9 | 13 | 16 | 19 | 20 |
| E | 5 | 10 | 14 | 17 | 19 | 21 |
| F | 6 | 11 | 15 | 18 | 20 | 21 |

## 五、实验数据处理与分析

（1）将营养缺陷型的鉴定结果记录于表 4-9-2 中。

表 4-9-2　鉴定结果记录表

| 缺陷型菌株编号 | 生长区 | 缺陷类型 | 缺陷的标记 | 备注 |
| --- | --- | --- | --- | --- |
| 1 | | | | |
| 2 | | | | |
| 3 | | | | |
| ... | | | | |

（2）总结实验全过程，绘制营养缺陷型筛选的工作流程简图。

## 六、思考题

（1）筛选营养缺陷型菌株有何实践意义？

（2）筛选营养缺陷型时应注意哪些问题？

## 七、知识应用与拓展

酿酒酵母（*Saccharomyces cerevisiae*），又称面包酵母或芽殖酵母。细胞大小为（2.5～10）μm×（4.5～21）μm。一般呈球形、卵圆形、椭圆形，有的呈圆柱状、柠檬形等。酿酒酵母细胞有两种生活形态：单倍体和二倍体。酵母单倍体的繁殖比较简单，一般是出芽生殖，当环境生存压力较大时会死亡。二倍体细胞主要进行有丝分裂繁殖，但在环境条件比较恶劣时能够以减数分裂方式繁殖，生成单倍体孢子。单倍体可以交配融合重新形成二倍体细胞，继续进行有丝分裂繁殖状态，酿酒酵母的最适生长温度为 28 ℃，但也可以在适当的高温下生长。作为一种单细胞真核生物，酿酒酵母具有一切真核细胞生命活动的最基本特征，又有实验所需微生物应具备的背景清楚、生长迅速、操作方便等许多优点。

# 实验项目 4-10  细菌原生质体的融合

## 一、实验目的

（1）了解原生质体融合技术的原理和方法。

（2）学习并掌握以细菌为材料的原生质体融合技术。

（3）培养学生的科技创新精神和研究精神。

## 二、实验原理

原核微生物的基因重组主要可通过转化、转导、接合等途径，但有些微生物不适于采用这些途径，从而使育种工作受到一定的限制。1978 年第三届国际工业微生物遗传学讨论会上，有人提出微生物细胞原生质体融合这一新的基因重组手段。由于它具有许多特殊优点，所以，目前已在国内外微生物育种工作中有广泛研究和应用。

细菌原生质体融合（bacterial protoplast fusion）是 20 世纪 70 年代发展起来的重要基因重组技术。1976 年 Katalin Fodor 等采用聚乙二醇、磷酸钙诱导巨大芽孢杆菌（*Bacillus megaterium*）原生质体的融合，Pierre Schaeffer 等用聚乙二醇诱导枯草芽孢杆菌（*Bacillus subtillis*）原生质体的融合，这 2 项重要研究成果同时发表在美国科学院院报上，是细菌原生质体融合技术发展的里程碑，经过 30 余年的发展，已经成为细菌遗传育种的一项基本技术。细菌原生质体融合育种技术不但可以改良菌种遗传性状、提高有用代谢产物的产量，还可以综合不同菌株代谢特征，产生新的有用代谢产物，在工业生产和遗传育种中具有广阔的应用前景。同转化、接合、转导、杂交和转染等传统基因重组方式相比较，细菌原生质体融合具有广泛适应性和随机性，能够打破菌株的种属界限，实现远缘菌株间的融合；可以使遗传物质传递更为完整，获得更多基因重组机会；可以和其他育种方法相结合，综合双亲的多种优良性状；在工业菌株的选育过程中，可以实现定向育种；能够用于遗传分析等基础理论研究等。这些方面的优点对于微生物育种工作者极具吸引力。

微生物细胞融合要经历 4 个环节：细胞壁消解、原生质体融合、细胞核重组、原生质体细胞壁再生。通常用溶菌酶消除坚固的细菌细胞壁，用聚乙二醇促使原生质体融合，用高渗的加富培养基保障原生质体再生。在细胞融合的过程中，细胞核重组则是随机发生的，无法人为控制，这正是细胞融合育种的不足之处。

由于缺乏细胞壁的保护，原生质体对外界的渗透压十分敏感，在低渗的物化环境中极易破裂，因此，制备好的原生质体必须始终保存在高渗溶液中，本实验的渗透压稳定剂为高浓度的蔗糖和丁二酸钠。细胞融合的助融剂通常用聚乙二醇（polyethylene glycol，PEG），它的助融效果与使用浓度、操作条件及 PEG 分子聚合度有关。关于 PEG 的作用机制有多种解释，一般认为 PEG 的脱水作用和带负电的特性可使原生质体凝集在一起，PEG 能以分子桥的形式沟通相邻的质膜，使膜上的蛋白质凝聚而产生无蛋白质的磷脂双层区，从而导致膜融合。除常用的 PEG 外，带正电的钙离子在碱性条件下与细胞膜表面的分子相互作用，也有利于提高原生质体融合率。

细胞融合可以在两个以上的细胞间进行。细胞膜融合之后，还需经过细胞核重组、细胞壁再生等一系列过程才能形成具有生活能力的新型细胞株。细胞膜融合后的多个细胞核融合有两种可能：一是发生染色体 DNA 的交换重组，产生新的遗传特性，这是真正的融合；二是染色体 DNA 不发生重组，来自多细胞的几套染色体共存于一个细胞内，形成异核体，这是不稳定的融合。通过连续传代、分离、纯化可以区别这两类融合。然而，即使是真正的重组融合子，在传代中也有可能发生自发分离、回复成新的进化体。因此，必须经过多次分离纯化才能够获得稳定的融合细胞。

### 三、实验器材

（1）菌种。黄色短杆菌（*Brevibacterium flavum*）抗性互补菌株：利福平抗性链霉素敏感（$Rif^r Str^s$）菌株 R102，链霉素抗性利福平敏感（$Rif^s Str^r$）菌株 S201。

（2）培养基。蛋白胨牛肉膏酵母粉培养基（NB）；高渗培养基（RNB）：在上述固体牛肉膏蛋白胨培养基中添加 0.46 mol/L 蔗糖、0.02 mol/L $MgCl_2$、1.5% 聚乙烯吡咯烷酮（polyvinylpyrrolidone，PVP），供平板活菌计数和原生质体再生之用（液体 RNB 中不添加琼脂，半固体中 RNB 琼脂添加量为 0.6%）（配方见附录 1）。

（3）试剂。原生质体稀释液（DF）：蔗糖 0.25 mol/L、丁二酸钠 0.25 mol/L、$MgSO_4 \cdot 7H_2O$ 0.01 mol/L、乙二胺四乙酸（EDTA）0.001 mol/L、$K_2HPO_4 \cdot 3H_2O$ 0.02 mol/L、$KH_2PO_4$ 0.11 mol/L、pH 7.0，121 ℃ 高压蒸汽灭菌 20 min；融合液（FF）：DF 中再添加 EDTA 5 mmol/L，灭菌后使用；钙离子溶液：1 mol/L $CaCl_2$，用 DF 配制 100 mL，NaOH 调 pH 至 10.5，灭菌后使用；聚乙二醇（PEG）：用 FF 溶液将分子聚合度为 6000 的 PEG 配成 40%（W/V）溶液，灭菌后使用；溶菌酶：临用时，用无菌 DF 配制 10 mg/mL 浓度；青霉素钠盐：用重蒸水配制成 500 U/mL 浓度，0.22 μm 微孔滤膜过滤除菌；利福平（Rif）：重蒸水配制 100 μg/mL 浓度，过滤除菌；链霉素（Str）：注射用硫酸链霉素无菌水配制 1 mg/mL 浓度；无菌水：重蒸水加压灭菌后使用；原生质体的细胞壁再生引物：自制 200 μL，方法见实验步骤 2 的中第（3）步操作；高渗美蓝染色液：0.25 g 美蓝溶解于 100 mL 的 15% 蔗糖溶液。

（4）仪器。恒温培养箱、水浴锅、恒温摇床、超净工作台、分光光度计、微量移液器、电子天平、磁力搅拌器、高速冷冻台式离心机、制冰机、-20 ℃ 冰箱、-80 ℃ 冰箱。

（5）其他。培养皿、锥形瓶、涂布棒、接种环、试管、药匙、称量纸、1.5 mL 离心管、50 mL 离心管、枪头、棉球、酒精灯、火柴、记号笔等。

### 四、实验步骤

1. 菌体培养

（1）菌株的活化与培养。从 R102 和 S201 两亲本菌株的甘油保存液中分别取 2 μL，分别接种于 2 mL NB 液体试管中，于 32 ℃、220 r/min 振荡培养过夜（约 16 h）。次日取 1 mL 菌液接种于 40 mL NB 液体瓶中，于 32 ℃ 继续振荡培养。

（2）青霉素的预处理。待上述摇瓶培养的菌体进入对数生长前期（$OD_{600}$ 约 0.3，培养时间约 3 h）后，加入青霉素。由于每个菌株对青霉素的敏感度不同，需经过预实验确定青霉素的加入量。如果培养液中青霉素浓度过高则会抑制菌体生长，过低则无效。本实验中 R102 菌株的青霉素添加量为 0.2 U/mL，S201 菌株为 0.6 U/mL。加入适量的青霉素后继续振荡培养 2 h。

2. 原生质体制备

（1）收集菌体。将青霉素预处理的菌液离心（3500 r/min、15 min），去上清液，收集菌体，用 DF 悬浮，洗涤 1 次，搅散菌体，再用 3 mL DF 悬浮。

（2）活菌计数。取菌悬液 50 μL，用无菌水逐级稀释至 $10^{-8}$。取 $10^{-8}$、$10^{-6}$ 和 $10^{-4}$ 3 个稀释度各 100 μL 涂布 NB 平板进行活菌计数。此种平板上生长的菌数为加酶前的总菌数。

（3）溶菌酶处理。将溶菌酶（10 mg/mL）加入菌悬液中，使酶的最终浓度为 1 mg/mL，摇匀，置于 32 ℃ 水浴摇床上（30~40 r/min）培养 2 h。取 1 mL 菌液到塑料小离心管中，于 121 ℃ 高压蒸汽灭菌 30 min，12000 r/min 冷冻离心 20 min，用适量无菌水洗涤、再离心 1 次。最后用 200 μL FF 悬浮，作为融合的细胞壁再生引物。剩余的 2 mL 溶菌酶处理液用于制备原生质体。

（4）溶菌效果检测。取 1 环菌液，用高渗美蓝染色液染色，做成水封片，在高倍显微镜下计算杆状与球形细胞的比例。球形的为原生质体，若占总细胞数的 7% 以上，则表明菌体脱壁成功。如果达不到，则继续进行溶菌酶处理。

（5）原生质体制备率与再生率的计算。取上述溶菌酶处理的菌液 100 μL，用 DF 稀释至 $10^{-2}$，然后分别用无菌水和 DF 进行一系列稀释，最高稀释度为 $10^{-7}$。无菌水稀释样品取 $10^{-7}$、$10^{-5}$ 和 $10^{-3}$ 3 个稀释度各 100 μL 涂布于单层 NB 平板上，用于计算原生质体的制备率；DF 液稀释样品同样取 $10^{-7}$、$10^{-5}$ 和 $10^{-3}$ 3 个稀释度各 100 μL，与上层半固体 RNB 混匀制成 RNB 双层平板，用于计算原生质体的再生率。

（6）洗净溶菌酶。溶菌酶和青霉素会严重影响原生质体细胞壁的再生，因此在融合之前必须将其除净。首先于 3500 r/min 离心 15 min，弃上清液，留下的沉淀物用 DF 洗涤 2 次，最后用 FF 悬浮至原体积（约 2 mL）。原生质体极易受机械损伤和破裂，操作过程中应避免激烈搅拌，在洗涤和悬浮时可用接种针缓慢搅动，不可用旋涡振荡器激烈振荡。

3. 原生质体的融合

（1）两亲本的混合。在混合之前，应根据显微镜镜检结果，调整两亲本的原生质体浓度，使原质体浓度为 $10^{10}$ CFU/mL 左右。在两亲本原生质体样品混合之前，各取 500 μL，分别置于 2 支无菌离心管中，作为不融合的对照试验样品，其操作与融合操作同步进行，剩余的两种原生质体等体积混合于 1 支离心管中，作为细胞融合样品。

（2）PEG—钙离子处理。40% 的 PEG 首先与 1 mol/L CaCl$_2$ 按 9∶1 混合，然后将此混合液与原生质体样品按体积比 9∶1 混合均匀，冰浴 5 min。加入 3 倍体积的预冷（冰浴）FF 液进行稀释，于 3500 r/min 离心 15 min，去除上清液（PEG），收集沉淀物。最后用 2 mL FF 液重悬。

4. 融合细胞的再生

（1）再生平板底层的制作。加热融化固体 RNB，冷却至 55 ℃ 左右，加入利福平（终浓度为 15 μg/mL）和链霉素（终浓度为 50 μg/mL），充分摇匀，倒入无菌培养皿中，每皿 10 mL，共 10 皿，水平放置，凝固后即为融合细胞再生平板的底层。

（2）融合样品与半固体培养基混匀，制作上层平板。加热融化半固体 RNB 之后，加入与底层培养基浓度相同的利福平和链霉素，充分摇匀，置于 42 ℃ 水浴中保温备用。与此同时，将上述 2.（3）步骤中自制的细胞壁再生引物 200 μL 加入细胞融合液中，混合均匀，于 37 ℃

水浴中放 10 min。然后，取融合液 50 μL、100 μL、200 μL 和 500 μL 4 种体积，各 2 个样品，共计 8 个样品，将它们分别与 5 mL 半固体 RNB 混合于无菌试管中，搓匀，迅速倒入铺有底层的平板中铺匀。完全凝固后，于 32 ℃ 恒温培养箱中培养。

**注意：** 应做不混合的亲本原生质体各 1 皿，作为两株亲本的不融合的对照平板。

（3）细胞壁再生与融合子培养。上述融合之后的 RNB 再生平板于 32 ℃ 恒温培养 2~4 d。第二天后开始观察，记录每皿的单菌落生长数。由于两株融合亲本各自只有一种抗性选择标记，它们只能通过细胞融合才能在 RNB 双抗（Rif$^r$，Str$^r$）培养基上生长。没有融合的亲本不能在双抗平板上生长。

5. 融合子鉴定

双抗菌落的点种培养与遗传稳定性分析：用无菌牙签随机挑取双抗平板上生长的 100 个单菌落，同时点种于 NB 平板和双抗（Rif$^r$，Str$^r$）RNB 平板上，于 32 ℃ 恒温培养 2 d 后，观察并记录牙签点种的菌落生长情况，在两种平板上同时生长的为融合子，在 NB 平板上生长而双抗平板上不生长的为不稳定的融合子或异核体分化的菌落。

原生质体制备率（%）=（酶处理前 NB 平板上的总菌落数－酶处理后 NB 平板上的未原生质体化的菌落数）/酶处理前 NB 平板上的总菌落数×100

原生质体再生率（%）=（酶处理后 RNB 平板上的总菌落数－酶处理后 NB 平板上的未原生质体化的菌落数）/（酶处理前 NB 平板上的总菌落数－酶处理后 NB 平板上的未原生质体化的菌落数）×100

原生质体融合率（%）=双抗平板上的菌落数/（酶处理后 RNB 平板上的菌落数－酶处理后 NB 平板上的未原生质体化的菌落数）×100

**注意：** 原生质体失去了细胞壁的保护，因而极易受损伤。培养基中的渗透压、温度和 pH，以及操作时的激烈搅拌都会影响原生质体的存活率和融合效果。因此，实验的操作应尽量温和，尤其要避免过高的温度，避免使用高速旋涡振荡器打散菌体和原生质体。

## 五、实验数据处理与分析

（1）绘制出菌体、原生质体及加入助溶剂后的原生质体融合物的形态图。

（2）自行设计表格记录各细菌细胞核原生质体融合技术的结果，并计算原生质体的制备率、再生率和融合率。

## 六、思考题

（1）显微镜镜检观察的原生质体数和平板活菌计数的结果是否一致？试分析原因。

（2）为什么要用高渗溶液来制备原生质体？

（3）哪些因素影响原生质体的再生？如何提高再生率？

## 七、知识应用与拓展

### 应用原生质体融合技术培育食用菌新菌株

微生物原生质体融合育种技术不仅为跨界融合理论提供了现实依据，而且为实际生产提供了理论依据，在理论研究和实际生产中都具有重要意义。微生物原生质体融合育种技术因其具有克服远缘杂交、提升优良性状和应用范围广等优点，近年来，在食用菌新品种选育中的作用日益凸显并取得了显著的成效。如武秋颖等以高产、抗杂能力强的平菇品 CCEF89 和优质、适应性强的杏鲍菇品种 PL7 为亲本菌株，建立原生质体聚乙二醇（PEG）融合体系，得到最佳融合条件：两亲本原生质体数量按 1∶1 混合，30% PEG 6000，0.01 mol/L $Ca^{2+}$，32 ℃水浴 30 min，融合率达 0.0101%~0.0282%。通过拮抗反应试验和 Rep-PCR 分子鉴定，从 515 个融合再生菌株中获得 12 个融合菌株 P1~P12，培育出具有优良互补性状的平菇和杏鲍菇新菌株。

　　虽然食用菌原生质体育种研究起步较晚，但发展迅速。原生质体融合技术为食用菌育种提供了有效的方法与手段，以原生质体的制备及再生为前提，通过生物、化学、物理等方法进行原生质体融合，将生物法、分子标记法相结合对融合子进行鉴定，可实现品种改良、新品种选育特别是野生种驯化等，具有广阔的应用前景。

# 参考文献

[1] Fodor K, Alföldi L. Fusion of protoplasts of Bacillus megaterium [J]. Proc Natl Acad Sci USA, 1976, 73 (6): 2147-2150.

[2] Jianxun Han, Yajun Wu, Wensheng Huang, et al. PCR and DHPLC methods used to detect juice ingredient from 7 fruits [J]. Food Control, 2012, 25 (2): 696-703.

[3] Meng Zhang, Tong Bu, Yongming Tian, et al. Fe$_3$O$_4$@CuS-based immunochromatographic test strips and their application to label-free and dual-readout detection of Escherichia coli O157：H7 in food [J]. Food Chemistry, 2020, 332: 127398.

[4] Schaeffer P, Cami B, Hotchkiss R D. Fusion of bacterial protoplasts [J]. Proc Natl Acad Sci USA, 1976, 73 (6): 2151-2155.

[5] 曹际娟, 闫平平, 徐君怡, 等. 单核细胞增生李斯特氏菌 PCR-DHPLC 检测新技术的建立 [J]. 生物技术通报, 2008 (S1): 415-419.

[6] 杜欣军. 食品微生物检验技术 [M]. 北京: 中国轻工业出版社, 2023.

[7] 樊明涛, 赵春燕, 朱丽霞. 食品微生物学实验 [M]. 北京: 科学出版社, 2015.

[8] 范维, 高晓月, 李贺楠, 等. 3 种致病菌多重 real-time PCR 检测方法的建立及其在散装即食肉制品中的应用 [J]. 食品科学, 2022, 43 (2): 332-338.

[9] 高文庚, 郭延成, 桂萌, 等. 发酵食品工艺实验与检验技术 [M]. 北京: 中国林业出版社, 2017.

[10] 郭梦姚, 吴靖芳. 大肠杆菌感受态细胞制备及转化研究现状 [J]. 河北北方学院学报(自然科学版), 2020, 36 (8): 44-48.

[11] 何国庆, 贾英民, 丁立孝. 食品微生物学 [M]. 4 版. 北京: 中国农业大学出版社, 2021.

[12] 雷质文, 姜英辉, 梁成珠, 等. 食源微生物检验用样品的抽取和制备手册 [M]. 北京: 中国标准出版社, 2010.

[13] 李宝玉. 食品微生物检验技术 [M]. 北京: 中国医药科技出版社, 2019.

[14] 李凤梅. 食品安全微生物检验 [M]. 北京: 中国轻工业出版社有限公司, 2020.

[15] 李有文, 吴静, 张秀萍, 等. 食品卫生微生物检验技术 [M]. 武汉: 湖北科学技术出版社, 2013.

[16] 刘辉, 何艺梅, 王明阳, 等. 环介导等温扩增法快速检测食源性致病菌 [J]. 食品安全质量检测学报, 2018, 9 (16): 4412-4416.

[17] 刘慧, 张红星, 高秀芝, 等. 现代食品微生物学实验技术 [M]. 2 版. 北京: 中国轻工业出版社, 2019.

[18] 路福平, 李玉, 王玉, 等. 微生物学实验技术 [M]. 2 版. 北京: 中国轻工业出版社, 2020.

[19] 沈萍, 陈向东, 方呈祥, 等. 微生物学实验 [M]. 5 版. 北京: 高等教育出版社, 2018.

[20] 沈萍, 陈向东. 微生物学实验 [M]. 5 版. 北京: 高等教育出版社, 2018.

[21] 石慧，陈启和．食品分子微生物学［M］．北京：中国农业大学出版社，2019．

[22] 孙娜，燕如娟．生化鉴定在食品微生物检测中的应用［J］．现代食品，2022，28（9）：28–30，34．

[23] 滕丽雯．大肠杆菌 BL21（DE3）感受态制备及转化影响因素的研究［D］．济南：齐鲁工业大学，2021．

[24] 王登宇，臧威，孙剑秋，等．细菌原生质体融合育种技术及其应用进展［J］．中国酿造，2008（7）：1–6．

[25] 万婧，周向阳，张晓峰，等．双重 PCR–DHPLC 技术快速检测水产品中金黄色葡萄球菌［J］．食品科学，2013，34（6）：199–203．

[26] 王福荣，宋文军，戚薇，等．生物工程分析与检验［M］．北京：中国轻工业出版社，2005．

[27] 魏明奎，王永霞，岳晓禹，等．食品微生物检验［M］．北京：中国农业大学出版社，2022．

[28] 武秋颖，张运峰，张淑红，等．应用原生质体融合技术培育平菇与杏鲍菇优良新菌株［J］．浙江农业学报，2020，32（8）：1397–1404．

[29] 徐德强，王英明，周德庆．微生物学实验教程［M］．4 版．北京：高等教育出版社，2019．

[30] 徐文文，宋惠月，梁玉林，等．环介导等温扩增技术检测不同乳制品常见食源性致病菌［J］．食品安全质量检测学报，2021，12（2）：546–551．

[31] 许如苏，林彩华，亢卫民，等．应用测试片快速检测食品中的大肠杆菌 O157：H7［J］．中国动物检疫，2009，26（5）：54–56．

[32] 颜佳，张立钊，熊香元，等．微生物原生质体融合育种技术及其在发酵食品生产中的应用［J］．食品安全质量检测学报，2020，11（22）：8455–8462．

[33] 晏国洪，姜山．长期保存活力低下的大肠杆菌制备感受态细胞条件的优化［J］．江苏农业科学，2015，43（5）：46–48，134．

[34] 杨春华，曹际娟，钟毅，等．乳及乳制品中肺炎克雷伯氏菌 PCR–DHPLC 检测新技术的建立［J］．微生物学通报，2010，37（12）：1805–1810．

[35] 杨萍，陆嘉伟，李翠环．高效安全的核酸染料在琼脂糖凝胶电泳中的应用［J］．实验室研究与探索，2022，41（7）：60–64．

[36] 中华人民共和国国家卫生和计划生育委员会，国家食品药品监督管理总局．GB 4789.10—2016 食品安全国家标准食品微生物学检验金黄色葡萄球菌检验［S］．北京：中国质检出版社，2016．

[37] 中华人民共和国国家卫生和计划生育委员会，国家食品药品监督管理总局．GB 4789.12—2016，食品安全国家标准食品微生物学检验肉毒梭菌及肉毒毒素检验［S］．北京：中国质检出版社，2016．

[38] 中华人民共和国国家卫生和计划生育委员会，国家食品药品监督管理总局．GB 4789.15—2016 食品安全国家标准食品微生物学检验霉菌和酵母计数［S］．北京：中国质检出版社，2016．

[39] 中华人民共和国国家卫生和计划生育委员会，国家食品药品监督管理总局．GB 4789.15—

2016 食品安全国家标准食品微生物学检验沙门氏菌检验［S］. 北京：中国质检出版社，2016.

［40］ 中华人民共和国国家卫生和计划生育委员会，国家食品药品监督管理总局 . GB 4789.30—2016 食品安全国家标准食品微生物学检验单核细胞增生李斯特氏菌检验［S］. 北京：中国质检出版社，2016.

［41］ 中华人民共和国国家卫生和计划生育委员会，国家食品药品监督管理总局 . GB 4789.6—2016 食品安全国家标准食品微生物学检验致泻大肠埃希氏菌检验［S］. 北京：中国质检出版社，2016.

［42］ 中华人民共和国国家卫生和计划生育委员会，国家食品药品监督管理总局 . GB/T 4789.3—2016 食品安全国家标准食品微生物学检验大肠菌群计数［S］. 北京：中国质检出版社，2016.

［43］ 中华人民共和国国家卫生和计划生育委员会，国家食品药品监督管理总局 . GB 4789.1—2016 食品安全国家标准食品微生物学检验总则［S］. 北京：中国质检出版社，2016.

［44］ 中华人民共和国国家卫生和计划生育委员会 . GB 4789.7—2013 食品安全国家标准食品微生物学检验副溶血性弧菌检验［S］. 北京：中国标准出版社，2013.

［45］ 中华人民共和国国家卫生健康委员会，国家市场监督管理总局 . GB 4789.26—2023 食品安全国家标准食品微生物学检验商业无菌检验［S］. 北京：中国质检出版社，2023.

［46］ 中华人民共和国国家卫生健康委员会，国家市场监督管理总局 . GB 4789.35—2023 食品安全国家标准食品微生物学检验乳酸菌检验［S］. 北京：中国质检出版社，2023.

［47］ 中华人民共和国国家卫生健康委员会，国家市场监督管理总局 . GB 4789.2—2022 食品安全国家标准食品微生物学检验菌落总数测定［S］. 北京：中国质检出版社，2022.

［48］ 中华人民共和国卫生部 . GB 4789.5—2012 食品安全国家标准食品微生物学检验志贺氏菌检验［S］. 北京：中国标准出版社，2012.

附　　录

# 附录 1  常用培养基配方

1. LB 固体培养基

胰蛋白胨 10 g、酵母提取物 5 g、NaCl 10 g、琼脂 15 g、蒸馏水 1000 mL，pH 7.2。

将各成分加入蒸馏水中，煮沸溶解，调节 pH。121 ℃高压蒸汽灭菌 15 min。

**注意**：各成分不变，降低琼脂含量至 3~5 g，即可制得 LB 半固体培养基。

2. LB 液体培养基

胰蛋白胨 10 g、酵母膏 5 g、NaCl 10 g、琼脂 15~20 g、蒸馏水 1000 mL，pH 7.0。

将各成分溶于 1000 mL 蒸馏水中，用 1 mol/L 氢氧化钠调节 pH。121 ℃高压蒸汽灭菌 15 min。

**注意**：浓缩 5 倍的 LB 液体培养基中除蒸馏水外，其他成分为普通配方的 5 倍。

3. 牛肉膏蛋白胨培养基

（1）牛肉膏蛋白胨固体培养基。

蛋白胨 10 g、牛肉膏 3 g、NaCl 5 g、琼脂 15~20 g、蒸馏水 1000 mL，pH（7.3±0.1）。

将各成分溶于蒸馏水中，加热煮沸至完全溶解，用 1 mol/L 氢氧化钠调节 pH。121 ℃高压蒸汽灭菌 15 min。

（2）牛肉膏蛋白胨半固体培养基。

配方与牛肉膏蛋白胨固体培养基相同，但琼脂含量降低至 3~5 g。

（3）牛肉膏蛋白胨液体培养基。

配方与牛肉膏蛋白胨固体培养基相同，但不添加琼脂。

（4）蛋白胨牛肉膏酵母粉培养基（NB）。

蛋白胨 10 g、牛肉膏 5 g、酵母粉 5 g、氯化钠（NaCl）5 g、葡萄糖 2 g、琼脂 15 g、蒸馏水 1000 mL、pH 7.2。

将各成分加入蒸馏水中，煮沸溶解，调节 pH。分装于适宜容器，121 ℃高压蒸汽灭菌 15 min。

**注意**：液体 NB 中不添加琼脂，半固体 NB 中琼脂添加量为 0.6%。

4. 麦芽汁培养基

新鲜麦芽汁 1000 mL，琼脂 15~20 g。

将麦芽汁稀释到 5~6 °Bé（pH 约为 6.4），加入琼脂，加热融化后分装。121 ℃高压蒸汽灭菌 15 min。

5. 马铃薯葡萄糖琼脂（PDA）

马铃薯 200 g、葡萄糖 20 g、琼脂 15~20 g、蒸馏水 1000 mL。

将马铃薯去皮切块后加入蒸馏水，煮沸 30 min，用双层纱布过滤，取滤液补加蒸馏水至 1000 mL，再加入葡萄糖和琼脂，加热融化后分装，121 ℃高压蒸汽灭菌 15 min。

6. 高氏 1 号培养基

可溶性淀粉 20 g、NaCl 0.5 g、$KNO_3$ 1 g、$K_2HPO_4$ 0.5 g、$MgSO_4 \cdot 7H_2O$ 0.5 g、$FeSO_4 \cdot 7H_2O$ 0.01 g、琼脂 20 g、蒸馏水 1000 mL，pH 7.4~7.6。

用少量冷水将淀粉调成糊状后倒入煮沸的蒸馏水中，加热使其完全融化。然后边搅拌边加入其他成分，待所有成分全部溶解后，加蒸馏水补齐至 1000 mL。121 ℃高压蒸汽灭菌 15 min。

7. 乳糖发酵培养基

蛋白胨 20 g、乳糖 10 g、溴甲酚紫水溶液 0.01 g、蒸馏水 1000 mL，pH（7.4±0.2）。

将蛋白胨及乳糖溶于蒸馏水中，调节 pH，加入溴甲酚紫指示剂，分装后于 115 ℃高压蒸汽灭菌 35 min。

**注意：** 双料乳糖发酵管中除蒸馏水外，其他成分加倍。

8. Hugh-Leifson（HL）培养基

蛋白胨 2 g、NaCl 5 g、$K_2HPO_4$ 0.3 g、琼脂 4 g、葡萄糖 10 g、0.2%溴麝香草酚蓝溶液 12 mL、蒸馏水 1000 mL，pH（7.2±0.2）。

将蛋白胨和盐类加水溶解后，调节 pH，加入葡萄糖、琼脂煮沸，彻底溶解后，加入指示剂。混匀后，分装试管，121 ℃高压蒸汽灭菌 15 min。

9. 缓冲葡萄糖蛋白胨水

$K_2HPO_4$ 5 g、多胨 7 g、葡萄糖 5 g、蒸馏水 1000 mL，pH（7.0±0.2）。

将各成分溶解于蒸馏水中，调节 pH，121 ℃高压蒸汽灭菌 15 min。

10. 缓冲蛋白胨水（BPW）

蛋白胨 10.0 g、NaCl 5.0 g、$Na_2HPO_4 \cdot 12H_2O$ 9.0 g、$KH_2PO_4$ 1.5 g、蒸馏水 1000 mL，pH（7.2±0.2）。

将各成分加入蒸馏水中，搅混均匀，静置约 10 min，调节 pH。121 ℃高压蒸汽灭菌 15 min。

11. 邻硝基酚 $\beta$-D-半乳糖苷（ONPG）培养基

邻硝基酚 $\beta$-D-半乳糖苷 60.0 mg、0.01mol/L 磷酸钠缓冲液（pH 7.5）10.0 mL、1%蛋白胨水（pH 7.5）30.0 mL。

将 ONPG 溶解于磷酸缓冲液内，加入蛋白胨水，过滤除菌。

12. 三糖铁琼脂培养基

蔗糖 10 g、葡萄糖 1 g、NaCl 5 g、硫酸亚铁铵 0.2 g、$Na_2S_2O_3$ 0.2 g、琼脂 12 g、酚红 0.025 g、蒸馏水 1000 mL，pH（7.4±0.1）。

将除琼脂和酚红以外的各成分溶解于蒸馏水中，调节 pH。加入琼脂，加热煮沸，以融化琼脂。加入 0.2%酚红水溶液 12.5 mL，摇匀。121 ℃高压蒸汽灭菌 15 min。

13. 克氏双糖铁培养基

乳糖 10 g、葡萄糖 1 g、NaCl 5 g、柠檬酸铁铵 0.5 g、$Na_2S_2O_3$ 0.5 g、琼脂 12 g、酚红 0.025 g、蒸馏水 1000 mL，pH（7.4±0.2）。

将除琼脂和酚红以外的各成分溶解于蒸馏水中，调节 pH。加入琼脂，加热煮沸，以融化琼脂。加入 0.2%酚红水溶液 12.5 mL，摇匀。121 ℃高压蒸汽灭菌 15 min。

14. 淀粉肉汤（琼脂）培养基

牛肉膏 5 g、蛋白胨 10 g、NaCl 5 g、琼脂 15～20 g、可溶性淀粉 2 g、蒸馏水 1000 mL，pH 7.0～7.2。

（1）淀粉肉汤培养基。将前 3 种成分溶解于蒸馏水中，用少量蒸馏水把淀粉调成糊状，再加到融化好的培养基中，调节 pH。121 ℃灭菌 15 min。

（2）淀粉琼脂培养基。将前 4 种成分加热溶解于蒸馏水中，用少量蒸馏水把淀粉调成糊状，再加到融化好的培养基中，调节 pH。121 ℃ 灭菌 15 min。

15. 硫酸亚铁琼脂培养基

牛肉膏 3 g、酵母浸膏 3 g、蛋白胨 10 g、FeSO₄ 0.2 g、Na₂S₂O₃ 0.3 g、NaCl 5 g、琼脂 12 g、蒸馏水 1000 mL，pH 7.4。

将各成分加热溶解于蒸馏水中，调节 pH。121 ℃ 高压蒸汽灭菌 15 min。

16. 营养肉汤

蛋白胨 10.0 g、牛肉膏 3.0 g、NaCl 5.0 g、蒸馏水 1000 mL，pH（7.4±0.2）。

将各成分混合加热溶解，冷却至 25 ℃ 左右，调节 pH。121 ℃ 高压蒸汽灭菌 15 min。

17. 醋酸铅培养基

蛋白胨 10.0 g、牛肉浸粉 3.0 g、NaCl 5.0 g、Na₂S₂O₃ 2.5 g、琼脂 12.0 g、蒸馏水 1000 mL，pH（7.3±0.1）。

将各成分加热溶解于蒸馏水，115 ℃ 高压蒸汽灭菌 35 min，冷至 50 ℃ 左右时，加入过滤除菌的 10% 醋酸铅溶液 1 mL，混匀即可。

18. 蛋白胨水培养基

蛋白胨 10 g、NaCl 5 g、蒸馏水 1000 mL，pH 7.2。

将各成分溶解于蒸馏水，121 ℃ 高压蒸汽灭菌 15 min。

19. 色氨酸肉汤（胰蛋白胨水培养基）

胰蛋白胨 10 g、NaCl 5 g、蒸馏水 1000 mL，pH 7.2~7.4。

将各成分溶解于蒸馏水，121 ℃ 高压蒸汽灭菌 15 min。

20. 苯丙氨酸琼脂培养基

L-苯丙氨酸 1 g、NaCl 5 g、Na₂HPO₄ 1 g、琼脂 12 g、蒸馏水 1000 mL。

加热溶解后分装试管，121 ℃ 高压蒸汽灭菌 15 min。

21. 氨基酸脱羧酶培养基

1.6% 溴甲酚紫-乙醇溶液 1 mL、L-氨基酸或 DL-氨基酸 5 g 或 10 g、蒸馏水 1000 mL，pH 6.8。

将除氨基酸以外的成分加热溶解后，分装，每瓶 100 mL，分别加入各种氨基酸（如赖氨酸、精氨酸和鸟氨酸）。L-氨基酸按 0.5% 加入，DL-氨基酸按 1% 加入。再行校正 pH 至 6.8。115 ℃ 高压蒸汽灭菌 35 min。

22. 精氨酸双水解培养基

蛋白胨 1 g、NaCl 5 g、K₂HPO₄ 0.3 g、L-精氨酸 10 g、琼脂 10 g、酚红 0.01 g、蒸馏水 1000 mL，pH 7.0~7.2。

除酚红外，将其他成分溶解，调节 pH，加入指示剂。121 ℃ 高压蒸汽灭菌 15 min。

23. 尿素琼脂培养基

蛋白胨 1 g、NaCl 5 g、葡萄糖 1 g、KH₂PO₄ 2 g、0.4% 酚红溶液 3 mL、琼脂 20 g、蒸馏水 1000 mL、20% 尿素溶液 100 mL，pH（7.2±0.1）。

将除尿素和琼脂以外的成分溶解于蒸馏水中，调节 pH，加入琼脂，加热融化并分装。121 ℃ 高压蒸汽灭菌 15 min。冷却至 50~55 ℃，加入经除菌过滤的尿素溶液，使尿素的最终浓度为 2%。

24. 枸橼酸盐培养基

磷酸二氢铵 1 g、$MgSO_4$ 0.2 g、磷酸氢二钾 1 g、枸橼酸钠 5 g、NaCl 5 g、琼脂 15 g、0.2%溴麝香草酚蓝溶液 40 mL（pH 6.8），蒸馏水 1000 mL，pH 6.8。

先将盐类溶解于蒸馏水中，调至 pH，加入琼脂，加热融化。然后加入指示剂。121 ℃高压蒸汽灭菌 15 min。

25. 丙二酸钠培养基

酵母浸膏 1 g、硫酸铵 2 g、磷酸氢二钾 0.6 g、磷酸二氢钾 0.4 g、NaCl 2 g、丙二酸钠 3 g、0.2%溴麝香草酚蓝溶液 12 mL、蒸馏水 1000 mL，pH 6.8。

将除指示剂以外的成分溶解于蒸馏水中，调节 pH，再加入指示剂。121 ℃高压蒸汽灭菌 15 min。

26. 醋酸盐培养基

蛋白胨 5.0 g、牛肉浸粉 5.0 g、酵母浸粉 5.0 g、葡萄糖 10.0 g、吐温 80 0.5 g、醋酸钠（$CH_3COONa \cdot 3H_2O$）27.22 g、琼脂 20.0 g、蒸馏水 1000 mL，pH（5.4±0.2）。

将除指示剂以外的成分溶解于蒸馏水中，调节 pH，再加入指示剂。121 ℃高压蒸汽灭菌 15 min。

27. 硝酸盐培养基

蛋白胨 5.0 g、$KNO_3$ 1.0 g、蒸馏水 1000 mL，pH（7.0±0.1）。

将各成分溶解于蒸馏水中，调节 pH。121 ℃高压蒸汽灭菌 15 min。

28. 氰化钾培养基

蛋白胨 10 g、NaCl 5 g、磷酸二氢钾 0.225 g、磷酸氢二钠 5.64 g、蒸馏水 1000 mL、0.5% KCN 溶液 20 mL，pH 7.6。

将前 4 种成分溶解于蒸馏水中，121 ℃高压蒸汽灭菌 15 min。充分冷却后，每 100 mL 培养基中加入 0.5%氰化钾溶液 2.0 mL（最后浓度为 1∶10000）。

29. 10 g/L 离子琼脂

琼脂 10 g、巴比妥缓冲液 50 mL、蒸馏水 50 mL、1%硫柳汞 1 滴。

将琼脂加热融化于蒸馏水中，然后加入 50 mL 巴比妥缓冲液，再滴加 1 滴 1%硫柳汞溶液防腐，分装试管内，4 ℃保存。

30. 平板计数琼脂（PCA）培养基

胰蛋白胨 5.0 g、酵母浸膏 2.5 g、葡萄糖 1.0 g、琼脂 15.0 g、蒸馏水 1000 mL，pH（7.0±0.2）。

将各成分加到蒸馏水中，煮沸溶解，调节 pH。121 ℃高压蒸汽灭菌 15 min。

31. 月桂基硫酸盐胰蛋白胨（LST）肉汤

胰蛋白胨或胰酪胨 20.0 g、NaCl 5.0 g、乳糖 5.0 g、$K_2HPO_4$ 2.75 g、$KH_2PO_4$ 2.75 g、月桂基硫酸钠 0.1 g、蒸馏水 1000 mL，pH（6.8±0.2）。

将各成分溶解于蒸馏水中，调节 pH。121 ℃高压蒸汽灭菌 15 min。

32. 煌绿乳糖胆盐（BGLB）肉汤

蛋白胨 10.0 g、乳糖 10.0 g、牛胆粉溶液 200 mL、0.1%煌绿水溶液 13.3 mL、蒸馏水 800 mL，pH（7.2±0.1）。

将蛋白胨、乳糖溶于约 500 mL 蒸馏水中，加入牛胆粉溶液 200 mL（将 20.0 g 脱水牛胆粉溶于 200 mL 蒸馏水中，调节 pH 至 7.0～7.5），用蒸馏水稀释到 975 mL，调节 pH 至（7.2±0.1），再加入 0.1%煌绿水溶液 13.3 mL，用蒸馏水补足到 1000 mL，用棉花过滤。121 ℃高压蒸汽灭菌 15 min。

33. 结晶紫中性红胆盐琼脂（VRBA）

蛋白胨 7.0 g、酵母膏 3.0 g、乳糖 10.0 g、NaCl 5.0 g、胆盐或 3 号胆盐 1.5 g、中性红 0.03 g、结晶紫 0.002 g、琼脂 15～18 g、蒸馏水 1000 mL，pH（7.4±0.1）。

将各成分溶于蒸馏水中，静置几分钟，充分搅拌，调节 pH。煮沸 2 min，将培养基融化并恒温至 45～50 ℃倾注平板。使用前临时制备，不得超过 3 h。

34. 马铃薯葡萄糖琼脂（含氯霉素）

马铃薯（去皮切块）300 g、葡萄糖 20.0 g、琼脂 20.0 g、氯霉素 0.1 g、蒸馏水 1000 mL。将马铃薯去皮切块，加 1000 ml 蒸馏水，煮沸 10～20 min。用纱布过滤，补加蒸馏水至 1000 mL。加入葡萄糖和琼脂，加热溶解，分装，121 ℃高压蒸汽灭菌 15 min。

35. 孟加拉红琼脂

蛋白胨 5.0 g、葡萄糖 10.0 g、$KH_2PO_4$ 1.0 g、$MgSO_4$ 0.5 g、琼脂 20.0 g、孟加拉红 0.033 g、氯霉素 0.1 g、蒸馏水 1000 mL。将各成分加入蒸馏水中，加热溶解，补足蒸馏水至 1000 mL，分装，121 ℃高压蒸汽灭菌 15 min。

36. 乳酸菌检验用稀释液

NaCl 8.5 g、胰蛋白胨 15 g。将各成分加到 1000 mL 蒸馏水中，加热溶解，分装后于 121 ℃高压蒸汽灭菌 15 min。

37. MRS 琼脂培养基

蛋白胨 10.0 g、牛肉浸粉 10.0 g、酵母浸粉 5.0 g、葡萄糖 20.0 g、吐温 80 1.0 mL、$K_2HPO_4 \cdot 7H_2O$ 2.0 g、$CH_3COONa \cdot 3H_2O$ 5.0 g、柠檬酸三铵 2.0 g、$MgSO_4 \cdot 7H_2O$ 0.1 g、$MnSO_4 \cdot 4H_2O$ 0.05 g、琼脂 15.0 g、蒸馏水 1000 mL，pH（6.2±0.2）。

将各成分加到 1000 mL 蒸馏水中，加热溶解，调节 pH，分装后于 121 ℃高压蒸汽灭菌 15 min。

38. 莫匹罗星锂盐和半胱氨酸盐酸盐改良 MRS 琼脂培养基

莫匹罗星锂盐储备液的制备：称取 50 mg 莫匹罗星锂盐加到 5 mL 蒸馏水中，用 0.22 μm 微孔滤膜过滤除菌，现用现配。

半胱氨酸盐酸盐储备液的制备：称取 500 mg 半胱氨酸盐酸盐加到 10 mL 蒸馏水中，用 0.22 μm 微孔滤膜过滤除菌，现用现配。

将配制好的无菌 MRS 琼脂培养基在水浴中冷至 48～50 ℃，用无菌注射器将莫匹罗星锂盐储备液及半胱氨酸盐酸盐储备液加到培养基中，使培养基中莫匹罗星锂盐的浓度为 50 μg/mL，半胱氨酸盐酸盐的浓度为 500 μg/mL。

39. MC 琼脂培养基

大豆蛋白胨 5.0 g、牛肉浸粉 5.0 g、酵母浸粉 5.0 g、葡萄糖 20.0 g、乳糖 20.0 g、碳酸钙 10.0 g、琼脂 15.0 g、蒸馏水 1000 mL、1%中性红溶液 5.0 mL，pH（6.0±0.2）。将前 7 种成分加入蒸馏水中，加热溶解，调节 pH，加入中性红溶液。121 ℃高压蒸汽灭菌 15 min。

40. 四硫磺酸钠煌绿（TTB）增菌液

基础液 900 mL、硫代硫酸钠溶液 100 mL、碘溶液 20.0 mL、煌绿水溶液 2.0 mL、牛胆盐溶液 50.0 mL。

临用前，按上列顺序，以无菌操作依次加到基础液中，每加入一种成分，均应摇匀后再加入另一种成分。

（1）基础液。蛋白胨 10.0 g、牛肉膏 5.0 g、NaCl 3.0 g、CaCO₃ 45.0 g、蒸馏水 1000 mL，pH（7.0±0.2）。将前 3 种成分加入蒸馏水中，煮沸溶解，再加入碳酸钙，调节 pH。121 ℃高压蒸汽灭菌 15 min。

（2）硫代硫酸钠溶液。Na₂S₂O₃·5H₂O 50.0 g、蒸馏水 100 mL。121 ℃高压蒸汽灭菌 15 min。

（3）碘溶液。碘片 20.0 g、KI 25.0 g、蒸馏水 100 mL。将 KI 充分溶解于少量的蒸馏水中，再投入碘片，振摇玻瓶至碘片全部溶解为止，然后加蒸馏水至 100 mL，塞紧瓶盖，贮存于棕色瓶内。

（4）0.5%煌绿水溶液。煌绿 0.5 g、蒸馏水 100 mL。溶解后，于暗处存放≥1 d，使其自然灭菌。

（5）牛胆盐溶液。牛胆盐 10.0 g、蒸馏水 100 mL。加热煮沸至完全溶解。121 ℃高压蒸汽灭菌 15 min。

41. 亚硒酸盐胱氨酸（SC）增菌液

蛋白胨 5.0 g、乳糖 4.0 g、Na₂HPO₄ 10.0 g、亚硒酸氢钠 4.0 g、L-胱氨酸 0.01 g、蒸馏水 1000 mL，pH（7.0±0.2）。

将前 3 种成分加入蒸馏水中，煮沸溶解，冷至 55 ℃以下，以无菌操作加入亚硒酸氢钠和 1 g/L L-胱氨酸溶液 10 mL，摇匀，调节 pH。

1 g/L L-胱氨酸溶液。称取 0.1 g L-胱氨酸，加 1 mol/L 氢氧化钠溶液 15 mL，溶解，再加无菌蒸馏水至 100 mL 即成。如为 DL-胱氨酸，用量应加倍。

42. 亚硫酸铋（BS）琼脂

蛋白胨 10.0 g、牛肉膏 5.0 g、葡萄糖 5.0 g、FeSO₄ 0.3 g、Na₂HPO₄ 4.0 g、煌绿 0.025 g 或 5.0 g/L 水溶液 5.0 mL、柠檬酸铋铵 2.0 g、Na₂SO₃ 6.0 g、琼脂 18.0~20.0 g、蒸馏水 1000 mL，pH（7.5±0.2）。

将前 3 种成分加到 300 mL 蒸馏水（制作基础液）中，FeSO₄ 和 Na₂HPO₄ 分别加入 20 mL 和 30 mL 蒸馏水中，柠檬酸铋铵和 Na₂SO₃ 分别加入另一 20 mL 和 30 mL 蒸馏水中，琼脂加入 600 mL 蒸馏水中。然后分别搅拌均匀，煮沸溶解。冷至 80 ℃左右时，先将 FeSO₄ 和 Na₂HPO₄ 混匀，倒入基础液中，混匀。将柠檬酸铋铵和 Na₂SO₃ 混匀，倒入基础液中，再混匀。调节 pH。随即倾入琼脂液中，混合均匀，冷至 50~55 ℃。加入煌绿溶液，充分混匀即可。

**注意：**本培养基不需要高压蒸汽灭菌，在制备过程中不宜过分加热，避免降低其选择性，贮于室温暗处，超过 48 h 会降低其选择性，本培养基宜于当天制备，第二天使用。

43. HE 琼脂（Hektoen Enteric Agar）

蛋白胨 12.0 g、牛肉膏 3.0 g、乳糖 12.0 g、蔗糖 12.0 g、水杨素 2.0 g、胆盐 20.0 g、NaCl 5.0 g、琼脂 18.0~20.0 g、蒸馏水 1000 mL、0.4%溴麝香草酚蓝溶液 16.0 mL、Andrade 指示剂 20.0 mL、甲液 20.0 mL、乙液 20.0 mL，pH（7.5±0.2）。

将前面 7 种成分溶解于 400 mL 蒸馏水中作为基础液；将琼脂加入 600 mL 蒸馏水中。然后分别搅拌均匀，煮沸溶解。加甲液和乙液到基础液中，调节 pH。再加入 0.4%溴麝香草酚蓝溶液和 Andrade 指示剂，并与琼脂液合并，待冷至 50~55 ℃倾注平板。

（1）甲液。$Na_2S_2O_3$ 34.0 g、柠檬酸铁铵 4.0 g、蒸馏水 100 mL。

（2）乙液。去氧胆酸钠 10.0 g、蒸馏水 100 mL。

（3）Andrade 指示剂。酸性复红 0.5 g、1 mol/L 氢氧化钠溶液 16.0 mL、蒸馏水 100 mL。将复红溶解于蒸馏水中，加入氢氧化钠溶液。数小时后如复红褪色不全，再加氢氧化钠溶液 1~2 mL。

**注意**：本培养基不需要高压蒸汽灭菌，在制备过程中不宜过分加热，避免降低其选择性。

44. 木糖赖氨酸脱氧胆盐（XLD）琼脂

酵母膏 3.0 g、L-赖氨酸 5.0 g、木糖 3.75 g、乳糖 7.5 g、蔗糖 7.5 g、去氧胆酸钠 2.5 g、柠檬酸铁铵 0.8 g、$Na_2S_2O_3$ 6.8 g、NaCl 5.0 g、琼脂 15.0 g、酚红 0.08 g、蒸馏水 1000 mL，pH（7.4±0.2）。

将前 9 种成分加入 400 mL 蒸馏水中，煮沸溶解，调节 pH。另将琼脂加入 600 mL 蒸馏水中，煮沸融化。将上述两溶液混合均匀后，再加入酚红指示剂。

**注意**：本培养基不需要高压蒸汽灭菌，在制备过程中不宜过分加热，避免降低其选择性。

45. 半固体琼脂

牛肉膏 0.3 g、蛋白胨 1.0 g、NaCl 0.5 g、琼脂 0.35~0.4 g、蒸馏水 100 mL，pH（7.4±0.2）。

将以上成分配好，煮沸溶解，调节 pH。121 ℃高压蒸汽灭菌 15 min。

46. 志贺氏菌增菌肉汤—新生霉素（Shigella broth）

每 225 mL 志贺氏菌增菌肉汤中加入 5 mL 新生霉素溶液，混匀。

（1）志贺氏菌增菌肉汤。胰蛋白胨 20.0 g、葡萄糖 1.0 g、$K_2HPO_4$ 2.0 g、$KH_2PO_4$ 2.0 g、NaCl 5.0 g、Tween 80 1.5 mL、蒸馏水 1000 mL，pH（7.0±0.2）。将各成分混合加热溶解，冷却至 25 ℃左右校正 pH，分装后于 121 ℃高压蒸汽灭菌 15 min。

（2）新生霉素溶液。新生霉素 25.0 mg、蒸馏水 1000 mL。将新生霉素溶解于蒸馏水中，用 0.22 μm 过滤膜除菌。

**注意**：该培养基需现用现配。

47. 麦康凯（MAC）琼脂

蛋白胨 20.0 g、乳糖 10.0 g、3 号胆盐 1.5 g、NaCl 5.0 g、中性红 0.03 g、结晶紫 0.001 g、琼脂 15.0 g、蒸馏水 1000 mL，pH（7.2+0.2）。

将以上成分混合加热溶解，冷却至 25 ℃左右，调节 pH。121 ℃高压蒸汽灭菌 15 min。

48. 黏液酸盐培养基

（1）测试肉汤。酪蛋白胨 10.0 g、溴麝香草酚蓝溶液 0.024 g、蒸馏水 1000 mL、黏液酸 10.0 g，pH（7.4±0.2）。

慢慢加入 5 mol/L 氢氧化钠以溶解黏液酸，混匀。其余成分加热溶解，加入上述黏液酸，冷却至 25 ℃左右，调节 pH。121 ℃高压蒸汽灭菌 15 min。

（2）质控肉汤。酪蛋白胨 10.0 g、溴麝香草酚蓝溶液 0.024 g、蒸馏水 1000 mL，pH（7.4±0.2）。

将所有成分加热溶解，冷却至 25 ℃左右，调节 pH。121 ℃高压蒸汽灭菌 15 min。

49. 葡萄糖胺培养基

NaCl 5.0 g、$MgSO_4 \cdot 7H_2O$ 0.2 g、磷酸二氢铵 1.0 g、磷酸氢二钾 1.0 g、葡萄糖 2.0 g、琼脂 20.0 g、0.2%溴麝香草酚蓝水溶液 40.0 mL、蒸馏水 1000 mL，pH（6.8±0.2）。

先将盐类和糖溶解于蒸馏水内，调节 pH，再加琼脂，加热融化，然后加入指示剂。混合均匀后，121 ℃高压蒸汽灭菌 15 min。

**50. 西蒙氏柠檬酸盐培养基**

NaCl 5.0 g、MgSO$_4$·7H$_2$O 0.2 g、磷酸二氢铵 1.0 g、磷酸氢二钾 1.0 g、柠檬酸钠 5.0 g、琼脂 20 g、0.2%溴麝香草酚蓝溶液 40.0 mL、蒸馏水 1000 mL，pH（6.8±0.2）。

先将盐类溶解于蒸馏水内，调至 pH，加入琼脂，加热融化。然后加入指示剂。121 ℃高压蒸汽灭菌 15 min。

**51. 7.5%氯化钠肉汤**

蛋白胨 10.0 g、牛肉膏 5.0 g、NaCl 75 g、蒸馏水 1000 mL，pH（7.4±0.2）。

将各成分加热溶解，调节 pH，分装，每瓶 225 mL。121 ℃高压蒸汽灭菌 15 min。

**52. 血琼脂**

豆粉琼脂［pH（7.5±0.2）］100 mL、脱纤维羊血（或兔血）5~10 mL。

加热融化琼脂，冷却至 50 ℃，以无菌操作加入脱纤维羊血（或兔血），摇匀即可。

**53. Baird-Parker 琼脂**

胰蛋白胨 10.0 g、牛肉膏 5.0 g、酵母膏 1.0 g、丙酮酸钠 10.0 g、甘氨酸 12.0 g、LiCl·6H$_2$O 5.0 g、琼脂 20.0 g、蒸馏水 950 mL，pH（7.0±0.2）。

增菌剂：30%卵黄盐水 50 mL 与通过 0.22 μm 孔径滤膜进行过滤除菌的 1%亚蹄酸钾溶液 10 mL 混合。

除增菌剂外，各成分依次加入蒸馏水中，加热煮沸至完全溶解，调节 pH。分装每瓶 95 mL，121 ℃高压蒸汽灭菌 15 min。临用时加热融化琼脂，冷至 50 ℃，每 95 mL 加入预热至 50 ℃的卵黄亚硫酸钾增菌剂 5 mL，摇匀即可。

**注意：**保存期不得超过 48 h。

**54. 脑心浸出液肉汤（BHI）**

胰蛋白胨 10.0 g、NaCl 5.0 g、Na$_2$HPO$_4$·12H$_2$O 2.5 g、葡萄糖 2.0 g、牛心浸出液 500 mL，pH（7.4±0.2）。

各成分依次加入牛心浸出液中，加热溶解，调节 pH。分装后于 121 ℃高压蒸汽灭菌 15 min。

**55. 营养琼脂**

蛋白胨 10.0 g、牛肉膏 3.0 g、NaCl 5.0 g、琼脂 15.0~20.0 g、蒸馏水 1000 mL，pH（7.3±0.2）。

将除琼脂以外的各成分溶解于蒸馏水中，加入 15%氢氧化钠溶液约 2 mL 调节 pH。加入琼脂，加热煮沸至琼脂融化。121 ℃高压蒸汽灭菌 15 min。

**56. 13%氯化钠碱性蛋白胨水**

蛋白胨 10.0 g、NaCl 30.0 g、蒸馏水 1000 mL，pH（8.5±0.2）。

将各成分溶于蒸馏水中，调节 pH，121 ℃高压蒸汽灭菌 15 min。

**57. 硫代硫酸盐—柠檬酸盐—胆盐—蔗糖（TCBS）琼脂**

蛋白胨 10.0 g、酵母浸膏 5.0 g、C$_6$H$_5$O$_7$Na$_3$·2H$_2$O 10.0 g、Na$_2$S$_2$O$_3$·5H$_2$O 10.0 g、NaCl 10.0 g、牛胆汁粉 5.0 g、柠檬酸铁 1.0 g、胆酸钠 3.0 g、蔗糖 20.0 g、溴麝香草酚蓝 0.04 g、麝香草酚蓝 0.04 g、琼脂 15.0 g、蒸馏水 1000 mL，pH（8.6±0.2）。

将各成分溶于蒸馏水中，调节 pH，加热煮沸即可。

58. 33%氯化钠胰蛋白胨大豆琼脂

胰蛋白胨 15.0 g、大豆蛋白胨 5.0 g、NaCl 30.0 g、琼脂 15.0 g、蒸馏水 1000 mL，pH（7.3±0.2）。

将各成分溶于蒸馏水中，调节 pH。121 ℃高压至蒸汽灭菌 15 min。

59. 嗜盐性试验培养基（副溶血性弧菌检测）

胰蛋白胨 10.0 g、NaCl 按不同量加入、蒸馏水 1000 mL，pH（7.2±0.2）。

将各成分溶于蒸馏水中，调节 pH，共配制 5 瓶，每瓶 100 mL。每瓶分别加入不同量的氯化钠：0、3 g、6 g、8 g、10 g。121 ℃高压蒸汽灭菌 15 min。

60. 我妻氏血琼脂

酵母浸膏 3.0 g、蛋白胨 10.0 g、NaCl 70.0 g、$K_2HPO_4$ 5.0 g、甘露醇 10.0 g、结晶紫 0.001 g、琼脂 15.0 g、蒸馏水 1000 mL，pH（8.0±0.2）。

将各成分溶于蒸馏水中，调节 pH，加热至 100 ℃，保持 30 min，冷至 45~50 ℃后与 50 mL 预先洗涤的新鲜人或兔红细胞（含抗凝血剂）混合，混匀即可。

61. 3%氯化钠甘露醇试验培养基

牛肉膏 5.0 g、蛋白胨 10.0 g、NaCl 30.0 g、$Na_2HPO_4 \cdot 12H_2O$ 2.0 g、甘露醇 5.0 g、溴麝香草酚蓝 0.024 g、蒸馏水 1000 mL，pH（7.4±0.2）。

将各成分溶于蒸馏水中，调节 pH。121 ℃高压蒸汽灭菌 15 min。

62. 3%氯化钠三糖铁琼脂

蛋白胨 15.0 g、朊蛋白胨 5.0 g、牛肉膏 3.0 g、酵母浸膏 3.0 g、NaCl 30.0 g、乳糖 10.0 g、蔗糖 10.0 g、葡萄糖 1.0 g、$FeSO_4$ 0.2 g、苯酚红 0.024 g、$Na_2SO_3$ 0.3 g、琼脂 12.0 g、蒸馏水 1000 mL，pH（7.4±0.2）。

将各成分溶于蒸馏水中，调节 pH，分装到适当容量的试管中。121 ℃高压蒸汽灭菌 15 min。

63. 3%氯化钠赖氨酸脱羧酶试验培养基

蛋白胨 5.0 g、酵母浸膏 3.0 g、葡萄糖 1.0 g、溴甲酚紫 0.02 g、L-赖氨酸 5.0 g、NaCl 30.0 g、蒸馏水 1000 mL，pH（6.8±0.2）。

将除赖氨酸以外的成分溶于蒸馏水中，调节 pH。再按 0.5%的比例加入赖氨酸。121 ℃高压蒸汽灭菌 15 min。

64. 3%氯化钠 MR-VP 培养基

多胨 7.0 g、葡萄糖 5.0 g、$K_2HPO_4$ 5.0 g、NaCl 30.0 g、蒸馏水 1000 mL，pH（6.9±0.2）。

将各成分溶于蒸馏水中，调节 pH。121 ℃高压蒸汽灭菌 15 min。

65. 疱肉培养基

新鲜牛肉 500.0 g、蛋白胨 30.0 g、酵母浸膏 5.0 g、$NaH_2PO_4$ 5.0 g、葡萄糖 3.0 g、可溶性淀粉 2.0 g、蒸馏水 1000 mL，pH（7.4±0.1）。

称取新鲜除去脂肪与筋膜的牛肉 500 g，切碎，加入蒸馏水 1000 mL 和 1 mol/L 氢氧化钠溶液 25 mL，搅拌煮沸 15 min，充分冷却，除去表层脂肪，用纱布过滤并挤出肉渣余液，分别收集肉汤和碎肉渣。在肉汤中加入配方中的其他物质并用蒸馏水补足至 1000 mL，调节 pH，肉渣晾至半干。

在 20 mm×150 mm 的试管中先加入碎肉渣 1~2 cm 高，每管加入还原铁粉 0.1~0.2 g 或少许铁屑，再加入配制肉汤 15 mL，最后加入液体石蜡覆盖培养基 0.3~0.4 cm。121 ℃高压蒸汽灭菌 15 min。

66. 胰蛋白酶胰蛋白胨葡萄糖酵母膏肉汤（TPGYT）

（1）基础成分（TPGY 肉汤）。胰酪豚（trypticase）50.0 g、蛋白胨 5.0 g、酵母浸膏 20.0 g、葡萄糖 4.0 g、硫乙醇酸钠 1.0 g、蒸馏水 1000 mL，pH（7.2±0.1）。

（2）胰酶液。称取胰酶（1:250）1.5 g，加入 100 mL 蒸馏水中溶解，膜过滤除菌。

将基础成分溶于蒸馏水中，调节 pH，每管分装 15 mL，加入液体石蜡覆盖培养基 0.3~0.4 cm，121 ℃高压蒸汽灭菌 15 min。使用前，每管加入胰酶液 1.0 mL。

注意：基础成分可在冰箱中冷藏两周。

67. 卵黄琼脂培养基

（1）基础培养基成分。酵母浸膏 5.0 g、胰胨 5.0 g、胨 20.0 g、NaCl 5.0 g、琼脂 20.0 g、蒸馏水 1000 mL，pH（7.0±0.2）。

（2）卵黄乳液。清洗鸡蛋 2~3 个，沥干水后对表面进行杀菌消毒，在无菌操作下打开，弃去蛋白，用无菌注射器吸取蛋黄，放入无菌容器中，加等量无菌生理盐水，充分混合调匀，4 ℃保存备用。

将基础培养基中的各成分溶于蒸馏水中，调节 pH。121 ℃高压蒸汽灭菌 15 min，冷却至 50 ℃左右，每 100 mL 基础培养基加入 15 mL 卵黄乳液，充分混匀即可。

68. 含 0.6%酵母浸膏的胰酪胨大豆肉汤（TSB-YE）

胰胨 17.0 g、多价胨 3.0 g、酵母膏 6.0 g、NaCl 5.0 g、$K_2HPO_4$ 2.5 g、葡萄糖 2.5 g、蒸馏水 1000 mL，pH（7.2±0.2）。

将各成分加热溶解于蒸馏水中，调节 pH。121 ℃高压蒸汽灭菌 15 min。

69. 含 0.6%酵母膏的胰酪胨大豆琼脂（TSA-YE）

胰胨 17.0 g、多价胨 3.0 g、酵母膏 6.0 g、NaCl 5.0 g、$K_2HPO_4$ 2.5 g、葡萄糖 2.5 g、琼脂 15.0 g、蒸馏水 1000 mL，pH（7.2±0.2）。

将各成分加热溶解于蒸馏水中，调节 pH。121 ℃高压蒸汽灭菌 15 min。

70. 李氏增菌肉汤（LB①、LB②）

（1）基础肉汤。胰胨 5.0 g、多价胨 5.0 g、酵母膏 5.0 g、NaCl 20.0 g、$KH_2PO_4$ 1.4 g、$Na_2HPO_4$ 12.0 g、七叶苷 1.0 g、蒸馏水 1000 mL，pH（7.2±0.2）。将各成分加入蒸馏水中并加热，调节 pH。121 ℃高压蒸汽灭菌 15 min。

（2）LB①李氏增菌肉汤。225 mL 基础肉汤中加入 0.5 mL、1%萘啶酮酸和 0.3 mL、1%吖啶黄。

（3）LB②李氏增菌肉汤。200 mL 基础肉汤中加入 0.4 mL、1%萘啶酮酸和 0.5 mL、1%吖啶黄。

注意：1%萘啶酮酸用 0.05 mol/L 氢氧化钠溶液配制；1%吖啶黄用无菌蒸馏水配制。

71. PALCAM 琼脂

（1）PALCAM 基础培养基。酵母膏 8.0 g、葡萄糖 0.5 g、七叶苷 0.8 g、柠檬酸铁铵 0.5 g、甘露醇 10.0 g、酚红 0.1 g、LiCl 15.0 g、酪蛋白胰酶消化物 10.0 g、心胰酶消化物 3.0 g、玉米淀粉 1.0 g、肉胃酶消化物 5.0 g、NaCl 5.0 g、琼脂 15.0 g、蒸馏水 1000 mL，pH（7.2±0.2）。

将各成分加热溶解，调节 pH。121 ℃高压蒸汽灭菌 15 min。

（2）PALCAM 选择性培养基。PALCAM 选择性添加剂：多粘菌素 B 5.0 mg、盐酸吖啶黄 2.5 mg、头孢他啶 10.0 mg、无菌蒸馏水 500 mL。

将 100 mL PALCAM 基础培养基溶化后冷却到 50 ℃，加入 0.2 mL PALCAM 选择性添加剂，混匀即可。

72. SIM 动力培养基

胰胨 20.0 g、多价胨 6.0 g、硫酸铁铵 0.2 g、$Na_2S_2O_3$ 0.2 g、琼脂 3.5 g、蒸馏水 1000 mL，pH（7.2±0.2）。

将各成分加热混匀，调节 pH。121 ℃高压蒸汽灭菌 15 min。

73. 肠道菌增菌肉汤

蛋白胨 10.0 g、葡萄糖 5.0 g、牛胆盐 20.0 g、$Na_2HPO_4$ 8.0 g、$KH_2PO_4$ 2.0 g、煌绿 0.015 g、蒸馏水 1000 mL，pH（7.2±0.2）。

将各成分混合加热溶解，冷却至 25 ℃左右，调节 pH。115 ℃高压蒸汽灭菌 35 min。

74. 伊红美蓝（EMB）琼脂

蛋白胨 10.0 g、乳糖 10.0 g、$K_2HPO_4$ 2.0 g、琼脂 15.0 g、2% 伊红 Y 水溶液 20.0 mL、0.5% 美蓝水溶液 13.0 mL、蒸馏水 1000 mL，pH（7.1±0.2）。

将前 3 种成分加热溶解于 1000 mL 蒸馏水中，冷却至 25 ℃左右，调节 pH。再加入琼脂，121 ℃高压蒸汽灭菌 15 min。冷却至 45~50 ℃，加入 2% 伊红 Y 水溶液和 0.5% 美蓝水溶液，摇匀即可。

75. 改良 MRS 琼脂培养基

成分一：在 1000 mL MRS 琼脂培养基中加 5 g 乳酪蛋白水解物和 5 g 胰蛋白胨，替代 10 g 蛋白胨。

成分二：在 1000 mL MRS 琼脂培养基中加 5 g 乳酪蛋白水解物，蛋白胨减至 5 g，其他成分不变。

成分三：在 1000 mL MRS 琼脂培养基中加入 10 g 胰蛋白胨，替代 10 g 蛋白胨。

成分四：在 1000 mL MRS 琼脂培养基中加入 4 g 玉米浆、0.4 g 半胱氨酸盐酸盐，其他成分不变。

制法：同 MRS 培养基的制法。若分离乳酸菌，临用时应在改良 MRS 琼脂培养基中加入 2%~3% 的碳酸钙（事先用硫酸纸包好灭菌）；若待分离样品污染了真菌（如酵母菌或霉菌），还应加入 0.15% 纳他霉素（事先用 2 mL 0.1 mol/L 氢氧化钠溶解）、0.2% 山梨酸或 0.5% 山梨酸钾。若计数乳酸菌，还应加入 80 μg/mL 红四氮唑（TTC）指示剂。

76. 番茄汁琼脂培养基

番茄汁原液 30 mL、蒸馏水 970 mL、蛋白胨 5 g、酵母膏 2.5 g、葡萄糖 1 g、乳酪蛋白水解物 5 g、琼脂 15 g，pH 6.5~6.8。

将番茄洗净，切块，放于锅内煮沸（不加水）至熟、出汁，经纱布过滤后，再用滤纸过滤，调 pH 6.5~6.8，115 ℃高压蒸汽灭菌 35 min 备用。将除琼脂以外的各成分溶于稀释的番茄汁中，分装后按量加入 1.5% 的琼脂，115 ℃高压蒸汽灭菌 35 min。

注意：若分离、计数乳酸菌，可在培养基中加入 1.6% 溴甲酚紫乙醇溶液 1 mL。若分离样品污染了真菌，还应加入 0.15% 纳他霉素（事先用 2 mL、0.1 mol/L NaOH 溶解）。

**77. 察氏培养基**

蔗糖或葡萄糖 30 g、NaNO$_3$ 2 g、K$_2$HPO$_4$ · 3H$_2$O 1 g、KCl 0.5 g、MgSO$_4$ · 7H$_2$O 0.5 g、FeSO$_4$ · 7H$_2$O 0.01 g、琼脂 15~20 g、蒸馏水 1000 mL，自然 pH 或 pH 7.0~7.2。

将各成分加热溶解，分装后，于 121 ℃高压蒸汽灭菌 15 min。

**注意**：各成分不变，不添加琼脂，即可获得察氏液体培养基。

**78. 玉米醪培养基（培养丙酮丁醇梭菌用）**

玉米粉 6.5 g、自来水 100 mL。

称取 6.5 g 过筛后的玉米粉，加到自来水中，混匀，煮沸成糊状，不调 pH，121 ℃灭菌 15 min。

**79. 乳清琼脂培养基**

乳清 500 mL、乳酪蛋白水解物 5 g、葡萄糖 1 g、酵母膏 2.5 g、琼脂 15 g、蒸馏水 500 mL，pH 6.5。

称取乳清粉 100 g 加到 90 ℃、1000 mL 蒸馏水中溶解（先将水加热，而后加入乳清粉，以防糊底）。取 6~8 mL 的 1 mol/L 盐酸倒入上述 1000 mL 乳清粉液中，调 pH 至 4.5 左右，90 ℃保持 30 min，使酪蛋白大量析出凝结成块。用脱脂棉和纱布过滤得到乳清，再用 1 mol/L 氢氧化钠将乳清调回 pH 6.5，而后煮沸，再用滤纸过滤，115 ℃高压蒸汽灭菌 35 min。将其他成分趁热溶解于乳清中，调整 pH 6.5，115 ℃高压蒸汽灭菌 35 min。

**注意**：若分离、计数乳酸菌，可在培养基中加入 1.6% 溴甲酚绿（BCG）或溴甲酚紫（BCP）乙醇溶液 1 mL。

**80. MRS 液体培养基**

配方与 MRS 琼脂培养基相同，但不添加琼脂。

**81. 脱脂乳试管培养基**

将鲜牛乳煮沸后，于 100 ℃水浴 20~30 min，待冷后，装入三角瓶内，静置于冰箱中冷却过夜后，脂肪即可上浮。用虹吸法或吸管吸出底部脱脂乳，以除去上层脂肪。也可将牛乳在 3000 r/min 下离心 1 h，除去表面脂肪。若制备 12% 或 15% 复原脱脂乳，将 12 g 或 15 g 脱脂乳粉溶于 100 mL 水中即可。分装于试管（加量为试管的 1/3 处）或三角瓶内。115 ℃高压蒸汽灭菌 35 min。

**82. 察氏—多氏琼脂培养基（0.04%溴甲酚绿）**

蔗糖 30 g、NaNO$_3$ 2 g、MgSO$_4$ · 7H$_2$O 0.5 g、KH$_2$PO$_4$ 1 g、KCl 0.5 g、FeSO$_4$ · 7H$_2$O 0.01 g、琼脂 20 g、溴甲酚绿 0.4 g、蒸馏水 1000 mL，不调 pH。

将前 7 种成分加热溶解于蒸馏水中，稍微冷却后加入指示剂。121 ℃高压蒸汽灭菌 15 min。

**83. 酸性蔗糖培养基**

蔗糖 15 g、（NH$_4$）NO$_3$ 0.2 g、KH$_2$PO$_4$ 0.1 g、MgSO$_4$ · 7H$_2$O 0.25 g、1 mol/L 盐酸 1.7 mL、蒸馏水 100 mL。

将各成分溶解于蒸馏水中，115 ℃高压蒸汽灭菌 35 min。

**84. 筛选培养基**

蛋白胨 10 g、NaCl 5 g、牛肉膏 3 g、可溶性淀粉 2 g、琼脂 20 g、蒸馏水 1000 mL，pH 7.2。

用少量冷水将淀粉调成糊状，再倒入煮沸的蒸馏水中，加热使其完全融化。然后边搅拌边加入其他成分，待所有成分全部溶解后，加蒸馏水补齐至 1000 mL，调节 pH。121 ℃高压蒸汽灭菌 15 min。

85. 液体发酵培养基

蛋白胨 10 g、牛肉膏 3 g、可溶性淀粉 2 g、NaCl 5 g、$K_2HPO_4$ 8 g、$KH_2PO_4$ 5 g、蒸馏水 1000 mL，pH 7.2。

用少量冷水将淀粉调成糊状后倒入煮沸的蒸馏水中，加热使其完全融化。然后边搅拌边加入其他成分，待所有成分全部溶解后，加蒸馏水补齐至 1000 mL，调节 pH。121 ℃ 高压蒸汽灭菌 15 min。

86. 葡萄糖发酵培养基

牛肉膏 5.0 g、蛋白胨 10.0 g、NaCl 3.0 g、$Na_2HPO_4 \cdot 12H_2O$ 2.0 g、溴麝香草酚蓝 0.024 g、蒸馏水 1000 mL，pH（7.4±0.2）。

将各成分配好后，调节 pH。按 0.5% 加入葡萄糖，121 ℃ 高压蒸汽灭菌 15 min。

**注意：**如需配制其他糖类发酵培养基，用其他糖类替代葡萄糖即可。

87. 丙酮丁醇梭菌培养基

葡萄糖 40 g、胰蛋白胨 6 g、酵母膏 2 g、牛肉膏 2 g、醋酸铵 3 g、$KH_2PO_4$ 0.5 g、$MgSO_4 \cdot 7H_2O$ 0.2 g、$FeSO_4 \cdot 7H_2O$ 0.01 g、琼脂 8~10 g、蒸馏水 1000 mL，pH 6.5。

将各成分溶解于蒸馏水中，110 ℃ 高压蒸汽灭菌 10 min。

# 附录 2　常用试剂配方

1. 0.1 mol/L PBS 缓冲液（pH 7.0）

甲液：称取 $NaH_2PO_4 \cdot H_2O$ 2.76 g，加蒸馏水定容至 100 mL。

乙液：称取 $Na_2HPO_4 \cdot 7H_2O$ 5.36 g，加蒸馏水定容至 100 mL。

将 16.5 mL 甲液与 33.5 mL 乙液混合，再加入 8.5 g NaCl，用蒸馏水定容至 100 mL。

2. 4，6-二脒基-2-苯基吲哚（DAPI）染色液

将 1 mg DAPI 溶解于 1 mL 无菌蒸馏水中配制成浓度为 1 mg/mL 的贮存液，使用时将贮存液用 PBS 缓冲液稀释到终浓度为 100 ng/mL。

3. 20 g/L 火棉胶醋酸戊酯溶液

取少量用乙醇、乙醚配制的火棉胶溶液，反复涂布于烧杯内壁，晾干，在真空条件下抽干残余的有机溶剂，制得较为纯净的固体火棉胶 1 g，将其溶解于 50 mL 醋酸戊酯中。

4. 3 g/L 聚乙烯醇缩甲醛溶液

称取 0.3 g 聚乙烯醇缩甲醛，放入广口瓶内，加入 100 mL 三氯甲烷，完全溶解后备用。

5. 吕氏碱性美蓝染液

甲液：称取美蓝 0.3 g，溶解于 30 mL 95%乙醇中。

乙液：称取 KOH 0.01 g，溶解于 100 mL 蒸馏水中。

将甲液和乙液混合均匀即可。

6. 革兰氏染色液

（1）结晶紫染色液。将 1.0 g 结晶紫完全溶解于 20.0 mL 乙醇中，然后与 80.0 mL、1%草酸铵溶液混合。

（2）卢戈氏碘液。将 1.0 g 碘与 2.0 g 碘化钾混合，加入少许蒸馏水，充分振摇，待完全溶解后，再加蒸馏水至 300.0 mL。

（3）沙黄复染液（2.5%）。将 0.25 g 沙黄溶解于 10.0 mL、95%乙醇中，然后用 90.0 mL 蒸馏水稀释。

7. 墨汁染色液

用多层纱布将墨汁过滤，取滤液 40 mL，与 2 mL 甘油混合后，水浴加热，再加入 2 mL 石炭酸搅拌均匀。

8. 5%孔雀绿染色液

将孔雀绿在研钵中研细，称取 5 g，加入少许 95%乙醇溶解，再加蒸馏水定容至 100 mL。

9. 0.5%沙黄染色液

将 0.5 g 沙黄溶解于 10 mL 乙醇中，再用蒸馏水定容至 100 mL。

10. 硝酸银染色液

甲液：将 5 g 鞣酸和 1.5 g $FeCl_3$ 溶解于 100 mL 蒸馏水中，加入 1 mL、1%氢氧化钠溶液和 2 mL、15%甲醛溶液。

乙液：称取 2 g 硝酸银溶解于 100 mL 蒸馏水中，从中取出 90 mL，滴加浓氢氧化铵溶液至出现沉淀，继续滴加氢氧化铵，直至沉淀刚刚消失变为澄清为止。然后将剩余的 10 mL 乙

液逐滴加入澄清液中至出现轻微雾状为止。

**注意**：滴加氢氧化铵和用剩余 10 mL 乙液回滴时，要边滴边充分摇荡；乙液保存期不超过 3 d。

11. Leifson 染色液

甲液：称取 1.2 g 碱性复红溶解于 100 mL、95%乙醇中。

乙液：称取 3 g 鞣酸溶解于 100 mL 蒸馏水中。

丙液：称取 1.5 g NaCl 溶解于 100 mL 蒸馏水中。

临用前将甲、乙、丙液等量混合均匀即可。

12. 0.1%和 0.05%美蓝染色液

将 0.1 g 或 0.05 g 美蓝溶解于 100 mL 生理盐水中。

13. 乳酸石炭酸棉蓝染色液

将 10 g 石炭酸加入 10 mL 蒸馏水中，加热溶解，再加入 10 mL 乳酸（相对密度 1.21）和 20 mL 甘油，最后加入 0.2 g 棉蓝，使其溶解，混匀即可。

14. 甲基红试剂

取 10 mg 甲基红溶于 30 mL、95%乙醇中，然后加入 20 mL 蒸馏水。

15. Voges-Proskauer（V-P）试剂

5%$\alpha$-萘酚：取 5 g $\alpha$-萘酚溶解于 100 mL 无水乙醇中。

40%氢氧化钾：取 40.0 g 氢氧化钾溶解于 100 mL 蒸馏水中。

16. 靛基质试剂

柯凡克试剂：将 5 g 对二甲氨基苯甲醛溶解于 75 mL 戊醇中，然后缓慢加入 25 mL 浓盐酸。

17. 硝酸盐还原试剂

甲液：将 0.8 g 对氨基苯磺酸溶解于 100 mL、5 mol/L 乙酸中。

乙液：将 0.5 g $\alpha$-萘胺溶解于 100 mL、5 mol/L 乙酸中。

18. 1 mol/L Tris-HCl 缓冲液（pH 8.0）

称取 121.1g Tris 溶解于 800 mL 蒸馏水中，加入约 42 mL 浓盐酸，定容至 1000 mL。121 ℃高压蒸汽灭菌 15 min。

19. 10× TE 溶液（pH 8.0）

将 100 mL、1 mol/L Tris-Hcl 缓冲液（pH 8.0）和 20 mL、0.5 mol/L EDTA 溶液（pH 8.0）加入约 800 mL 灭菌蒸馏水中，混合均匀，再定容至 1000 mL。121 ℃高压蒸汽灭菌 15 min。

20. 10× PCR 反应缓冲液

将氯化钾溶于 1 mol/L Tris-HCl（pH 8.5），定容至 1000 mL，121 ℃高压蒸汽灭菌 15 min。分装后-20 ℃保存。

21. 50× TAE 电泳缓冲液（pH 8.5）

称取 242.0 g Tris 和 37.2 g Na$_2$EDTA·2H$_2$O，溶于 800 mL 灭菌蒸馏水中，充分搅拌均匀；加入 57.1 mL 冰乙酸，充分溶解；加蒸馏水定容至 1L。

22. 6× DNA 上样缓冲液

将 4.4 g EDTA、250 mg 溴酚蓝和 250 mg 二甲苯青加热溶解于 200 mL 蒸馏水中，混合液与 180 mL 甘油混合后，用 2 mol/L NaOH 调节 pH 至 7.0，用蒸馏水定容至 1000 mL。

23. DHPLC 缓冲液 B

将 50 mL、0.1 mmol/L 三乙胺乙酸和 250 mL 乙腈混合，加水定容至 1000 mL。

24. 兔血浆

取柠檬酸钠 3.8 g，加蒸馏水 100 mL，溶解后过滤、装瓶。121 ℃高压蒸汽灭菌 15 min。取 3.8%柠檬酸钠溶液 1 份，加兔全血 4 份，混匀静置（或以 3 000 r/min 离心 30 min），使血液细胞下降，即可得血浆。

25. 10%胰蛋白酶溶液

取胰蛋白酶（1∶250）10.0 g 溶解于 100 mL 蒸馏水中，膜过滤除菌，4 ℃保存。

26. 1%甲苯胺蓝染色液

称取甲苯胺蓝 1 g，溶解于 0.1 mol/L 磷酸盐缓冲液中，定容至 100 mL，过滤后装于密闭的棕色瓶中，于室温下避光保存。

27. 2.5%碘酒（碘酊溶液）

制法一：本药含碘 2%、碘化钾 1.5%。

称取 2 g 碘和 1.5 g 碘化钾，置于 100 mL 量杯中，加少量 50%乙醇，搅拌待其溶解后，再用 50%乙醇稀释至 100 mL，即得碘酊溶液。

制法二：碘 10 g、碘化钾 10 g、70%乙醇 500 mL（V/V）。

28. 1 g/L HgCl$_2$

称取 HgCl$_2$ 0.1 g，溶解于 0.25 mL 浓盐酸中，加水 99.75 mL。

29. 50 g/L 石炭酸（苯酚）

将石炭酸水浴加热以溶解，称取 5 g 溶解于 100 mL 蒸馏水中。

30. 0.5%的酚酞指示剂

称取酚酞 0.5 g，溶于 100 mL、50%或 60%的乙醇溶液中。

31. Folin 试剂

（1）Folin-酚试剂甲。临用前将 40 g/L 碳酸钠溶液和 0.2 mol/L NaOH 溶液等体积混合成碳酸钠—氢氧化钠溶液，将 10 g/L 硫酸铜溶液和 20 g/L 酒石酸钾钠溶液等体积混合成硫酸铜—酒石酸钾钠溶液，然后这两种试剂按 50∶1 的比例混合即可。

**注意**：临用前混合配制，1 d 内有效。

（2）Folin-酚试剂乙。称取 Na$_2$WO$_4$ · 2H$_2$O 100 g、Na$_2$MoO$_4$ · 2H$_2$O 25 g，置入 2000 mL 磨口回流装置内，加水 700 mL、85%磷酸 50 mL 和浓盐酸 100 mL。充分混匀，小火回流 10 h。回流结束后加入 Li$_2$SO$_4$ 150 g、水 50 mL 及数滴液体溴至溶液呈金黄色，开口继续煮沸 15 min，以除去多余的溴。冷却后溶液呈金黄色（如仍呈绿色，须再重复滴加液体溴的步骤）。将溶液稀释至 1000 mL，过滤，置棕色瓶中保存。使用时用水按 1∶2 的比例稀释。

32. 碘液

称取 0.5 g 碘、5 g 碘化钾，溶于少量蒸馏水中，然后定容至 100 mL，即为原碘液（每月更新一次）。使用时，取 1 mL 原碘液稀释 100 倍。

**注意**：该试剂需现用现配。

33. 0.5%的淀粉溶液

称取 0.5 g 淀粉，用少量蒸馏水调成糊状，搅拌并缓慢倒入沸水，加热煮沸 20 min 直至完全透明，冷却至室温，定容至 100 mL。

**注意**：该试剂需现用现配。

34. 0.25%海藻酸钠溶液

称取 0.25 g 海藻酸钠，用少量蒸馏水调成糊状，再加水至 100 mL，适当加热融化，分装试管，每管 20 mL，121 ℃高压蒸汽灭菌 15 min 后冷却至 37 ℃备用。

35. 1%$CaCl_2$ 溶液

称取 $CaCl_2$ 1 g，用 100 mL 蒸馏水溶解。121 ℃高压蒸汽灭菌 15 min。

36. 10 mg/mL 溴化乙锭（EB）贮存液

称 0.5 g 溴化乙锭置于烧杯中，加入 50 mL 蒸馏水，磁力搅拌数小时以确保其完全溶解，于室温避光保存。

**注意**：溴化乙锭是一种致癌物，操作时戴上乳胶或塑料手套，不要沾到手上。

37. TB 缓冲液 I

称量乙酸钾 2.94 g、RbCl 12.09 g、$CaCl_2$ 1.11 g、$MnCl_2$ 6.29 g 及甘油 150 mL 于烧杯中，加入约 800 mL 蒸馏水，充分搅拌溶解，调节 pH 至 5.8，用蒸馏水定容至 1000 mL，再用 0.45 μm 滤膜过滤除菌，分装后于 4 ℃保存。

38. TB 缓冲液 II

称量 3-（N-吗啡啉）丙磺酸（MOPS）2.09 g、$CaCl_2$ 8.32 g、RbCl 1.21 g 及甘油 150 mL，放入烧杯中，加入约 800 mL 蒸馏水，充分搅拌溶解，调节 pH 至 6.5，用蒸馏水定容至 1000 mL，再用 0.45 μm 滤膜过滤除菌，分装后于 4 ℃保存。

39. 10 mg/mL 溶菌酶液

称取 0.1 g 溶菌酶粉末，用 10 mL、10 mmol/L Tris-HCl（pH 8.0）溶解，分装后于 4 ℃保存。

40. 大肠杆菌质粒 DNA 提取试剂

（1）溶液 I。称量葡萄糖 9 g、Tris 3.03 g、$Na_2EDTA \cdot 2H_2O$ 3.72 g 于烧杯中，加入约 950 mL 蒸馏水，充分搅拌溶解，调节 pH 至 8.0，用蒸馏水定容至 1000 mL，115 ℃高压蒸汽灭菌 30 min，4 ℃保存。

（2）溶液 II。称量 NaOH 0.8 g、SDS 1 g 于烧杯中，加入约 95 mL 蒸馏水，充分搅拌溶解，用蒸馏水定容至 100 mL。

**注意**：该试剂需现用现配。

（3）溶液 III。称量乙酸钾 147.21 g、冰醋酸 57.5 mL 于烧杯中，加入约 250 mL 蒸馏水，充分搅拌溶解，用蒸馏水定容至 500 mL，121 ℃高压蒸汽灭菌 15 min，4 ℃保存。

（4）溶液 IV。称取乙酸铵 578.12 g，加水溶解，定容到 1000 mL。

（5）溶液 IV。将苯酚、氯仿、异戊醇按照体积比 25∶24∶1 混合即可。

41. 20 mg/mL 5-溴-4-氯-3-引引哚-$β$-D-半乳糖苷（X-gal）

称取 20 mg X-gal 溶于 1 mL 二甲基甲酰胺中，-20 ℃避光保存。

42. 0.2 g/mL 异丙基硫代-$β$-D-半乳糖苷（IPTG）

称取 1 g IPTG 溶于 4 mL 蒸馏水，用蒸馏水定容至 5 mL，用 0.22 μm 滤膜过滤除菌，-20 ℃保存。

43. 1× SDS 上样缓冲液

称量 Tris 0.61 g、SDS 2 g、溴酚蓝 0.1 g、甘油 10 mL 及 $β$-巯基乙醇 1 mL 于烧杯中，加

入约 80 mL 蒸馏水，充分搅拌溶解，调节 pH 至 6.8，用蒸馏水定容至 100 mL，4 ℃保存。

44. 50 mmol/L PBS 缓冲液（pH 7.4）

甲液：$Na_2HPO_4 \cdot 7H_2O$ 5.36 g，加蒸馏水定容至 100 mL。

乙液：$NaH_2PO_4 \cdot H_2O$ 2.76 g，加蒸馏水定容至 100 mL。

将 20.25 mL 甲液与 4.75 mL 乙液混合，再加入 0.87 g NaCl，用蒸馏水定容至 100 mL，室温保存。

45. 磷酸盐缓冲液

称取 34.0 g 的 $KH_2PO_4$ 溶于 500 mL 蒸馏水中，用大约 175 mL 的 1 mol/l 氢氧化钠溶液调节 pH 至 7.2，用蒸馏水稀释至 1000 mL 制成贮存液。使用时，取贮存液 1.25 mL，用蒸馏水稀释至 1000 mL。121 ℃高压蒸汽灭菌 15 min。

46. 明胶磷酸盐缓冲液

分别取 2.0 g 明胶和 4.0 g $Na_2HPO_4$，溶解于 1000 mL 蒸馏水中，调节 pH 至 6.2。121 ℃高压蒸汽灭菌 15 min。

47. 0.05 mol/L 巴比妥缓冲液 pH 8.6

称取 1.84 g 巴比妥酸，置于 56~60 ℃水中融化，然后加入 10.3 g 巴比妥钠，加蒸馏水定容至 1000 mL。

48. ELISA 试剂

（1）包被液（0.05 mol/L pH 9.6 碳酸盐缓冲液）。甲液为 $Na_2CO_3$ 5.3 g/L，乙液为 $NaHCO_3$ 4.2 g/L，取甲液 3.5 份：乙液 6.5 份混合均匀，现用现混。

（2）洗涤液（吐温—磷酸盐缓冲液，pH 7.4）。NaCl 8 g、$KH_2PO_4$ 0.2 g、$Na_2HPO_4 \cdot 12H_2O$ 2.9 g、KCl 0.2 g、吐温-20 0.5 mL，蒸馏水加至 100 mL。

（3）pH 5.0 磷酸盐—柠檬酸盐缓冲液。取柠檬酸（19.2 g/L）24.3 mL、0.2 mol/L 磷酸盐溶液（28.4 g/L $Na_2HPO_4$）25.7 mL，两者混合后加蒸馏水 50 mL。

（4）底物溶液。取 100 mL、pH 5.0 磷酸盐—柠檬酸盐缓冲液，向其中加入邻苯二胺 40 mg，用时再加 30% $H_2O_2$ 0.2 mL。

（5）终止液。2 mol/L $H_2SO_4$。

49. 氧化酶试剂

取 1.0 g 四甲基对苯二胺或二甲基对苯二胺、0.1 g 抗坏血酸溶解于 100 mL 蒸馏水中。

**注意**：氧化酶试剂水溶液为无色溶液，在空气中易被氧化而失效，故应经常更换新试剂，并盛于棕色瓶中。四甲基对苯二胺在冰箱中可以存 1 周，二甲基对苯二胺氨容易氧化，在冰箱中最多可存放 2 周，如果转为红褐色则不宜使用。

# 附录 3  最可能数（MPN）检索表

| 阳性管数 | | | MPN | 95%可信限 | | 阳性管数 | | | MPN | 95%可信限 | |
|---|---|---|---|---|---|---|---|---|---|---|---|
| 0.10 | 0.01 | 0.001 | | 下限 | 上限 | 0.10 | 0.01 | 0.001 | | 下限 | 上限 |
| 0 | 0 | 0 | <3.0 | — | 9.5 | 2 | 2 | 0 | 21 | 4.5 | 42 |
| 0 | 0 | 1 | 3.0 | 0.15 | 9.6 | 2 | 2 | 1 | 28 | 8.7 | 94 |
| 0 | 1 | 0 | 3.0 | 0.15 | 11 | 2 | 2 | 2 | 35 | 8.7 | 94 |
| 0 | 1 | 1 | 6.1 | 1.2 | 18 | 2 | 3 | 0 | 29 | 8.7 | 94 |
| 0 | 2 | 0 | 6.2 | 1.2 | 18 | 2 | 3 | 1 | 36 | 8.7 | 94 |
| 0 | 3 | 0 | 9.4 | 3.6 | 38 | 3 | 0 | 0 | 23 | 4.6 | 94 |
| 1 | 0 | 0 | 3.6 | 0.17 | 18 | 3 | 0 | 1 | 38 | 8.7 | 110 |
| 1 | 0 | 1 | 7.2 | 1.3 | 18 | 3 | 0 | 2 | 64 | 17 | 180 |
| 1 | 0 | 2 | 11 | 3.6 | 38 | 3 | 1 | 0 | 43 | 9 | 180 |
| 1 | 1 | 0 | 7.4 | 1.3 | 20 | 3 | 1 | 1 | 75 | 17 | 200 |
| 1 | 1 | 1 | 11 | 3.6 | 38 | 3 | 1 | 2 | 120 | 37 | 420 |
| 1 | 2 | 0 | 11 | 3.6 | 42 | 3 | 1 | 3 | 160 | 40 | 420 |
| 1 | 2 | 1 | 15 | 4.5 | 42 | 3 | 2 | 0 | 93 | 18 | 420 |
| 1 | 3 | 0 | 16 | 4.5 | 42 | 3 | 2 | 1 | 150 | 37 | 420 |
| 2 | 0 | 0 | 9.2 | 1.4 | 38 | 3 | 2 | 2 | 210 | 40 | 430 |
| 2 | 0 | 1 | 14 | 3.6 | 42 | 3 | 2 | 3 | 290 | 90 | 1000 |
| 2 | 0 | 2 | 20 | 4.6 | 42 | 3 | 3 | 0 | 240 | 42 | 1000 |
| 2 | 1 | 0 | 15 | 3.7 | 42 | 3 | 3 | 1 | 450 | 90 | 2000 |
| 2 | 1 | 1 | 20 | 4.5 | 42 | 3 | 3 | 2 | 1100 | 180 | 4100 |
| 2 | 1 | 2 | 27 | 8.7 | 94 | 3 | 3 | 3 | >1100 | 420 | — |

注　本表采用3个稀释度 [0.1 g（mL）、0.01 g（mL）、0.001 g（mL）]，每个稀释度接种3管。表内所列检样量如改用1 g（mL）、0.1 g（mL）、0.01 g（mL）时，表内数字应相应降低10倍；如改用0.01 g（mL）、0.001 g（mL）、0.0001 g（mL）时，则表内数字应相应增高10倍，其余类推。